全国测绘地理信息类职业教育“十四五”规划教材
教育部高等学校高职高专测绘类专业教学指导委员会规划教材

园林测量

（第3版）

主　编　黎　曦　衣德萍
副主编　黄海虹　廖彩霞　王　琴
　　　　曾海东　魏　芳　刘名燕
主　审　胡　奎

本书立体化资源

黄河水利出版社
·郑州·

内容提要

本书为全国测绘地理信息类职业教育“十四五”规划教材，根据园林工程建设对测绘技能及测量知识的需要，将最新的测绘基本理论、技术及规范要求应用到具体的园林工程项目中。根据目前的教学改革形势，本书在第1版基础上做了精选、修改和补充。全书按项目化模式编写，共3个模块11个项目25个任务，主要内容包括园林测量基础知识及误差知识，地面点高程测量，角度、距离测量和直线定向，小区域控制测量，大比例尺地形图的基本知识、测绘及应用，园林工程施工放样，园林道路测量。

本书可作为高职高专园林工程技术、林业技术、园艺、规划、资源环境、设施农业等专业的教材，也可供相关工程技术人员参考。

图书在版编目(CIP)数据

园林测量/黎曦，衣德萍主编. —3版. —郑州：黄河水利出版社，2024.2

全国测绘地理信息类职业教育“十四五”规划教材

ISBN 978-7-5509-3822-9

Ⅰ. ①园… Ⅱ. ①黎… ②衣… Ⅲ. ①园林-测量学-高等职业教育-教材 Ⅳ. ①TU986

中国国家版本馆CIP数据核字(2024)第024876号

策划编辑 陶金志 电话：0371-66025273 E-mail：838739632@qq.com

责任编辑 贾会珍 责任校对 杨秀英
封面设计 黄瑞宁 责任监制 常红昕
出版发行 黄河水利出版社
地址：河南省郑州市顺河路49号 邮政编码：450003
网址：www.yrcp.com E-mail：hhslcbs@126.com
发行部电话：0371-66020550
承印单位 河南承创印务有限公司
开 本 787 mm×1 092 mm 1/16
印 张 15
字 数 356千字
版 次 2024年2月第3版 印次 2024年2月第1次印刷

定 价 48.00元

规划教材审定委员会

第3版前言

本书为全国测绘地理信息类职业教育“十四五”规划教材，是教育部高等学校高职高专测绘类专业教学指导委员会规划教材。本教材以党的二十大报告对职业教育的要求为精神指引，按照对“产教融合”的职业教育要求进行编写，既反映园林测量学科新知识、新规范，又顾及生产实际需要。依据高职高专教学的特点，在理论基础上注重技术技能以及职业综合能力的培养，紧跟行业发展以及市场需求，为培养园林工程现场工程师打下坚实的测量理论和实践基础。教材在编写过程中，坚持知识传授、技能训练与价值引领相结合，注重专业课程职业道德教育，建立价值塑造、能力培养、知识传授、技能训练“四位一体”的课程目标体系。通过行业调研和吸纳企业经验丰富的高级工程师参与教材编写，对相关职业进行分析，将教材体系重构提炼，用全站仪、GNSS等新技术和平差易等测绘软件的技术应用取代已淘汰的传统技术方法。全书设置3个模块11个项目25个任务，按照任务驱动式体例编写，每项任务有项目情景、学习目标、工作任务、知识准备、任务实施、注意事项、考核评价、知识拓展、巩固训练等学习环节。本教材具有以下特色：

(1)思政内容有机融入教材，培养学生正确的人生观、世界观和价值观。

(2)教材内容结构设计合理，引入先进的职业教育理念、新技术应用，教材编写始终贯彻“做中学，学中做”的职教理论，突出学生在教学中的主体地位，体现教材设计的弹性。

(3)教材资源丰富，将信息技术与课程有机整合，将教学活动与教学资源的开发和建设结合起来，充实和完善了本课程的教学信息资源，为学生提供了交互式学习的环境，极大地改善了教学手段。大量的数字资源极大地拓展了阅读的深度和广度，同时方便教师开展线上线下混合式教学。本书附有在线开放课程，有需要的任课老师可以联系黄河水利出版社贾编辑获取，电话：0371-66028027，邮箱：110885539@qq.com。

本书以江西环境工程职业学院相关专业教师为主组织编审，甘肃林业职业技术学院、国网江西电力公司、大湖江湿地公园管理局、广州南方测绘科技有限公司等高职院校和企业专家参与编写或提供技术支持。

本教材由江西环境工程职业学院黎曦、衣德萍担任主编，黎曦负责全书的修改统稿工作，衣德萍负责视频资料的录制、整理工作；江西环境工程职业学院黄海虹、江西环境工程职业学院廖彩霞、甘肃林业职业技术学院王琴、大湖江湿地公园管理局曾海东、江西环境工程职业学院魏芳、大余县林业技术推广中心刘名燕担任副主编。本书由国网江西电力公司胡奎担任主审。

本书在编写过程中,得到东南大学、中国矿业大学、南昌工程学院、南京林业大学、南方测绘江西分公司多位专家的指导帮助,还参考和引用了大量的文献资料。在此向有关专家、学者致以最诚挚的谢意!对黄河水利出版社为本教材的再版给予的大力支持表示感谢!

鉴于编者水平有限,教材中难免存在不足和疏漏之处,敬请读者批评指正。

编　者

2023年10月

目　录

模块一　园林测量基础

模块二　园林工程地形图测绘

模块三　园林工程项目施工测量

模块一　园林测量基础

项目一　园林测量基础知识

园林测量基础知识

项目情景

测量学是研究什么问题的,它的研究范围及在园林工程中的作用是什么?它的基础知识又包括什么?这些都是初学者迫切想知道的,测量学的应用范围很广,在城乡建设规划、国土资源合理利用、农林牧渔业发展、环境保护以及地籍管理等工作中,必须进行土地测量和测绘各种类型、各种比例尺的地图,以供规划和管理使用。在测量工作中,误差不可避免,总结误差产生的原因,并用科学的方法和手段可以适当减弱误差,提高测量精度。测量工作贯穿于园林工程建设的规划设计、施工、竣工运营各个阶段,这就要求从事园林工程设计施工的现场工程师必须掌握必要的测量知识、技能和方法。本项目主要讲解测量学的基础知识,地面点位的确定方法以及误差理论。

学习目标

知识目标:

1. 了解测量的基本知识,主要包括测量学的概念、分支学科及在园林中的应用;
2. 掌握地面点位的确定方法;
3. 熟记测量工作的基本要求及原则;
4. 了解误差产生的原因,并利用合理方法对产生的误差进行消除或限制。

技能目标:

1. 能将确定地面点位的理论知识应用于实践;
2. 能消除或限制误差的产生。

思政目标:

1. 培养学生的责任感和使命感;
2. 培养学生不畏艰险、勇于攀登、精益求精的职业精神。

任务一 测量学基础知识

【工作任务】

学习测量学的基本概念及分支学科,测量在园林工程建设中的作用,测量工作的基本内容、基本原则和基本要求。

【知识准备】

一、测量学概述

测量学是研究地球的形状和大小,确定地面(包括空中、地下和海底)点位,以及将地球表面的地形及其他信息测绘成图的科学。它的内容包括测定和测设两个方面。

测定是指使用测量仪器和工具,通过一定的测量程序和方法,得到一系列测量数据,把地球表面的形状和大小缩绘成地形图或建立有关的数字信息,供经济建设、规划设计、科学研究和国防建设使用。

测设是把图纸上规划设计好的建筑物、构筑物或其他图形的位置在地面上标定出来,作为施工的依据。

测量学按照研究对象和研究范围的不同,划分为以下几个学科。

(一)大地测量学

大地测量学主要研究整个地球的形状、大小和地球重力场及其变化,地面点的精确定位,解决大范围控制测量问题的学科。大地测量学是整个测绘科学的基础理论学科,为测量学的其他分支提供基础测量数据和资料。

(二)普通测量学

普通测量学主要是研究地球表面较小范围测绘工作的基本理论、技术和方法,不需要考虑地球曲率的影响,把地球局部表面当作平面看待,是测量学的基础。

(三)摄影测量与遥感学

摄影测量与遥感学主要是研究利用摄影或遥感技术获取被测物体的信息(影像或数字形式),进行分析处理,绘制地形图或建立相应的数字模型的理论和方法的学科。由于获取像片的方法不同,摄影测量学又可分为地面摄影测量学、航空摄影测量学等。

(四)海洋测绘学

海洋测绘学主要是以海洋和陆地水域为对象所进行的测量和海图编绘工作,目前在军事、跨海工程、码头建设等方面有应用。

(五)工程测量学

工程测量学主要是研究工程建设和资源开发,在规划、设计、施工、运营管理各阶段进行的控制测量、地形测绘和施工放样、变形监测等各种测量工作的理论、技术和方法的学科。

(六)制图学

制图学主要是利用测量所得的成果资料,研究如何投影编绘和制印各种地图的工作,属于制图学的范畴。

二、测量在园林工程建设中的作用

测量在国民经济建设中发挥着极其重要的作用，在铁路、公路、水运、交通建设、城市规划与建设、矿山、园林、水利、农田基本建设及各种资源的勘察开发中，从勘测、设计、施工都需要测量工作紧密配合，测量贯穿工程建设的各个阶段。测量是设计与施工质量的根本保证。

测量在园林建设中的应用非常广泛。

园林工程建设一般分三个阶段：规划设计、施工和运营管理。

（一）规划设计阶段

通过测量工作绘制成的地形图、平面图和断面图获得该地区的高低起伏、坡向和坡度变化情况及道路、水系、房屋、管线、植被等地物的分布情况，以合理地进行山、水、植物、路和园林建筑的综合规划和设计，把规划设计的结果标绘到地形图上，成为规划设计图。

（二）施工阶段

把图上已设计好的各项园林工程的位置，准确地标定在实地上，以便工程施工。

（三）运营管理阶段

当园林工程施工完毕后，有时还要测绘竣工图和进行一些测量工作，满足园林工程使用期间的管理、维修、改建、扩建的需要。

三、测量工作的基本内容、基本原则在与基本要求

（一）测量工作的基本内容

测量工作的实质就是确定地面点的位置，地面点位可以用它在投影面上的坐标和高程来确定，但在实际工作中一般不是直接测量坐标和高程，而是通过测量地面点与已知坐标和高程的点之间的几何关系，经过计算间接地得到坐标和高程。因此，测量角度、距离、高差就是测量工作的基本内容，也称为测量工作的三要素，所以高程测量、角度测量、距离测量是测量的三项基本工作。

从事测绘工作的基本步骤是：

（1）收集资料，根据测区的具体情况制订合理的观测方案；

（2）布设控制网，进行控制测量；

（3）碎部测量；

（4）测绘成果的检验与验收。

（二）测量工作的基本原则

不论采取何种方法、使用何种仪器进行测量工作，误差在测量中都是不可避免的。为了防止测量误差的逐渐传递和累积，要求在测量工作中遵循在布局上“由整体到局部”、在工作程序上“先控制后碎部”、在精度上“从高级到低级”的基本原则进行。同时，测量工作必须做到随时检查，步步校核，保证测量成果的准确无误。这也是测量工作的基本要求。

遵循“先控制后碎部”的测量原则，就是先在测区内选择一定数量具有控制作用的点，称为控制点，用精密的仪器和方法精确地测出控制点的位置，这部分工作称为控制测量；然后，根据控制点的位置，再测定控制点周围一定范围内的地物和地貌，这部分工作称为碎部

测量。

如图1-1所示,先在测区内选择 A、B、C、D、E、F 作为该测区的控制点,对其进行测量,并将点分别标在图纸上,然后以 A 点为测站,测定其周围的地物或地貌点,将相关点连接起来,并用一定的符号来表示,该测站的工作完成后,再依次在控制点 B、C…开展测量工作,直到整个测区的测量工作完成。

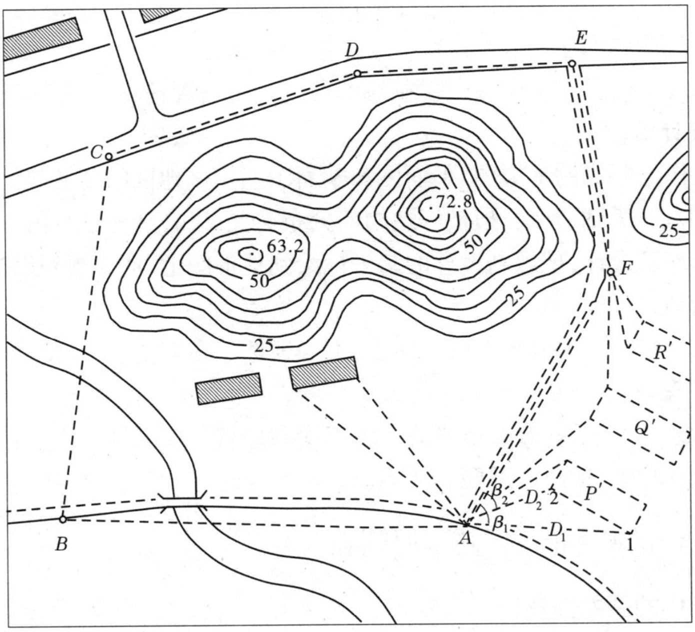

图1-1 测量工作的基本原则

(三)测量工作的基本要求

测量工作在整个工程建设中起着不可或缺的重要作用,测量的速度和质量直接影响工程建设的速度和质量。它是一项要求非常细致的工作,各个环节环环相扣,无论是测还是算稍有不慎就会影响工程进度或造成返工浪费。因此,在测量工作中要做到以下几点:

(1)正确使用仪器,严格按照操作规程和施测步骤测量施工。

(2)实事求是地做好记录,做到内容真实、原始,书写清楚、完整。不得涂改或伪造数据。

(3)测量工作很难个人独立完成,因此在测量工作中既要合理分工,又要密切配合。无论外业还是内业都比较辛苦,从事测量工作的人员要具有团队协作和吃苦耐劳的工作作风。

(4)做好测量标识的设置和保护工作。

【任务实施】

了解测量发展进程,掌握现代测量技术,查阅我国在测量史上做出的贡献,以及目前我国测量学发展情况。

【知识拓展】

测量科学在我国具有悠久的历史。远在 4 000 多年前,夏禹治水时,就发明和应用了"准、绳规、矩"等测量工具和方法。春秋战国时期发明的指南针,至今还在广泛使用。东汉张衡创造的"天球仪"对天象做了形象和正确的表述,在天文测量史上留下了光辉的一页。公元 724 年,唐代的南宫说在现今河南测量了 300 km 的子午线弧长,是世界上第一次的子午线弧长测量。宋代的沈括曾使用罗盘水平尺进行了地形测量。元代的郭守敬拟订了全国纬度测量计划,并测定了 27 个点的纬度。清代康熙年间进行了全国测绘工作,1718 年完成了世界上最早的地形图之一——《皇舆全览图》,是我国第一部实测的省级图集和国家图集。

在世界上,17 世纪初望远镜的发明和应用,对测量技术的发展起了很大作用。1683 年,法国进行了弧度测量,证明了地球是两极略扁的椭球体。1794 年,德国高斯创立的最小二乘法理论,对测量理论做出了宝贵的贡献,至今仍是处理测量成果的理论基础。20 世纪初飞机的发明和使用,使航空摄影测量技术得到了迅速发展,大大减轻了野外测图的劳动强度。

新的科学技术的发展,大大推动了测绘事业的发展。20 世纪 60 年代初激光红外技术的兴起,开辟了电磁波测距的新天地,目前各类电磁波测距仪在测量工作中得到了广泛的应用。电子计算机的出现,使计算技术得到了根本性的变革,几十年来,电子计算机类型之多,更新之快,发展之迅速实属空前,用计算机实施测量计算,尤其对大规模控制网的严密平差既迅速又准确,减轻了繁重的内业计算工作。电子经纬仪与电磁波测距仪、电子计算器和记录装置相配合组成了全站型的电子速测仪,可以自动地记录和运算,迅速地速获得地面点的三维坐标,构成由外业测量到数据存储、计算机处理乃至打印与绘图的自动化流程,大大加快了工作速度。随着航天技术和遥感技术的迅速发展,测量技术已由常规的大地测量发展到人造卫星大地测量,由航空摄影发展到航天遥感,测量对象已经由单一的地球和地球表面扩展到空间星体,由静态发展到动态。目前,测量工作正向着多领域、多品种、高精度、自动化、数字化的方向发展,以 GNSS(全球定位系统)、GIS(地理信息系统)、RS(遥感系统)即 3S 技术为核心的测量高科技时代已经到来。

以 3S 技术、数字摄影测量技术(DPS)和专家系统(ES)为代表的测绘新技术的迅猛发展与应用,使得测绘学的产品基本由传统的纸质地图转变为"4D"(数字高程模型 DEM、数字正射影像图 DOM、数字栅格地图 DRG、数字线划地图 DLG)产品。"4D"产品在网络技术的支持下,成为国家空间数据基础设施(NSDI)的基础,为相关领域的研究工作及国民经济建设各行业、各部门应用地理信息带来了巨大的方便。测绘技术体系从模拟转向数字、从地面转向空间,并进一步向网络化和智能化方向发展。

【巩固训练】

1. 测量在园林工程建设中的应用有哪些?

2. 测量工作的基本内容有哪些?测量工作的基本原则是什么?测量工作的基本要求有哪些?

任务二　地面点位的确定

【工作任务】

理解测量的基准面、基准线,椭球定位和我国目前常用的坐标系,掌握地面点位的表示方法和高斯分带投影的原理与方法。

【知识准备】

确定地面点位就是确定地面点的平面位置和高程。园林测量与其他测量工作一样,其本质工作就是地面点位的确定,因为地球表面上的地物和地貌的形状即使再复杂,也可以认为是由点、线、面构成的,其中点是最基本的单元,合理选择一些点进行测量,就可以准确地表示出地物和地貌的位置、形状和大小。因此,地面点位的确定是测量工作最基本的问题。

一、地球的形状与大小

为了确定地面点位,应有相应的基准面和基准线为依据。测量工作是在地球表面上进行的,测量的基准面和基准线与地球的形状和大小有关。

地球的形状似一个椭球,它的自然表面是一个极其复杂的不规则的曲面,有高山、丘陵、平地、凹地和海洋等;在陆地上,最高点珠穆朗玛峰高出平均海水面 8 848. 86 m;在海洋中,最深点马里亚纳海沟,低于平均海水面 11 022 m;但这样的高低起伏,相对于地球巨大的半径来说还是很小的。由于海洋约占整个地球表面的 71%,人们设想有一个静止的海平面,向陆地延伸包围整个地球,形成一个封闭的曲面,把这个被海水所覆盖的曲面看作地球的形状。这个封闭的曲面就称为水准面。由于潮汐的影响,海水面有涨有落,所以水准面有无数个,其中与平均海水面相吻合的水准面,称为大地水准面。大地水准面是测量工作的基准面。大地水准面所包围的地球形体称为大地体。

由于地球质量巨大,地球上任何一点都要受到地心引力的作用,同时地球又不停地做自转运动,这个点又产生离心力的作用,这两个力的合力称为重力,重力的方向线又称为铅垂线。铅垂线具有处处与水准面垂直的特性,因此把铅垂线作为测量工作的基准线。

用大地水准面表示地球的形状和大小是恰当的,但由于地球内部质量分布不均匀引起铅垂线的方向产生不规则的变化,致使大地水准面成为一个非常复杂的曲面,如图 1-2 所示。

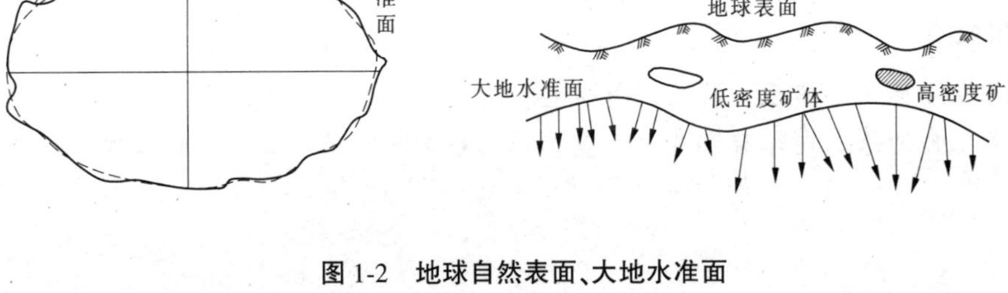

图 1-2　地球自然表面、大地水准面

如果把地球表面上的图形投影到这个复杂的曲面上，则无法完成测量计算和绘图工作。为此，选择一个与大地水准面非常接近的规则几何曲面来表示地球的形状与大小，即地球参考椭球面，作为测量计算工作的基准面。

地球参考椭球是由一椭圆绕其短半轴旋转而成的椭球体，如图 1-3 所示。地球椭球面的形状与大小由其长半轴 a、短半轴 b 和扁率 α 决定。

$$\left.\begin{aligned} \frac{x^2}{a^2}+\frac{y^2}{a^2}+\frac{z^2}{b^2}&=1 \\ \alpha&=\frac{a-b}{a} \end{aligned}\right\} \tag{1-1}$$

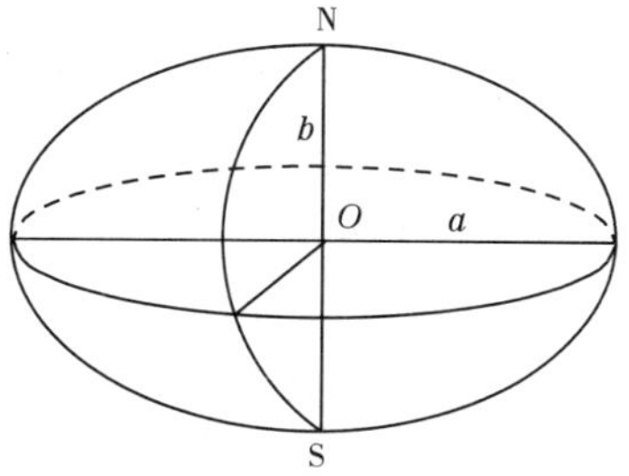

图 1-3 地球参考椭球

几个世纪以来，许多学者曾分别测算出参考椭球体的元素值。我国 1980 年国家大地坐标系采用 1975 年国际大地测量与地球物理联合会 16 届大会推荐的椭球元素值。即长半轴 a=6 378 140 m，短半轴 b=6 356 755. 288 m，扁率 $\alpha=\frac{a-b}{a}=1/298.257$。

采用椭球定位得到的坐标系为国家大地坐标系，我国大地坐标系的原点在陕西省泾阳县永乐镇。

经国务院批准，从 2008 年 7 月起，我国启用 2000 中国大地坐标系。2000 中国大地坐标系缩写为 CGCS2000，是以地心为原点的一个右手直角坐标系。

由于地球参考椭球的扁率很小，因此可以把地球当作是一个圆球，其半径的近似值为 6 371 km。当测区面积更小(半径小于 20 km 的范围)时，还可以把地球看成是平面，使计算工作更为简单。一般的园林测量工作，都是把地球看成是平面。

二、确定地面点位的方法

确定一个点的空间位置须用三维坐标来表示，在测量工作中，一般将点空间位置用球面或平面位置(二维)和高程(一维)来表示，分别属于大地坐标系、平面直角坐标和高程系统。

(一)地面点坐标的确定

确定地面点的位置就是确定点的空间位置，其中两个量是地面点沿投影线在投影面上的投影位置，另一个量是点沿着投影到投影面的距离。地面点的空间位置与选用的椭球及坐标系统有关。测量上常用的坐标系有大地坐标系、高斯-克吕格平面直角坐标系、独立平面直角坐标系。

1. 大地坐标系

大地坐标系又称地理坐标系，是以参考椭球面作为基准面，以起始子午面(通过格林尼治天文台的子午面)和赤道面作为在椭球面上确定某一点投影位置的两个参考面。

地理坐标是从整个地球考虑某点的位置，通常用经纬度来表示。

如图 1-4 所示，NS 为椭球的旋转轴，由椭球旋转轴引出的半平面称为子午面，通过英国伦敦格林尼治天文台的子午面，称为首子午面；子午面与椭球面的交线叫子午线，又称真子午线或经线。过 P 点的子午面与首子午面所夹的二面角称为该点的经度，用 L 表示。同一经线上各点的经度相同。经线在首子午面以东者为东经，以西者为西经，其值都在

0°~180°。通过椭球中心且与椭球旋转轴正交的平面,称为赤道面,它和椭球面的交线称为赤道;与椭球旋转轴正交但不通过球心的其他平面,和椭球面的交线称为纬圈或纬线。过 P 点作一与椭球体相切的平面,再过 P 点作一与此平面垂直的直线,这条直线称为 P 点的法线(不通过椭球中心),它与赤道面的夹角称为该点的纬度,用 B 表示。同一纬线上的各点的纬度相同。在赤道以北者为北纬,以南者为南纬,其值在 0°~90°。

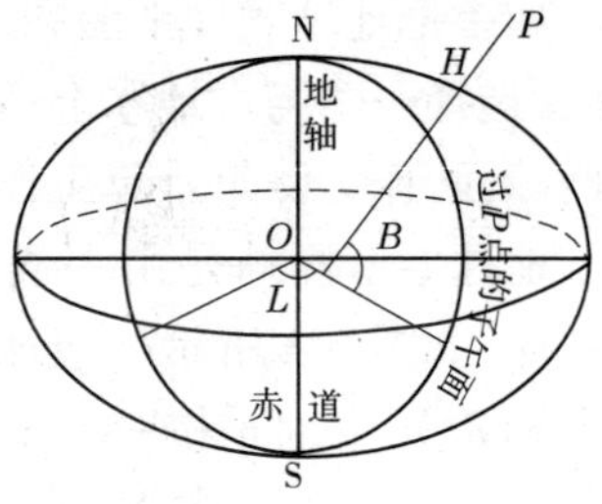

图 1-4　地理坐标

这样,地面上一点的位置,可用大地坐标 L、B 表示。

2. 高斯平面直角坐标系

当测区范围较大时,不能把水准面当作水平面。把地球椭球面上的图形展绘到平面上,必然产生变形。为了减少变形误差,我国采用了一种适当的投影方法,就是高斯投影,如图 1-5 所示。

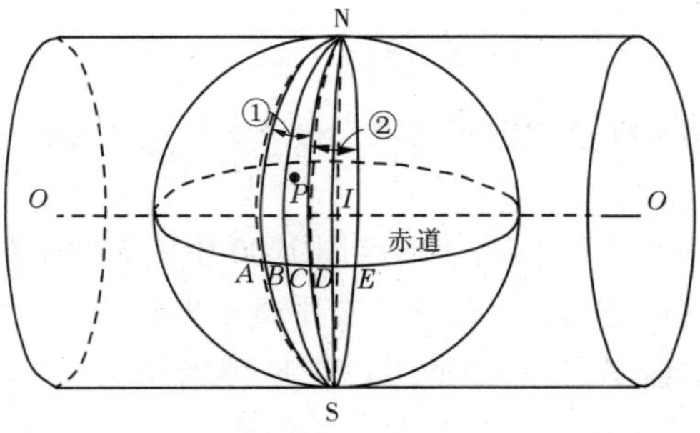

图 1-5　高斯投影

高斯投影的方法首先是将地球按经线划分成带,称为投影带。投影带是从首子午线(经度为 0°)起,每隔经度 6°划为一带,称为 6°带(如图 1-6 所示),自西向东将整个地球划分为 60 个带,依次以 1,2,3,…,60 进行编号,位于各带中央的子午线称为该带的中央经线,其经度 L_0 与其相应投影带带号 N 的关系为

$$L_0 = 6° \times N - 3° \tag{1-2}$$

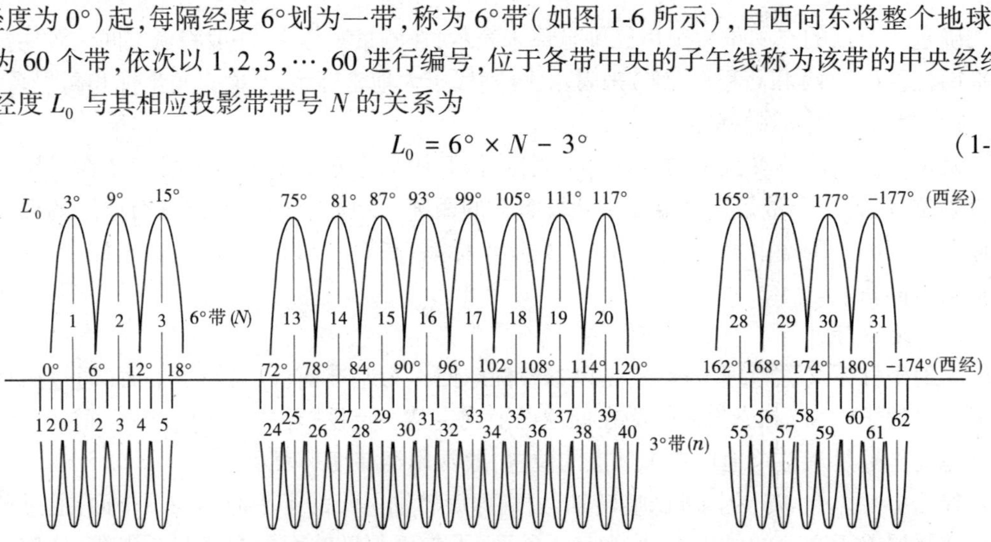

图 1-6　高斯投影分带

高斯投影能使球面图形的角度与投影在平面上的角度一致,但任意两点间的长度投影

后会产生变形,离中央子午线越远,变形越大。在投影精度要求较高时,可以把投影带划分再小一些,例如采用3°分带,第 n 带的中央子午线经度为

$$L_0 = 3° \times n \tag{1-3}$$

如果投影精度要求更高,还可以采用1.5°分带。1.5°分带不必全球统一划分,可以将中央子午线的经度设置在测区的中心,因此也称为任意分带。

我国在大地坐标系中的经度位置为73°~135°,采用6°带编号时,在我国 N 为13~23,采用3°带编号时,在我国 n 为24~45。

高斯投影的基本方法是:设想用一个椭圆柱横切套在地球椭球外面,并与椭球的某一中央子午线相切,如图1-5所示,在保持等角的条件下,将中央经线东、西各一定经差范围内的经线和纬线投影到椭圆柱面上,再将圆柱分别沿通过南北极的母线剪开展成平面,即得高斯平面。投影后,中央子午线长度不变,距离中央子午线越远,其长度投影变形越大。

投影后,取中央子午线与赤道交点的投影为原点,中央子午线的投影为纵坐标 X 轴,赤道的投影为 Y 轴,即构成了高斯平面直角坐标系。如图1-7所示,在该坐标系内,规定 X 轴向北为正,Y 轴向东为正。我国位于北半球,纵坐标均为正,横坐标有正有负。为了使用方便,避免出现负值,规定将坐标纵轴西移500 km,则投影带中任一点的横坐标也恒为正值。例如,P 点的高斯平面直角坐标 X_P = 3 275 611.188 m;Y_P = −376 543.211 m,若该点位于第19带内,则 P 点的国家统一坐标表示为 X_P = 3 275 611.188 m;Y_P = 19 123 456.789 m(500 000−376 543.211 = 123 456.789)。前者称为自然值,后者称为统一值。

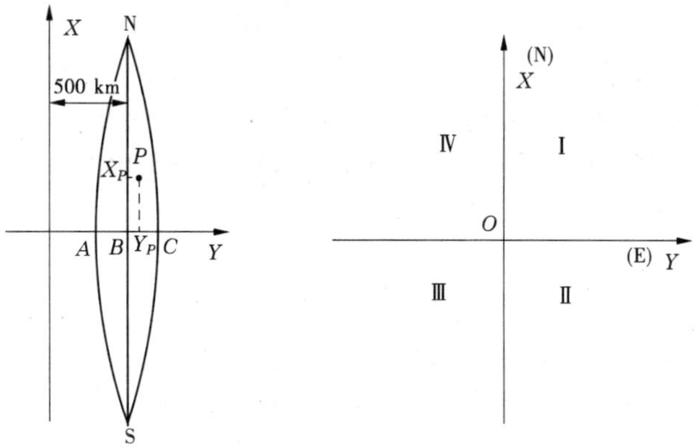

图1-7　高斯平面直角坐标系

3. 独立平面直角坐标系

当测量区域较小(测区半径不大于10 km)时,可以用测区的切平面代替椭球面作为基准面。在切平面上建立独立平面直角坐标系,测量时可将地面上的点沿铅垂线直接投影到水平面上,并用各点的平面直角坐标来表示其位置。如图1-8所示,测量上采用的平面直角坐标系与数学上的平面直角系坐标轴互换,象限顺序相反。纵轴为 X 轴,与南北方向一致,向北为正,向南为负;横轴为 Y 轴,与东西方向一致,向东为正,向西为负。顺时针方向量度,这样便于将数学的三角公式直接应用到测量计算上。原点一般假定在测区西南角,使测区内部点坐标均为正值,以便计算。

数学上的三角公式适用于测量平面坐标系,如

$$\left.\begin{aligned} x &= s\cos\alpha \\ y &= s\sin\alpha \end{aligned}\right\} \tag{1-4}$$

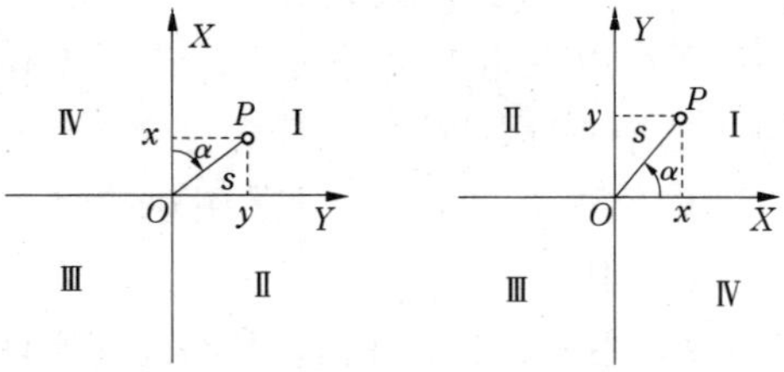

(a)测量平面坐标系　(b)数学坐标系

图1-8　测量平面坐标系与数学坐标系

(二)地面点的高程

1. 绝对高程

绝对高程是指地面上某点到大地水准面的铅垂距离,又称海拔,用H表示。如图1-9所示,A、B两点的绝对高程为H_A、H_B。数值越大,表示地面点越高,当地面点在大地水准面的上方时,高程为正;反之,当地面点在大地水准面的下方时,高程为负。

由于受海潮、风浪等影响,海水面时刻在变化,我国在青岛设立验潮站,长期观测和记录黄海海水面的高低变化,取其平均值作为高程基准面,并在验潮站附近建立水准原点。1956年我国采用青岛验潮站1950—1956年验潮资料计算确定的大地水准面,并以此为基准引测出水准原点的高程为72.289 m,以此数据测量推算全国水准点的高程,这样建立的高程系统称为“1956年黄海高程系”。20世纪80年代中期,我国又从1987年开始采用青岛验潮站1953—1979年验潮资料计算确定的大地水准面为基准引测出水准原点的高程为72.260 m,以此数据为基准测算全国各地的高程。

2. 相对高程

有些测区,引用绝对高程有困难,或为了计算和使用方便,可采用假定的水准面作为高程起算的基准面。那么,地面上一点到假定水准面的垂直距离称为相对高程,由于高程基准面是根据实际情况假定的,故相对高程有时也称为假定高程。

3. 高差

地面两点之间的高程之差称为高差,用h表示,高差有方向性和正负,与高程基准无关。如图1-9所示,A、B两点高差为:

$$h_{AB} = H_B - H_A \tag{1-5}$$

三、地球曲率对测量工作的影响

曲面上的图形投影到平面上会产生变形,变形的程度与曲面的弯曲程度(曲率)有关。在实际测量工作中,若变形的程度没有超出误差的范围,就可以用平面来代替曲面,否则就不能用平面代替曲面。

(一)地球曲率对距离测量的影响

通过地球半径R=6 371 km计算,得到地球曲率对距离的影响结果见表1-1。

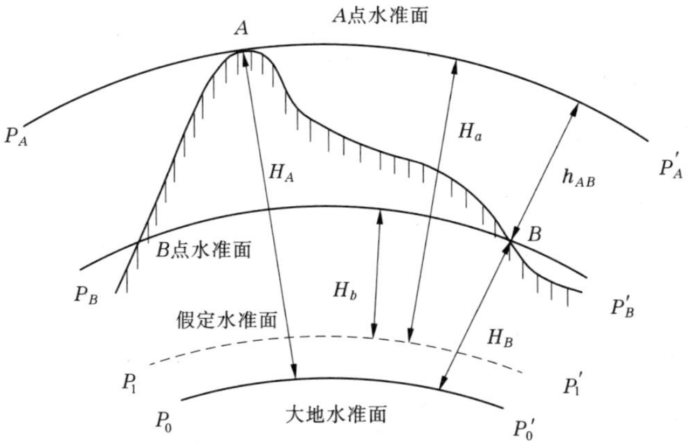

图 1-9　高程与高差

表 1-1　水平面代替大地水准面对距离的影响

距离 D/km	距离误差 ΔD/cm	相对误差 $\Delta D/D$	距离 D/km	距离误差 ΔD/cm	相对误差 $\Delta D/D$
1	0	—	20	6. 60	1:30 万
5	0. 10	1:500 万	50	102. 70	1:4. 8 万
10	0. 82	1:120 万	100	821. 20	1:1. 2 万
15	2. 77	1:54 万			

从表 1-1 中可以看出，当 $D=10$ km 时，所产生的距离误差为 0. 82 cm，相对误差为 1:120 万，即使是精密量距，这么小的误差也是允许的。因此，在 10 km 范围内量距，不用考虑地球曲率对测距产生的影响，可以用水平面代替地球曲面。

(二) 地球曲率对水平角测量的影响

通过地球半径 $R=6\ 371$ km 利用公式计算，得到地球曲率对水平角测量的影响结果，见表 1-2。

表 1-2　水平面代替水准面对角度的影响

P/km²	ε''	P/km²	ε''	P/km²	ε''	P/km²	ε''
10	0. 05	50	0. 25	100	0. 51	500	2. 54

从表 1-2 中的数据可以看出，当测区范围在 100 km² 时，对角度的影响仅为 0. 51″，所以，在一般的测量中，角度的影响可以忽略不计。

(三) 地球曲率对高程测量的影响

通过地球半径 $R=6\ 371$ km 计算得出地球曲率对高程测量的影响结果，水平距离 D 取不同的值，就会得到不同结果的 Δh，见表 1-3。

从表 1-3 中数据可以看出，用水平面代替大地水准面对高程的影响非常大，200 m 远的距离就会产生 3 mm 的高程误差。根据规定，对于中等精度的高程测量，1 km 长度的高程误差不能超过 2 cm，而表中达到了 8 cm。这就说明，在高程测量中，即使是在短距离或小区域内也必须考虑地球曲率的影响。

表1-3 水平面代替大地水准面对高程的影响

D/m	10	20	50	100	200	500	1 000
Δh/mm	0.01	0.03	0.2	0.8	3.1	19.6	78.5

【任务实施】

查阅某地区地理坐标,并计算高斯投影带。

【知识拓展】

我国常用的坐标系

一、1954年北京坐标系

在中华人民共和国成立初期采用克拉索夫斯基椭球参数,将我国东北端地区的呼玛、吉拉林、东宁三个点与苏联大地网联测后的坐标作为我国天文大地网起算数据,然后通过天文大地网坐标,推算出北京一点的坐标,故命名为1954年北京坐标系。该坐标实际上是苏联的1942年坐标系,原点不在北京,而在普尔科沃。中华人民共和国成立以来,1954年北京坐标系在我国经济建设和国防建设中发挥了重要作用。但这个坐标系存在以下一些问题:

(1)参考椭球长半轴偏长,比地球总椭球的长半轴长了一百多米。

(2)椭球基准轴定向不明确。

(3)椭球面与我国境内的大地水准面不太吻合,东部高程异常值(参考椭球面与似大地水准面之差的距离)可达+68 m,西部新疆地区高程异常值为零。

(4)点位精度不高。

二、1980年国家大地坐标系

为了克服1954年北京坐标系的缺陷,利用我国原有天文大地网的潜在精度,对原大地网进行重新平差,在1980年建立了国家大地坐标系。

该坐标系采用了IUGG-75地球椭球参数,大地原点选在我国中部地区陕西省永乐镇,椭球面与我国境内的大地水准面达到了最佳密合。平差后,其大地水准面与椭球面差距在±20 m之内,边长精度为1/500 000。

三、WGS-84坐标系

WGS-84是由美国国防制图局于20世纪80年代中期建立的,正式成为GPS的新坐标参照系。它是采用WGS-84地球椭球参数的一个地心坐标系,其原点与各坐标轴定义为:

(1)WGS-84的原点是地球的质心。

(2)*Z*轴指向国际时间局1984年定义的协议地球极点方向。

(3)*X*轴指向国际时间局1984年定义的零度子午面和协议地球极赤道的交点。

(4)*Y*轴和*Z*轴、*X*轴构成右手坐标系。

(5)WGS-84坐标参照系的原点也被当作WGS-84椭球的几何中心,而*Z*轴作为该旋转椭球的自转轴。

四、2000 中国大地坐标系

在人类进入空间时代的今天,测绘也进入了空间时代。1980 年国家大地坐标系虽然是经典大地测量成果的归算及应用,但它仍是一个二维参心局部坐标系,这会导致用 GPS 定位技术获得的高精度三维坐标与参心局部坐标系的低精度二维坐标成果之间产生了无法调和的矛盾,因此建立我国自己的地心坐标系已成必然。

2000 中国大地坐标系(China Geodetic Coordinate System,缩写:CGCS2000)是以地心为原点的一个右手地心直角坐标系,它的原点和坐标轴定义如下:

(1)原点在地球质量中心。

(2)Z 轴指向 IERS(国际地球自转和参考系服务)协议参考极方向。

(3)X 轴为 IERS 参考子午面与通过原点且同 Z 轴正交的赤道面的交线。

(4)Y 轴与 Z 轴、X 轴构成右手直角坐标系。

(5)参考椭球的几何中心与坐标系的原点重合,其旋转轴与坐标系的 Z 轴重合。

(6)正常椭球与参考椭球一致。

CGCS2000 与 WGS-84 坐标系采用的几何物理参数除参考椭球短半径值相差 0.1 mm 以外,其他完全相同。鉴于两种坐标系的原点与坐标轴的定义和所采用几何物理参数都具有很高的相容性,因此可以认为 CGCS2000 和 WGS-84 是非常吻合的。在坐标系的实现精度范围内,CGCS2000 坐标和 WGS-84 坐标是一致的,因此 CGCS2000 将使测绘定位应用 GPS 技术越来越方便。

经国务院批准,从 2008 年 7 月起,我国启用 2000 中国大地坐标系。

【巩固训练】

1. 设某地面点的大地经度为东经 106°25′36″,试计算它所在 6°带和 3°带的带号及中央子午线的经度。

2. 若我国某处地面点 A 的高斯平面直角坐标值为 X = 3 234 567.68 m,Y = 35 453 786.63 m,问该坐标值是按几度带投影计算而得?A 点位于第几带?该带中央子午线的经度是多少?A 点在该带中央子午线的哪一侧?距离中央子午线和赤道各为多少米?

任务三 测量误差理论

【工作任务】

理解测量误差的含义与来源,偶然误差的特性,掌握中误差的计算方法,了解算术平均值及其中误差的计算。

【知识准备】

一、测量误差概述

(一)测量误差的概念

在测量过程中,无论仪器多么精密,观测多么仔细,观测值一定会含有误差。任何一个观测量,在客观上总存在着一个能代表其真正大小的数值,这个数值称为真值,一般用 X 表示。对未知量进行测量的过程,称为观测,测量所获得的数值称为观测值,用 L_i 表示。进行观测时,观测值与真值之间的差异,称为测量误差或真误差,用 Δi 表示。

$$\Delta i = L_i - X \tag{1-6}$$

式中 Δi——真误差;

L_i——观测值;

X——真值。

(二)测量误差的来源

产生测量误差的原因有很多,归纳起来主要有以下三个方面。

1. 测量仪器误差

由于测量仪器制造工艺上的局限性,仪器虽然经过校正,仍存在残余误差。

2. 观测者的误差

观测者感觉器官的局限性,责任心、技术水平、固有习惯都会影响观测结果的质量。

3. 外界环境条件的影响

观测时温度、湿度、风力、气压和光线等外界环境因素的影响引起观测结果产生误差。

上述测量仪器、观测者、外界环境条件三个方面的因素是引起测量误差的主要来源。因此,我们把这三个方面的因素综合起来称为观测条件。观测条件的好坏将与观测成果的质量有着密切的联系。当观测条件好时,观测中所产生的误差平均来说就可能相应地小一些,观测成果的质量就高一些;反之,观测条件差,观测成果的质量就低一些。测量是使用仪器或工具在一定的观测条件下由人进行作业,因此产生观测误差的因素总是存在的,观测误差是不可能避免的。然而,在客观条件允许的限度内,测量工作者必须确保观测的结果具有较高的质量。

(三)测量误差的种类

根据产生的原因不同,通常将误差分为粗差、系统误差和偶然误差三类。

1. 粗差

粗差也称错误,指在正常观测条件下所出现的比最大偶然误差还要大的误差,是由于观测者使用仪器不正确或疏忽大意,如测错、读错、听错、算错等造成的错误,计算机数据错误输入,航测像片判读错误,或因外界条件发生意外的显著变动引起的差错。一旦发现含有粗差的观测值,应将其从观测成果中剔除出去。一般地讲,只要严格遵守测量规范,工作中仔细谨慎,并对观测结果作必要的检核,粗差是可以发现和避免的。

2. 系统误差

在相同的观测条件下,对某量进行的一系列观测中,数值大小和正负符号固定不变或按一定规律变化的误差,称为系统误差。系统误差具有累积性,它随着单一观测值观测次数的增多而积累,对观测结果影响很大。

如某一钢尺名义长度为 20 m,经过鉴定存在尺长误差 0.5 mm。如果用该钢尺进行长度测量,测距愈长,所积累的误差也愈大,这是一种系统误差。

系统误差对于观测结果的影响具有累积的作用,它对成果质量的影响也特别显著。在实际过程中,应该采用各种方法来消除或减弱其影响,达到实际上可以忽略不计的程度。

3. 偶然误差

在相同的观测条件下对某量进行一系列观测,单个误差的出现没有一定的规律性,其数值的大小和符号表现出偶然性,这种误差称为偶然误差。例如,用经纬仪测角时,就单一观测值而言,由于受照准误差、读数误差、外界条件变化所引起的误差、仪器自身不完善引起的误差等综合的影响,测角误差的大小和正负号都不能预知,具有偶然性。所以,测角误差属于偶然误差。

【例 1-1】 对三角形的三个内角进行等精度观测,因观测有误差存在,使三角形的内角和不等于 180°,则其真误差 Δ 为

$$\Delta = \sum \alpha - 180°$$

现将观测的 358 个三角形内角和的真误差按其大小分区统计见表 1-4。

表 1-4　三角形内角和真误差区间统计表

误差所在区间	正 Δ	负 Δ	总数	百分数/%
0″~3″	45	46	91	25.4
3″~6″	40	41	81	22.6
6″~9″	33	33	66	18.4
9″~12″	23	21	44	12.3
12″~15″	17	16	33	9.2
15″~18″	13	13	26	7.3
18″~21″	6	5	11	3.1
21″~24″	4	2	6	1.7
24″以上	0	0	0	0
合计	181	177	358	100

从表 1-4 中可以看出:绝对值小的误差的个数比绝对值大的误差的个数多;绝对值相等的正负误差的个数大致相等,最大的误差不超过 24″。

偶然误差单个出现时不具有规律性,但在相同条件下重复观测某一量时,所出现的大量的偶然误差却具有一定的规律性。经过大量的实验统计和总结,当观测次数较多时,偶然误差具有四个特性。

1) 有限性

在一定的观测条件下,偶然误差不会超过一定的限度。

2) 集中性

绝对值越小的误差,出现的机会越多。

3) 对称性

绝对值相等的正误差与负误差,出现的机会均等。

4) 抵消性

当观测次数无限增多时,偶然误差的算术平均值趋近于零,即

$$\lim \frac{[\Delta]}{n} = 0$$

式中　n——观测次数。

在测量工作中,错误是不允许存在的,系统误差是可以消除、减弱或限制其影响,偶然误差是不可避免的。因此,可以通过多次观测,取其算术平均值作为最可靠的值。

二、衡量精度的指标

建立一个统一的衡量精度的标准,给出一个数值概念,使该标准及其数值大小能反映出误差分布的离散或密集的程度,称为衡量精度的指标。

常用的衡量精度的标准有下列几种。

(一)中误差

为了避免正、负误差相抵消和明显地反映观测值中较大误差的影响,通常是以各个真误差的平方和的平均值再开方作为评定该组每一观测值的精度的标准,即

$$m = \pm\sqrt{\frac{\Delta_1^2 + \Delta_2^2 + \cdots + \Delta_n^2}{n}} = \pm\sqrt{\frac{[\Delta\Delta]}{n}} \tag{1-7}$$

式中　m——中误差;

$[\Delta\Delta]$——各真误差的平方和;

n——观测次数。

由于是等精度观测,因此中误差是指该组每一个观测值都具有这个值的精度,也称为观测值中误差。它是一组真误差的代表值,中误差值的大小反映了这组观测值精度的高低,而且它能明显地反映出测量结果中较大误差的影响。因此,一般都采用中误差作为评定观测质量的标准。

【例 1-2】 设有甲、乙两个小组,对三角形的内角和进行了 9 次观测,分别求得其真误差:甲组:−5″,−6″,+8″,+6″,″+7″,−4″,+3″,−8″,−7″;乙组:−6″,+5″,+4″,−4″,−7″,+4″,−7″,−5″,+3″。

解: 由式(1-7)计算得两组的中误差为

$$m_{甲} = \pm\sqrt{\frac{(-5)^2 + (-6)^2 + 8^2 + 6^2 + 7^2 + (-4)^2 + 3^2 + (-8)^2 + (-7)^2}{9}} = 6.2''$$

$$m_{乙} = \pm\sqrt{\frac{(-6)^2 + 5^2 + 4^2 + (-4)^2 + (-7)^2 + 4^2 + (-7)^2 + (-5)^2 + 3^2}{9}} = 5.2''$$

因 $m_{甲} > m_{乙}$,这就说明甲组观测精度低于乙组,因为甲组观测值中有较大的误差。中误差能正确地反映出观测结果中较大误差的影响,所以用中误差来衡量观测结果的精度是比较合理的。

从例 1-2 可知,尽管两组观测误差绝对值的总和相等,但因甲组观测的误差变化大,精度就低。中误差是一组真误差的代表,但并不等于每个观测值的真误差,用中误差可以说明一组观测值的精度。

(二)相对中误差

相对中误差就是中误差的绝对值与相应观测值之比。它是一个比值,没有单位,在测量

上通常化为分子为 1 的分数式表示。

$$K=\frac{|m|}{D}=\frac{1}{D/|m|} \tag{1-8}$$

前面提及的真误差、中误差都是绝对误差，单纯比较绝对误差的大小，当观测误差的大小和观测值的大小相关时，仅利用中误差就不能反映出测量精度的高低，必须相对中误差这个标准。例如，丈量两段距离，第一段的长度为 100 m，其中误差为 $m_1=\pm 2$ cm；第二段长度为 200 m，其中误差为 $m_2=\pm 3$ cm。如果单纯用中误差的大小评定其精度，就会得出前者精度比后者精度高的结论。实际上丈量的误差与长度有关，距离愈大，误差的积累愈大。$K_1=1/5\ 000$，$K_2=1/6\ 600$。后者精度高于前者。

(三)容许误差

由偶然误差的第一个特性可知，在一定观测条件下，偶然误差的绝对值不会超过一定的限值。如果在测量工作中某观测值的误差超过了这个限值，就认为这次观测的质量不符合要求，该观测结果应该舍去重测，这个界限称为容许误差或限差。

因此，通常以 3 倍中误差作为偶然误差的限差，即 $\Delta_{容}=3|m|$；在对精度要求较高时，常取 2 倍中误差作为容许误差，即 $\Delta_{容}=2|m|$。

三、算术平均值及其中误差

(一)算术平均值

当观测次数 n 趋于无限多时，算术平均值就是该量的真值。但在实际工作中观测次数总是有限的，这样算术平均值不等于真值，但它与所有观测值比较都更接近于真值。因此，可认为算术平均值是该量的最可靠值，故又称为最或然值。

设在相同的观测条件下，对某一未知量进行了 n 次观测，得观测值 $l_1,l_2,\cdots,l_n$，则该量的最可靠值就是算术平均值 x，即

$$x=\frac{l_1+l_2+\cdots+l_n}{n}=\frac{[l]}{n}$$

X 为该量的真值，则有 $\lim\limits_{n\to\infty}x=X$。

(二)观测值改正数

未知量的最或是值 x 与观测值 l_i 之差 v_i 是可以求得的，v_i 称为观测值改正数。

$$\frac{[\Delta\Delta]}{n}=\frac{[vv]}{n}+\frac{[\Delta\Delta]}{n^2}$$

根据中误差定义，得 $m^2=\frac{[vv]}{n}+\frac{m^2}{n}$，$m=\pm\sqrt{\frac{[vv]}{n-1}}$ 即为利用观测值改正数计算中误差的公式。在实际工作中，未知量的真值往往是不知道的，因此真误差 Δi 也无法求得，因而不能直接求观测值的中误差，但未知量的最或是值 x 与观测值 l_i 之差 v_i 是可以求得的。对于任何一组等精度观测值，其改正数代数和等于零，这就是观测值改正数的特性，这一结论可检查计算的算术平均值和改正数是否正确。

(三)由观测值改正数计算观测值中误差

通过研究改正数 v 与真误差 Δ 之间的关系，从而导出以改正数表示观测值中误差的公式。

$$m = \pm\sqrt{\frac{[vv]}{n-1}}$$

(四)算术平均值中误差

算术平均值 x 的中误差 M_x,可由下式计算

$$M_x = \frac{m}{\sqrt{n}} \quad 或 \quad M_x = \sqrt{\frac{[vv]}{n(n-1)}}$$

【任务实施】

1. 准确判断水准测量工作中误差产生的原因及分类。
2. 全站仪(或经纬仪)在进行水平角度测量时,计算测量精度。

【考核评价】

学生姓名: 日期: 总分:

序号	考核项目	考核要求	分值	评分标准	得分
1	误差性质判断	误差分类	20分	误差性质判断错误扣分	
2	水准测量误差产生来源	水准仪测量高差中误差产生的原因	20分	答题不全面,根据分值分配扣完为止	
3	角度测量精度计算	计算方法是否正确,结果是否正确	60分	酌情扣分	

【知识拓展】

测量精度指测量的结果相对于被测量真值的偏离程度。(正确的测量值-真实值)/真实值 。在测量中,任何一种测量的精密程度高低都只能是相对的,皆不可能达到绝对精确,总会存在由各种原因导致的误差。为使测量结果准确可靠,尽量减少误差,提高测量精度。必须充分认识测量可能出现的误差,以便采取必要的措施来加以克服。通常在测量中有基本误差、补偿误差、绝对误差、相对误差、系统误差、随机误差、过失误差与抽样误差等。

施工放线是通过对建设工程定位放样的事先检查,确保建设工程按照规划审批的要求安全顺利地进行,同时兼顾完善市政设施、改善环境质量,避免对相邻产权主体的利益造成侵害。

园林绿化施工的结果经常与园林设计之间存在相当大的偏差,产生这一现象的原因是多方面的,但园林施工放线过程中存在的问题是引起这些偏差存在的主要原因之一。施工放线作为园林施工的第一道实施步骤,对园林设计的准确物化,其重要性可谓举足轻重。

施工放线基础要求:

(1)测量工作的基本要求:按照测量规范,以及合理的天气条件,遵守先整体后局部和高精度控制低精度的工作程序。要有严格的校核制度。建立一切定位放线工作要自检、互检合格后,方可申请项目部验收的工作制度。

(2)测量仪器必须按规定进行检测,钢卷尺应送法定专业机构检定。

(3)测量人员应提前熟悉施工图纸和现场各种高程坐标,控制点及精密导线网点,精密水准点,平面方格网点,仔细检查审核施工放线依据。

(4)测量放线是确保施工质量的最关键的工序,必须严格按施工工艺进行,为保证测量精度,除熟悉图纸,采用合理的测量步骤外,还要选用比较精确的经纬仪、水平仪、铅垂仪等仪器设备进行测量放线,测量工作开始之前,必须与总承包方取得联系,与土建单位确认三项基准数值,由总包方移交控制网点等测量情况。

(5)测量放线时应控制分配误差,不使误差累积。

【巩固训练】

1. 下列情况会使观测结果产生误差,试判断产生误差的性质?在普通水准测量中:①附合气泡没有精确居中;②估读不准;③水准仪下沉;④水准尺下沉;⑤水准管轴与视准轴不平行。用钢尺丈量距离时:①尺长不准确;②定线不准;③温度变化;④拉力不均匀;⑤估读小数不准确。

2. 设对某水平角观测了5次,测得观测值为67°21′30″、67°21′48″、67°21′18″、67°21′36″、67°21′18″,试计算观测值的最或是值、观测值的中误差和最或是值的中误差。

3. 在1:1 000的图上量得一圆半径为31.34 mm,已知测量中误差为±0.1 mm,求实地圆周长的中误差。

4. 某长方形房屋,长边量得结果为:60 m+0.02 m,短边量得结果为:30 m+0.01 m,求房屋面积的中误差。

项目二 水准测量

水准测量

项目情景

在园林工程建设中,有许多各种用途的地块需要按照园林设计的要求,把园林场地整理成平坦的或带有一定坡度的场地。在园林道路、园林建筑等园林工程的设计施工中也需要高程的测量与测设。

为确定地面点高程所进行的测量工作,称为高程测量。根据所用仪器和施测方法的不同,高程测量可分为水准测量、三角高程测量、GNSS定位高程测量和气压高程测量。其中,水准测量精度高,是最常用的方法。

学习目标

知识目标:

掌握水准仪、水准尺的构造及使用方法;了解水准测量的原理;学会高差测量及高程计算方法;掌握水准路线测量的方法。

技能目标:

能熟练操作水准仪,并能正确读数;能熟练利用水准仪进行高程测量并会计算高差;能熟练利用水准仪进行水准测量并计算各点高程值。

思政目标:

培养学生爱护仪器的责任担当、团队意识、爱岗敬业精神。

任务一 水准仪的认识与使用

【工作任务】

任务描述:在园林工程建设中,经常需要解决一些高程问题,如各点位的高程、根据设计高程在施工中做出高程的标识以指导施工。

任务分析:这要求我们理解高程的概念,水准测量的基本原理,测量的有关仪器及使用技能。学会水准仪的使用,掌握读数方法。

工具材料:准备一台水准仪、一对水准尺、一个脚架、两个尺垫、记录表格等。

【知识准备】

一、水准仪的构造

水准仪是水准测量的主要仪器,按水准仪所能达到的精度分为$DS_{0.5}$、DS_1、DS_3和DS_{10}

等几种。“D”是我国对大地测量仪器规定的总代号，通常在书写时可以省略，“S”是水准仪的代号，下标0.5、1、3、10是指各等级水准仪每千米往返测高差中数的中误差，以毫米(mm)计。目前，我国水准仪是按仪器所能达到的每千米往返高差中数的中误差这一精度指标划分的，可分为精密水准仪(如$DS_{0.5}$型和DS_1型水准仪，国外的有蔡司004、007，威尔特N_3等，用于国家一、二等水准测量及其他精密水准测量)和普通水准仪(如DS_3和DS_{10}，用于国家三、四等水准测量及一般工程水准测量)。

水准仪按构造分类可分为微倾式水准仪、自动安平水准仪、激光水准仪、数字水准仪等。这里主要介绍DS_3型微倾式水准仪、自动安平水准仪的构造及其使用。

(一) DS_3 型微倾式水准仪

图2-1为DS_3型微倾式水准仪，它主要由望远镜、水准器、基座等几部分组成。仪器通过基座与三脚架连接，支撑在三脚架上。基座下面有3个脚螺旋，用来粗略整平仪器。基座上有托板，托板支撑望远镜和水准器。托板上装有圆水准仪器、微倾螺旋及水平制动螺旋和微动螺旋。望远镜旁装有水准管，旋转微倾螺旋可以使望远镜微微仰俯，水准管也随之仰俯。当水准管气泡居中时，望远镜的视线水平。仪器在水平方向的转动是由水平制动螺旋和水平微动螺旋来控制的。

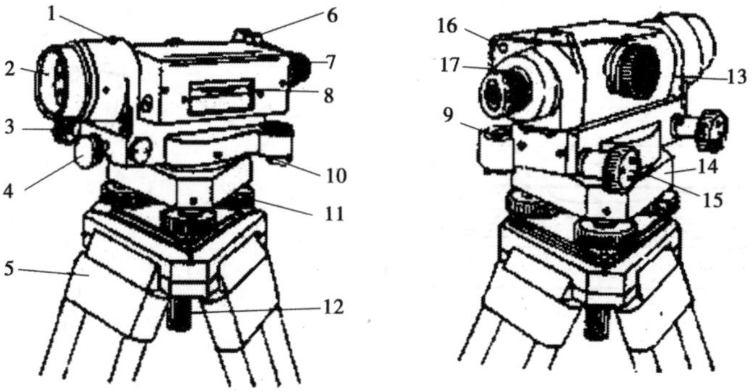

1—准星；2—物镜；3—微动螺旋；4—制动螺旋；5—三脚架；6—照门；7—目镜；
8—水准管；9—圆水准器；10—圆水准器校正螺旋；11—脚螺旋；12—连接螺旋；
13—物镜调焦螺旋；14—基座；15—微倾螺旋；16—水准仪管气泡观测窗；17—目镜调焦螺旋。

图2-1　DS_3 型微倾式水准仪

1. 望远镜

望远镜是用来精确瞄准远处目标(标尺)和提供水平视线进行读数的设备，如图2-2(a)所示。它主要由物镜、目镜、调焦透镜、对光螺旋及十字丝分化板等组成，图2-2(b)是从目镜中看到的经过放大后的十字丝分化板上的像。十字丝分化板是用来准确瞄准目标用的，中间一根长横丝称为中丝，与之垂直的一根丝称为竖丝，与中丝上下对称的两根短横丝称为上、下丝(又称为视距丝)。在水准测量时，用中丝在水准尺上进行前后视读数，用于计算高差，用上、下丝在水准尺上读数，用于计算水准仪至水准尺上的距离(视距测量)。

2. 水准器

水准器是水准仪上的重要部件，它是利用液体受重力作用后使气泡居于最高处的特性，指示水准器的水准轴位于水平或竖直位置的一种装置，从而使水准仪获得一条水平视线。水准器分为圆水准器和管水准器两种。

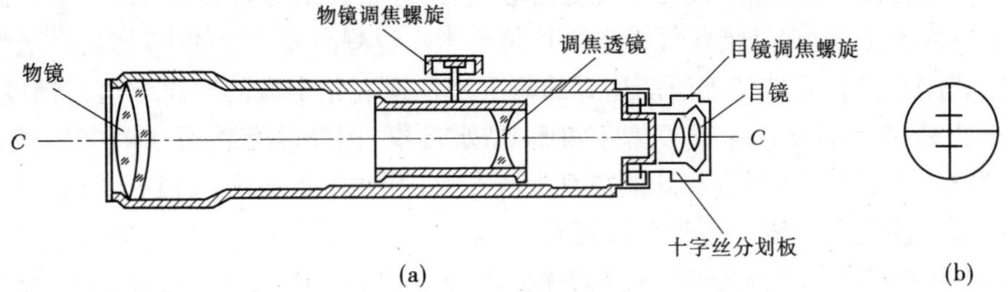

图 2-2　望远镜

1)管水准器

管水准器是内壁纵向磨成圆弧状的玻璃管,管上对称刻有间隔为 2 mm 的分化线,管水准器内壁圆弧中心点为管水准器的零点 O,过管水准器零点的切线 LL 平行于视准轴,如图 2-3(a)所示。管内装有酒精和乙醚的混合液,加热密封冷却后形成一个小长气泡,因气泡较轻,故处于管内最高处。当气泡居中时,管水准器水平,此时若 LL 平行于视准轴,则视准轴也水平。通常根据水准气泡两端距水准管两端刻划的格数相等的方法来判断水准气泡是否精确居中,如图 2-3(b)所示。

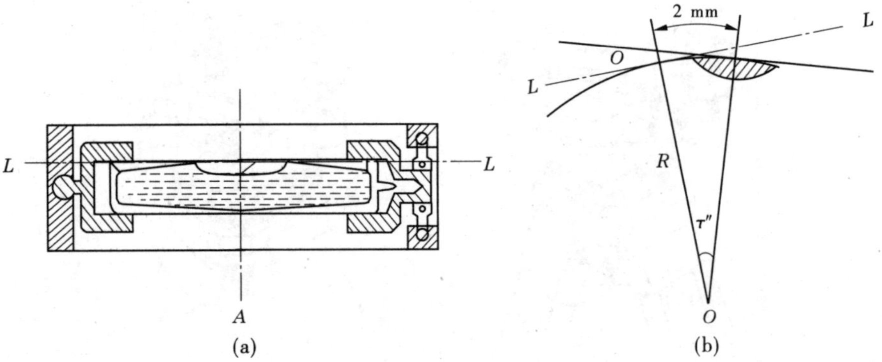

图 2-3　管水准器

水准管上两相邻分化线间的圆弧(弧长 2 mm)所对的圆心角,称为水准管分化值 τ'',用公式表示为:

$$\tau'' = \frac{2}{R} = \rho'' \tag{2-1}$$

式中　ρ''——一弧度所对应的角度秒值,即 $\rho'' = \frac{180°}{\pi} \times 60 \times 60 = 206\ 264.806'' \approx 206\ 265''$;

R——水准管圆弧半径,mm。

式(2-1)说明分化值 τ'' 与水准管圆弧半径 R 成反比。R 愈大,τ'' 愈小,水准管灵敏度愈高,则定平精度也愈高,反之定平精度就低。DS_3 型水准仪的管水准器的分化值一般为 20″/2 mm,表明气泡移动一格,水准管轴倾斜 20″。为提高水准仪管气泡居中精度,在水准仪管上方安装一组符合棱镜,如图 2-4 所示。通过符合棱镜的反射作用,把水准管气泡两端的影像反映在望远镜旁的水准管气泡观测窗内,当气泡两端的两个半像合成一个圆弧时,就表示水准管气泡居中,如图 2-4(a)所示;若两个半像错开,则表示水准管气泡不居中,如图 2-4(b)所示,此时可转动位于目镜下方的微倾螺旋,使气泡两端的半像严密吻合(居中),达到仪器的精密置平。这种配有符合棱镜的水准器，称为符合水准器。它不仅便于观察，同时可以使气泡居中精度提高一倍。

2) 圆水准器

圆水准器是用于粗略整平仪器的水准器，如图 2-5 所示。圆水准器顶面的内壁磨成圆球面，顶面中央刻有一个小圆圈，其圆心 O 成为圆水准器的零点，过零点 O 的法线 LL'，称为圆水准器轴。由于它与仪器的旋转轴（竖轴）平行，所以当圆气泡居中时，圆水准器轴处于竖直（铅垂）位置，表示水准仪的竖轴也大致处于竖直位置。DS_3 水准仪圆水准器分化值一般为 8′/2 mm。由于分化值较大，则灵敏度较低，只能用于水准仪的粗略整平，为仪器精确置平创造条件。

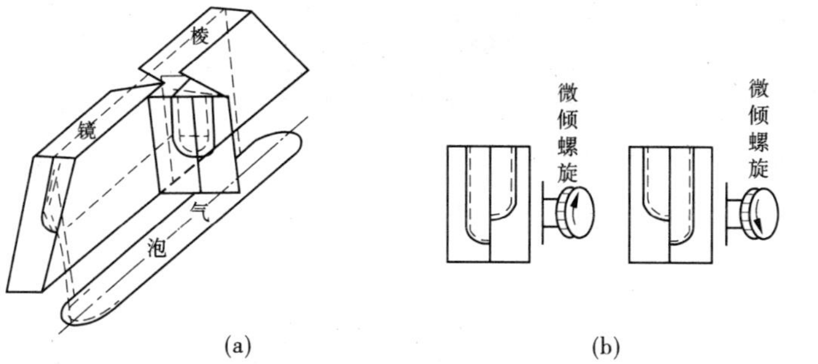

图 2-4 管水准器符合

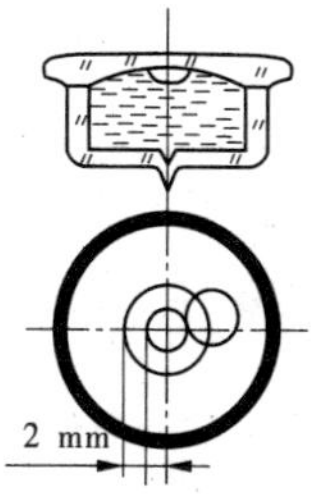

图 2-5 圆水准器

3. 基座

基座主要由托板（又叫轴座）、脚螺旋和连接螺旋组成。托板用来支撑仪器上部，即仪器的望远镜和水准器，连接螺旋用来连接仪器与三脚架，通过调节脚螺旋可使圆水准气泡居中，从而整平仪器。

（二）自动安平水准仪

自动安平水准仪目前已经广泛用于测绘和工程建设中，它的构造特点是没有水准管和微倾螺旋，而只有一个圆水准器进行粗略整平。当圆水准气泡居中后，尽管仪器视线仍有微小的倾斜，但借助仪器内补偿器的作用，视准轴在数秒内自动呈现为水平状态，从而对于施工场地地面的微小震动、松软土地的仪器下沉和风吹刮时的视线微小倾斜等不利情况，能够迅速自动地安平仪器，有效地减弱外界影响，有利于提高观测精度。自动安平水准仪构造见图 2-6。

1. 视线自动安平的原理

如图 2-7 所示，视准轴水平时在水准尺上的读数为 a，当视准轴倾斜一个小角 α 时，此时视线读数为 a'（a'不是水平视线读数）。为了使十字丝中丝读数仍为水平视线的读数 a，在望远镜的光路上增设一个补偿装置，使通过物镜光心的水平视线经过补偿装置的光学元件后偏转一个 β 角，仍旧成像于十字丝中心。由于 α 和 β 都是很小的角度，当式(2-2)成立时，就能达到自动补偿的目的，即

$$f \times \alpha = d \times \beta \tag{2-2}$$

式中 f——物镜到十字丝分化板的距离；

d——补偿装置到十字丝分化板的距离。

2. 自动安平水准仪的使用

使用自动安平水准仪和微倾水准仪的方法大同小异。首先，用脚螺旋将圆水准器气泡

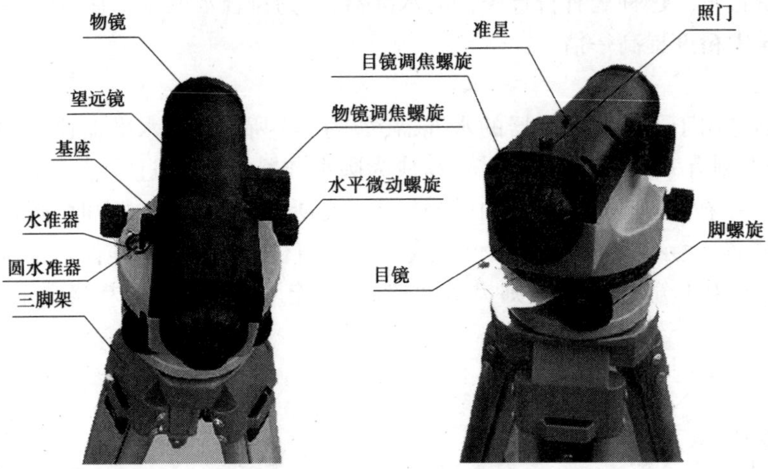

图 2-6　自动安平水准仪构造

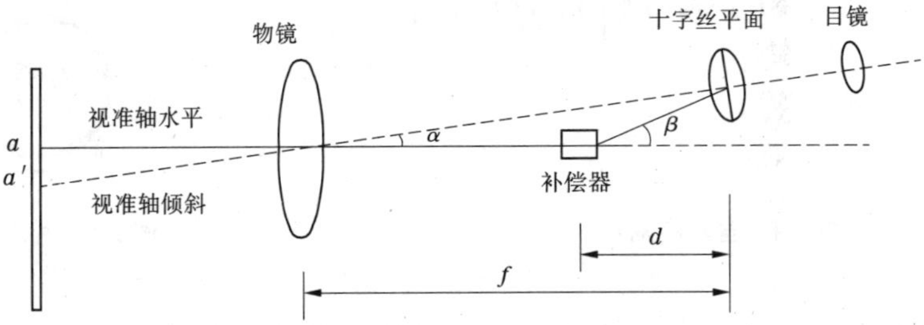

图 2-7　视线自动安平原理

居中(粗略整平),然后即可瞄准水准尺进行读数。国产的 DSZ_3 型自动安平水准仪圆水准仪器的分化值为 8′/2 mm,补偿器作用的范围是±8′,所以只要使圆水准器气泡居中并不超出圆水准器中央的小黑圆圈范围,补偿器就会产生自动"安平"的作用。但使用自动安平水准仪仍应认真进行粗略整平。由于补偿器相当于一个重力摆,不管是空气阻尼还是磁性阻尼,其重力摆静止稳定约需过 2 s,故瞄准水准尺约 2 s 后再读数为好。有的自动安平水准仪配有一个键或自动安平钮,每次读数前应按一下键或按一下钮才能读数,否则补偿器不起作用。使用时应仔细阅读仪器说明书。

二、水准尺及尺垫

水准尺是水准测量的重要工具,其质量好坏直接影响水准测量的精度,因此它是采用不易变形并且干燥的优良木材或玻璃钢制成的,要求尺长稳定,刻划准确。水准尺常用的有塔尺和直尺两种,直尺又分为单面尺和双面尺(红黑面尺),如图 2-8 所示。

(一)直尺

直尺多用于较精密的水准测量,其长度为 3~5 m。在尺面上每隔 1 cm 涂有黑白或红白间隔的分格,每分米处注有数字,数字一般是倒写的,以便观测时从望远镜中看到的是正像字。单面尺是在一面有刻划,而双面尺是在两面均有刻划。双面尺的一面是"黑面尺"(主尺),另一面是"红面尺"(辅尺),如图 2-8(a)所示。通常,用两根尺组成一对进行水准测

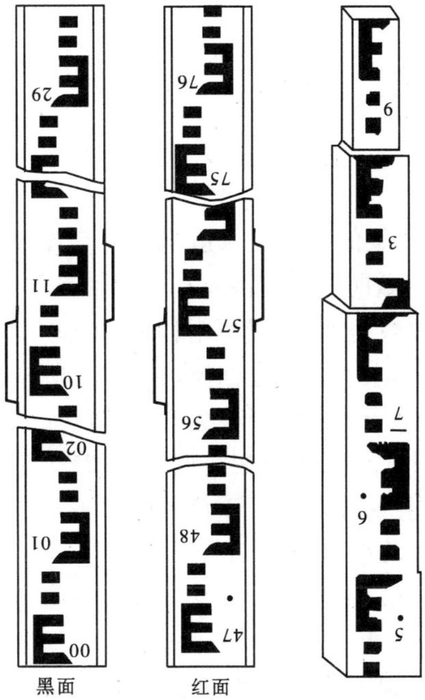

(a)直尺　　(b)塔尺

图 2-8　水准尺

量，两根黑面尺尺底均从零开始，而红面尺尺底固定数值为 4 687 mm 或 4 787 mm 开始，此固定数值称为零点差（或红黑面常数差），目的在于水准仪测量中，以校核读数正确，避免凑数而发生错误。

（二）塔尺

塔尺一般用于普通水准测量，长度为 5 m，它是由 3 段套接而成，如图 2-8（b）所示。尺的底部为零点，尺上分化为黑白（或红白）相间，每格宽度为 1 cm 或 0. 5 cm，每分米处注有数字，分米的正确位置有以字顶和字底为准两种。超过 1 m 则在数字上加红点表示，如 $\dot{7}$ 表示 1. 7 m，$\ddot{7}$ 表示 2. 7 m，也有直接用 1. 7 m、2. 7 m 表示的。塔尺可以伸缩，携带方便，但接头处易损坏，影响尺的精度。

（三）尺垫

尺垫一般由三角形的铸铁制成，下面有三个尖脚，便于使用时将尺垫踩入土中，使之稳固。上面有一个突起的半球体，如图 2-9 所示，水准尺竖立于球顶最高点。在普通水准仪测量中，转点处应放置尺垫，以防止在观测过程中水准尺下沉位置发生变化而影响读数。

图 2-9　尺垫

三脚架是水准仪的附件，用以安置水准仪，由木质（或金属）制成，垫脚架一般可伸缩，便于携带及调整仪器高度，使用时用中心连接螺旋与仪器固紧。

【任务实施】

用水准仪测定地面任意两点高差,水准仪的操作使用主要包括:安置仪器、粗略整平、瞄准目标、精确置平与读数等步骤。

一、水准仪的安置

安置水准仪,通常是先将脚架的一条腿取适当位置安置好(仪器高度应与自己的身高相适应),然后两手握住另两条腿做前后、左右移动,眼睛目测使脚架头顶面水平。若地面比较坚实,可以不用脚踏,如在公路上、城镇中有铺装面的街道上等。若地面比较松软,则应用脚踏实脚架,使仪器稳定。当地面倾斜较大时,应将三脚架的一个脚架腿安置在倾斜方向上,再将另外两个脚架腿安置在与倾斜方向垂直的方向,这样既有利于仪器的整平,又有利于仪器安置的稳固安全,如图 2-10 所示。

图 2-10　安置仪器

二、粗平

粗平工作是利用脚螺旋使圆水准器的气泡居中,达到仪器粗平的目的,操作方法具体如下:

(1)打开制动螺旋,转动仪器,使圆水准器置于 1、2 两脚螺旋一侧的中间。

(2)两手分别以相对方向转动两个脚螺旋,使气泡位于圆水准器零点和垂直于 1、2 两个脚螺旋连线的方向上,此时气泡移动方向与左手大拇指旋转时的移动方向相同,如图 2-11(a)所示。

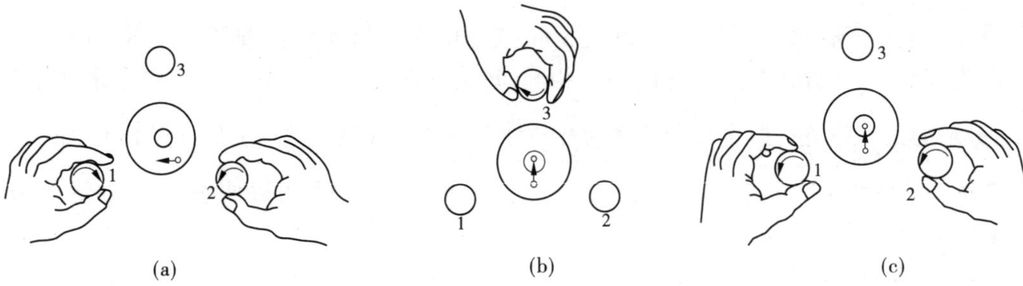

图 2-11　圆水准器整平

(3)再转动第三个脚螺旋让气泡居中,见图 2-11(b)。

实际操作时可以不转动第三个脚螺旋,而以相同方向同样速度转动原来的两个脚螺旋 1、2 使气泡居中即可,如图 2-11(c)所示。在熟练操作以后,不一定将气泡的移动分解为两步,直接转动两个脚螺旋即可导致气泡居中。此时,两个脚螺旋各自的转动方向和转动速度都要视气泡的具体位置而定,要按照气泡移动的方向及时控制两手的转动。

三、瞄准目标

用望远镜十字丝中心对准目标的操作过程称为瞄准。具体操作步骤如下:

(1)松开望远镜水平制动螺旋,把望远镜对向明亮背景处,进行目镜调焦,使十字丝最清晰。

(2)转动望远镜,利用镜筒上方的缺口和准星照准水准标尺,固定水平制动螺旋。

(3)旋转水平微动螺旋,使十字丝纵丝精确照准水准标尺的中间即可,如图 2-12 所示。

(4)再旋转物镜调焦螺旋,使水准尺成像清晰且无视差现象存在。

四、精确置平

精确置平又称为精平,是指在读数前转动微倾螺旋使符合水准气泡符合,从而使视准轴精确水平(自动安平水准仪没有精平这一工序)。它的做法是:转动位于目镜右下方的微倾螺旋,从气泡观察窗(目镜左下方)内看符合水准器的两端气泡半影像对齐(管水准气泡居中)是否对齐,若对齐,则说明管水准气泡居中(见图 2-13)。由于气泡移动的惯性,因此在转动微倾螺旋时要缓慢而均匀。调节微倾螺旋的规律是向前旋为抬高目镜端,向后旋是降低目镜端。调节时,微动螺旋转动的方向与左半边气泡影像移动方向一致,或可由外部观测气泡偏离的位置,来决定旋转方向。

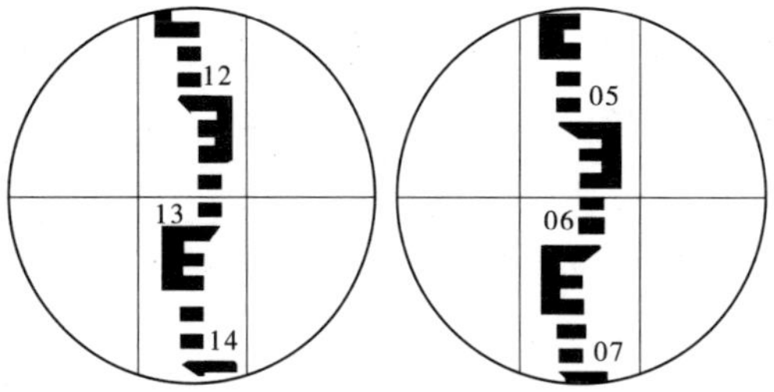

图 2-12 瞄准目标与读数

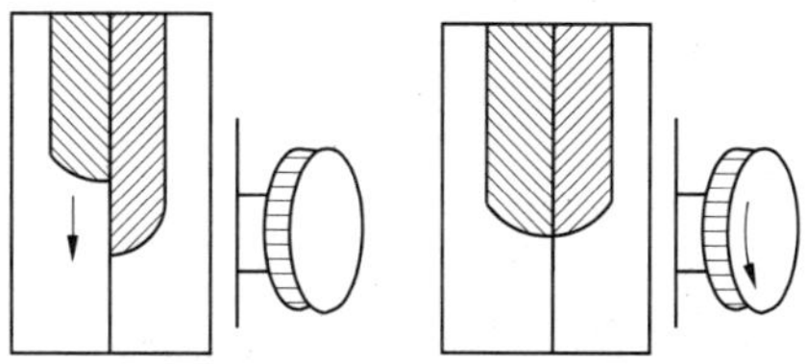

图 2-13 符合水准气泡符合

五、读数

当仪器精平后,立即用十字丝的中丝在水准尺上读数。读数时应从小到大,由上而下进行读数,直接读米、分米、厘米,估读到毫米。为了防止不必要的误会,习惯上只报读四位数字,不读小数点,如图 2-12 中,读数为 1. 274 m 和 0. 560 m 读为 1274 和 0560。读数完毕后立即重新检查符合水准仪气泡是否仍旧居中,如仍居中,则读数有效,否则应重新使符合气泡居中后再读数。

读数时,要弄清标尺上的数字注记形式。大部分水准标尺的注记形式如图 2-12 所示,即分米数字注记在整分划线数值增加的一边,这样的注记读数较方便,中丝读数为 1274 和 0560。由于水准仪有正像和倒像两种,读数时注意遵循从小读数向大读数读。如图 2-13 所示,不能读成 1326 和 0640。

六、实训成果

(1)每人必须上交一份实训报告,见表 2-1。

(2)问答题:影响水准测量精度的原因有什么?如何才能提高水准测量的精度与速度?

七、注意事项

(1)水准仪开箱之后,应看清仪器的摆放位置,不至于仪器用完后放不到箱内。

(2)水准仪使用时各个螺旋拧时不能太紧或太松,以免损坏仪器。

(3)水准尺要保持竖直,尺面要正对仪器。

表2-1 水准仪的认识与使用实训报告

仪器型号与编号________ 日期________ 天气________ 组别________

1. 对照水准仪并根据自己的操作体会,简述水准仪的准星和照门、目镜调焦螺旋、对光螺旋、圆水准器、管水准器、制动和微动螺旋、微倾螺旋的作用及其使用方法:
2. 简述水准仪粗略整平的步骤:
3. 对光、消除视差的步骤是:转动________使________清晰,再转动________螺旋使________清晰。如发现________现象,说明存在________,则必须再转动________,直至________面和________面重合。
4. 用微倾水准仪进行水准测量时,除使________气泡居中外,读数前还必须转动螺旋,使________气泡居中,才能读数。

(4)读数时要注意水准管气泡是否精确居中、视差是否被消除;中丝读数不要误用上丝和下丝。

【考核评价】

学生姓名: 日期: 总分:

序号	考核项目	考核要求	分值	评分标准	得分
1	粗平	圆水准气泡居中	20分	超出圆水准气泡的外圈扣20分	
2	精平	符合水准器的两端气泡半影像对齐	20分	管水准气泡居中,没对齐扣20分,请重新精平	
3	后视读数	读数正确	15分	读数错误为0分,需重新读数	
4	前视读数	读数正确	15分	读数错误为0分,需重新读数	
5	高差计算	计算正确	20分	计算错误为0分,需重新计算	
6	操作仪器工具	熟练操作仪器工具	10分	仪器操作不规范、测量结果超出误差允许范围均全扣	

【巩固训练】

一、名词解释

视准轴　水准管轴

二、填空题

1. 水准测量是借助于水准仪提供的________。

2. DS_3 型水准仪上的水准器分为__________和__________两种，__________可使水准仪概略水平，__________可使水准仪的视准轴精确水平。

3. 水准仪是由__________、__________和__________三部分组成。

4. 水准仪粗平是旋转__________使__________的气泡居中，目的是使__________线铅垂，而精平是旋转__________使__________，目的是使__________轴线水平。

三、判断题

1. 水准仪的水准管轴应平行于视准轴，是水准仪各轴线间应满足的主要条件。（ ）

2. 通过圆水准器的零点所作内表面圆弧的纵切线称圆水准器轴线。（ ）

3. 通过水准管零点所作圆弧纵切线称水准管轴。（ ）

四、选择题

1. 在水准测量过程中，当精平后，望远镜由后视转到前视时，有时会发现符合水准气泡偏歪较大，其主要原因是（ ）。

A. 圆水准器未检定好　　B. 竖轴与轴套之间油脂不适量等

C. 圆水准器整平精度低　　D. 兼有 B、C 两种原因

2. 水准仪安置在与前后水准尺大约等距之处观测，其目的是（ ）。

A. 消除望远镜调焦引起的误差　　B. 消除视准轴与水准管轴不平行的误差

C. 地球曲率和折光差的影响　　D. 包含 B、与 C、两项的内容

3. 水准测量时，长水准管气泡居中说明（ ）。

A. 视准轴水平，且与仪器竖轴垂直　　B. 视准轴与水准管轴平行

C. 视准轴水平　　D. 视准轴与圆水准器轴垂直

五、简答题

水准仪有哪几条主要轴线？水准仪应满足的主要条件是什么？

六、计算题

水准测量测定深沟底的高程，安置Ⅰ、Ⅱ两测站，在测站Ⅰ测得 A 点标尺读数为 1.636 m，B 点标尺读数为 4.956 m。在测站Ⅱ测得 B 点标尺读数为 0.561 m，C 点标尺读数为 4.123 m，已知 A 点高程为 100 m，求得沟底 C 的高程为多少？又问测站Ⅰ与测站Ⅱ的仪器视线高程为多少？

任务二　高程测量及计算

【工作任务】

任务描述：如图 2-14 所示，BM_A 为国家水准点，即高程已知的固定水准点，在施工场地

平整测量中,需要在 BM_A 附近地面上布设两个临时水准点 BM_1 和 BM_2,并测算出这两个水准点地面高程,采用什么方法才能测定一个点的高程呢?

任务分析:测算地面某点高程的标准是国家水准点,但国家水准点的数量或所处位置往往不能满足实际工作需要,因此必须以国家水准点为基础,进行水准点的加密;在独立测区,甚至需要在某工程范围内做一个假设高程点(相对高程),以此作为高程测量的依据。由此可知,我们应该完成的内容主要有:测量 BM_A 和 BM_1,BM_1 和 BM_2 之间的高差和根据 BM_A 高程(已知)计算 BM_1 和 BM_2 的高程。

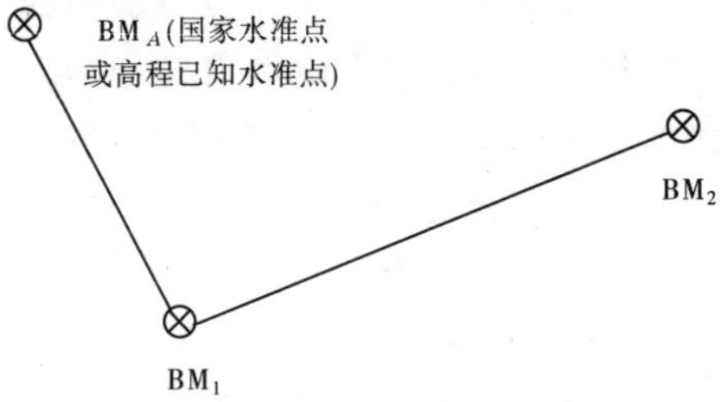

图 2-14 一测站两点间高差的测算

工具材料:准备一台水准仪、脚架、一对水准尺、2个尺垫、记录表格等。

【知识准备】

一、地面点的标志

在进行测量工作之前,必须先在实地标定点位,并用适当的方法把标志固定下来。地面点的标志种类很多,根据用途不同及需要保存的期限长短,可分为临时性标志和永久性标志,如图 2-15 所示。

图 2-15 地面点的标志

临时性标志,可用长 20~30 cm、顶面 3~6 cm 见方的木桩打入土中,桩顶钉一小钉或画一“十”字表示点位,如图 2-15(a)所示。土质疏松时,木桩可适当加粗加长。如遇到岩石、桥墩等固定地物,也可在其上凿个“十”字作为标志,如图 2-15(b)所示。

永久性标志,一般采用石桩或混凝土桩,桩顶刻一“十”字或将铜、铸铁、玻璃、瓷等做的标志镶嵌在顶面内,以标志点位,如图 2-15(c)所示。标石的大小及埋设要求,在测量规范中有详细的说明。如点位布设在硬质的柏油或水泥路面上时,可用长 5~20 cm、粗 0.5~1 cm、顶部呈半球形且刻“十”字的铁桩打入地面。地面标志都应有编号、等级、所在地、点位略图及委托保管等情况。这种记载点位情况的资料称为点之记,如图 2-16 所示。

二、水准测量原理

水准测量的原理是借助水准仪提供的水平视线,配合水准尺测定地面上两点间的高差,然后根据已知点的高程来推求未知点的高程。

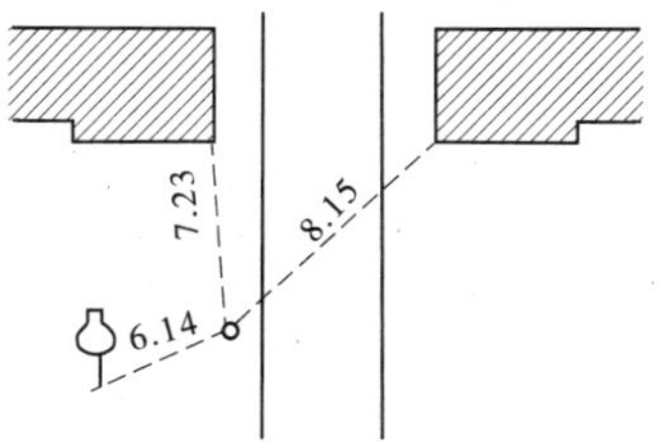

图 2-16　点之记

水准测量

(一)测量两点间的高差

如图 2-17 所示，已知 A 点高程为 H_A，要测出 B 点高程 H_B，在 A、B 两点间安置一架能提供水平视线的仪器——水准仪，并在 A、B 两点各竖立水准尺，利用水平视线分别读出 A 点尺子上的读数 a 及 B 点尺子上的读数 b，则 A、B 两点间的高差为：

$$H_{AB} = a - b \tag{2-3}$$

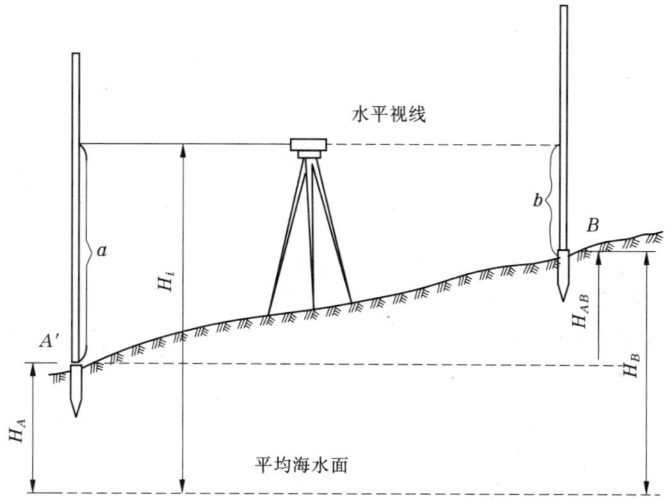

图 2-17　水准测量原理

如果测量是由 $A \to B$ 的方向前进，则 A 点称为后视点，B 点称为前视点，a 及 b 分别为后视读数和前视读数，两点间的高差就等于后视读数减去前视读数。如果 B 点高于 A 点，则高差为正，反之，高差为负。

(二)计算高程的方法

1. 由高差计算高程

B 点(未知点)的高程等于 A 点(已知点)的高程加上两点间的高差，即

$$H_B = H_A + H_{AB} = H_A + (a - b) \tag{2-4}$$

2. 由视线高程计算高程

由图 2-17 可知，A 点高程加后视读数等于仪器视线的高程，设视线高程为 H_i，即 $H_i = H_A + a$，则 B 点高程等于视线高程减去前视读数，即

$$H_B = H_i - b = (H_A + a) - b \tag{2-5}$$

三、水准路线布设形式

水准路线是指由已知水准点开始或在两已知水准点之间按一定形式进行水准测量的测

量路线。根据测区已有水准点的实际情况和测量的需要以及测区条件,水准路线可以布设成单一路线状、网状或环状。

(一)单一水准路线形式

单一水准路线形式有三种,即附合水准路线、闭合水准路线和支水准路线。

1. 附合水准路线

从一个已知点开始,经过若干个待求点后,到达另一个已知点,沿这样的观测路线形式称为附合水准路线,如图 2-18(a)所示。

2. 闭合水准路线

从一个已知点出发,经过若干个待求点后仍回到原已知点,从而形成一个闭合环线,这样的观测路线形式称为闭合水准路线,如图 2-18(b)所示。

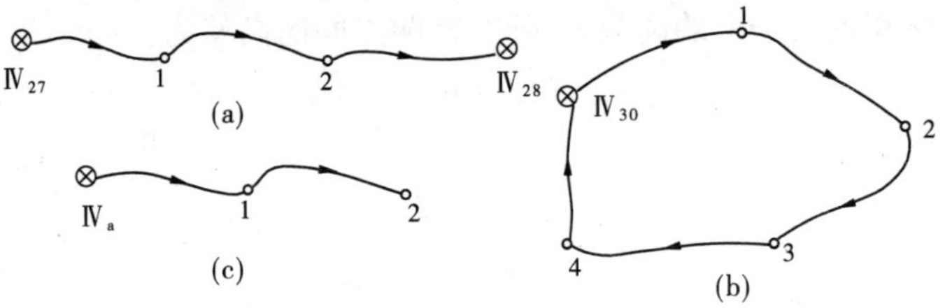

图 2-18　水准路线的布设

3. 支水准路线

由已知点起测至待求点后再返测到原已知点,其路线既不闭合又不附合,见图 2-18(c),这样的观测路线形式称为支水准路线。此形式没有检核条件,为了提高观测精度和增加检核条件,支水准路线必须进行往返测量。

(二)水准网形式

若干条单一水准路线相互连接构成结点或网状形式,称为水准网。只有一个高级点的称为独立水准网。有 3 个以上高级点的称为附合网,如图 2-19 所示。

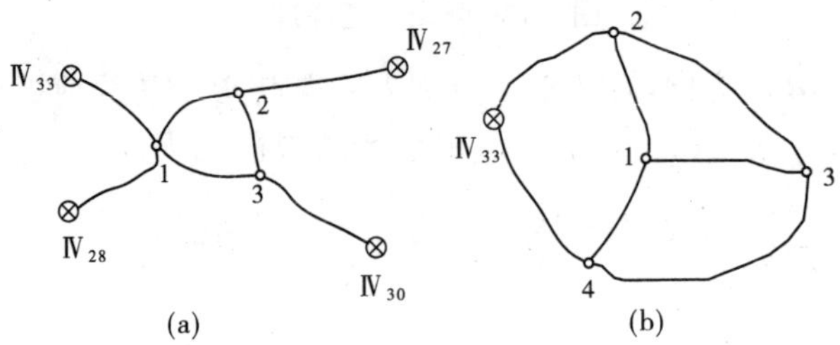

图 2-19　水准网

四、水准测量误差来源

水准测量误差主要来源于仪器误差、观测误差和观测的外界条件影响。

(一)仪器误差

1. 残余误差

仪器误差主要是指水准管轴不平行于视准轴的误差。仪器虽经检验与校正,但不可能校正得十分完善,总会留下一定的残余误差。这项误差具有系统性,在水准测量时,只要将仪器安置在距前、后视距尺距离相等的位置，就可消除该项误差对高差测量所产生的影响。

2. 水准尺误差

由于水准尺的长度不准、尺底零点和尺面刻划有误差及尺子弯曲变形等因素，都会给水准测量读数带来误差，因此事先都必须对所用水准尺逐项进行检定，符合要求方可使用。

(二)观测误差

(1)整平误差：水准测量是利用水平视线来测定高差的，而影响视线水平的原因有二：一是水准管气泡居中误差，二是水准管气泡未居中误差。

(2)读数误差：与望远镜的放大倍率、观测者的视觉能力、仪器距尺子的距离等因素有关。

(3)视差误差：在水准测量中，视差的影响会给观测结果带来较大的误差，因此在观测前，必须反复调节目镜和物镜对光螺旋，以消除视差。

(4)水准尺倾斜误差。

(三)外界条件的影响

(1)仪器和尺垫下沉。

(2)水准尺倾斜。

(3)地球曲率和大气折光。

(4)温度的变化。

(5)风力作用。

五、水准测量注意事项

水准测量是一项集体测量工作，只有全体参加人员认真负责，按规定要求仔细观测和操作，才能取得良好效果。同时，测量小组成员间要注意互相配合，提高工作效率。归纳起来其注意事项有以下几个方面。

(一)观测

(1)进行观测前，水准仪和水准尺必须经过检验校正后才能使用。

(2)仪器应安置在坚固的地面上，并尽可能使前、后视距离相等，操作时手不能压在仪器或三脚架上，以防仪器下沉。

(3)每次读数前要注意消除视差，使水准气泡严格居中后，才能读数，并且读数要准确迅速、果断、不得出错，估读毫米时要认真，不能马虎大意。

(4)注意保护和爱惜测量仪器和工具，使之安全。当晴好天气或下小雨时，仪器要打伞保护。操作时应认真细心，螺旋不应拧得太紧或太松，超过仪器忍受限度。观测结束后，脚螺旋和微动螺旋要旋至中间位置。

(5)只有当一测站记录、计算完全合格后方能迁站，搬站时一手扶托仪器，一手握住脚架，防止仪器从三脚架上脱落，摔坏仪器。

(二)记录

(1)认真记录，边记边复报数字，准确无误地记入记录手簿相应栏内，严禁伪造和转抄数字。

(2)字体要端正、清楚，不准连环涂改数字，不准用橡皮擦改，当按规定可以改正时，应在原数字上划线后再在上方重写。

(3)每站应当场计算，检查符合要求后，才能通知观测者搬站。

（二）扶尺

（1）司尺员应认真竖立水准尺，注意保持水准尺上的圆水准气泡居中。

（2）转点应选择土质坚实处，并将尺垫踩实。

（3）当水准仪搬站时，应注意保护好原前视点尺垫位置不受碰动。

六、水准测量成果校核

（一）检查外业观测手簿、绘制线路略图

在高程计算之前，应首先进行外业手簿的检查。检查内容包括记录是否有违规现象、注记是否齐全、计算是否有错误等。经检查无误后，便可着手计算水准点的高程。

计算前应做如下准备工作：先确定水准路线的推算方向；再从观测手簿中逐一摘录各测段的观测高差 h_i，其中若观测方向与推算方向相同的，其观测高差的符号不变，若方向不同的，观测高差的符号则应变号；再者还要摘录各测段的距离 L_i 或测站数 n_i，并抄录起终水准点的已知高程 $H_{起}$、$H_{终}$，绘制水准路线略图（见图 2-20）。

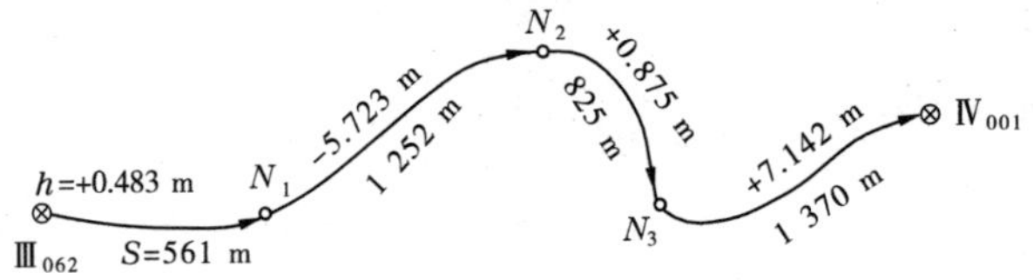

图 2-20　附合水准路线测量

（二）高差闭合差的计算及调整

观测值与重复观测值之差，或与已知点的已知数据的不符值，统称为闭合差。高差闭合差通常用 f_h 表示。

1. 水准路线高差闭合差的计算

（1）附合水准路线高差闭合差：

$$f_h = \sum h - (H_{终} - H_{起}) \qquad (2\text{-}6)$$

$$\sum h = h_1 + h_2 + h_3 + \cdots$$

式中　$H_{终}$、$H_{起}$——附合水准路线起点高程和终点高程；

$\sum h$——附合水准路线高差之和。

（2）闭合水准路线。

因闭合水准路线，起点和终点为同一个高程点，所以闭合差 f_h 为

$$f_h = \sum h \qquad (2\text{-}7)$$

（3）支水准路线。

$$f_h = \sum h_{往} + \sum h_{返} \qquad (2\text{-}8)$$

式中　$\sum h_{往}$——往测高差之和；

$\sum h_{返}$——返测高差之和。

2. 高差闭合差允许值的计算

高差闭合差是衡量观测值质量的一个精度指标。高差闭合差是否合乎要求，必须有一

个限度规定,如果超过了这个限度则应查明原因,返工重测。

普通水准测量的高差闭合差的允许值计算如下:

平地时

$$f_{h允许} = \pm 40\sqrt{L} \tag{2-9}$$

山地时

$$f_{h允许} = \pm 12\sqrt{n} \tag{2-10}$$

式中 L——水准路线的长度,km;

n——测站数。

3. 高差闭合差的调整

如果高差闭合差在允许范围内,可将闭合差按与各测段的距离(L_i)成正比反号调整于各测段高差之中,设各测段的高差改正数为 v_i,则

$$v_i = \frac{-f_h}{\sum L} \cdot L_i \tag{2-11}$$

改正数凑整至毫米,余数强制分配到长测段中。

如果,在山区测量,可按测段的测站数分配闭合差,则各测段的高差改正数 v_i 为

$$v_i = \frac{-f_h}{\sum n} \cdot n_i \tag{2-12}$$

式中 $\sum n$——水准路线的总测站数;

i——测段编号。

(三)计算待定点的高程

1. 改正后高差的计算

各测段观测高差值加上相应的改正数,即可得改正后高差

$$\hat{h}_i = h_i + v_i \tag{2-13}$$

式中 $\hat{h}_i$——改正后高差。

2. 待定点高程的计算

由起始点的已知高程 H_0 开始,逐个加上相应测段改正后的高差 h_i,即得下一点的高程 H_i。

$$H_i = H_{i-1} + h_i \tag{2-14}$$

(四)算例

某附合水准路线观测结果(普通水准)如图 2-20 所示,起始点Ⅲ$_{062}$ 的高程为 73.702 m,终点Ⅳ$_{001}$ 的高程为 76.470 m,求各待定点 N_1、N_2、N_3 的高程。

解:(1)闭合差及允许值的计算。

$$\sum h = 0.483 - 5.723 + 0.875 + 7.142 = 2.777(\text{m})$$

$$L = 561 + 1\,252 + 825 + 1\,370 = 4\,008(\text{m}) = 4.008(\text{km})$$

$$f_h = \sum h - (H_{终} - H_{起}) = 2.777 - (76.470 - 73.702) = +9(\text{mm})$$

$$f_{h允许} = \pm 40\sqrt{L} = \pm 40\sqrt{4.008} = \pm 80(\text{mm})$$

因 $f_h \angle f_{h允许}$ 限差要求,故可以进行闭合差分配。

(2)高差闭合差的调整和改正后高差的计算。

改正数:

$$v_i = \frac{-f_h}{\sum L} \cdot L_i$$

通过上式计算得各段高差改正数为:

$$v_1 = -1.0\ \text{mm}$$
$$v_2 = -3\ \text{mm}$$
$$v_3 = -2\ \text{mm}$$
$$v_4 = -3\ \text{mm}$$

改正后高差:

$$\hat{h}_i = h_i + v_i$$

通过上式计算得:

$$h_1 = +0.483 + (-0.001) = +0.482(\text{m})$$
$$h_2 = -5.723 + (-0.003) = -5.726(\text{m})$$
$$h_3 = +0.875 + (-0.002) = +0.873(\text{m})$$
$$h_4 = +7.142 + (-0.003) = +7.139(\text{m})$$

(3)高程计算。

$$H_i = H_{i-1} + h_i$$

根据上式计算,则:

$$H_{N1} = 73.702 + 0.482 = 74.184(\text{m})$$
$$H_{N2} = 74.184 + (-5.726) = 68.458(\text{m})$$
$$H_{N3} = 68.458 + 0.873 = 69.331(\text{m})$$

该算例还可以通过表格进行计算,见表 2-2。

表 2-2　附合水准路线记录计算表

点号	距离/m	平均高差/m	改正数/mm	改正后高差/m	高程/m	说明
1	2	3	4	5	6	7
Ⅲ$_{062}$					73.702	附合水准路线 $f_{h允许} = \pm 40\sqrt{4.008} = \pm 80(\text{mm})$ $f_h = \sum h - (H_{终} - H_{起}) = +9(\text{mm})$
	561	+0.483	-1	+0.482		
N_1					74.184	
	1 252	-5.723	-3	-5.726		
N_2					68.458	
	825	+0.875	-2	+0.873		
N_3					69.331	
	1 370	+7.142	-3	+7.139		
Ⅳ$_{001}$					76.470	
合计	4 008	+2.777	-9	2.768		

【任务实施】

一、布设水准点

布设 BM_A、BM_1、BM_2 水准点;布设 BM_1、BM_2 之间有 1、2、3、4 四个转点的水准路线。

二、测量 BM_A、BM_1 两点之间高差，计算 BM_A、BM_1 点高程

(1)在起点 BM_A(已知高程点)和 BM_1 的约等距离处安置水准仪，瞄准后视点(起点)上的水准尺，消除视差。

(2)后视 BM_A 点进行后视读数 a，前视 BM_1 点进行前视读数 b，记录员要进行回报，并按要求记录在水准测量记录表上。BM_A、BM_1 之间高差为 h_{A1}，即：

$$h_{A1} = a - b$$

(3)根据 BM_A 点高程计算 BM_1 点高程：

$$H_{BM_1} = H_{BM_A} + h_{A1} = H_{BM_A} + (a - b)$$

三、测量 BM_1、BM_2 两点之间有 4 个转点的高差，计算 BM_2 点高程

当地面上两点相距较远或高差较大时，安置一站仪器难以测得两点的高差，因此必须依图 2-21 所示，在 BM_1、BM_2 两点之间增设若干临时立尺点。把 BM_1、BM_2 分成若干测段，逐段测出高差，最后由各段高差求和，得出 BM_1、BM_2 两点间高差。

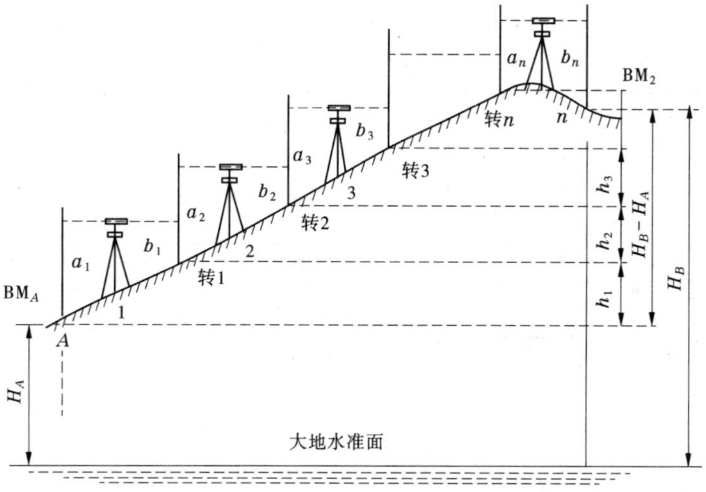

图 2-21　连续水准仪测量

(1)将水准尺 1 和 2 分别竖立在 A 点及路线前进方向选定的临时立尺点 1 上，在能同时看到 BM_1、转 1 两点所在水准尺的读数，并在距离 BM_1、转 1 两点大致等距离之处安置水准仪，利用脚螺旋使圆水准气泡居中。

(2)照准 BM_1 点上水准尺 1，消除视差；调节微倾螺旋，使符合水准管气泡两端的半边影响严密吻合，达到仪器的精确置平；用望远镜十字丝中丝读取水准尺上的读数 $a_1 = 1.864$ m，并将该结果填入记录表 2-3 中。

(3)转动望远镜照准转 1 点的水准尺 1，消除视差；利用微倾螺旋使水准器精平，用中丝读取转 1 点上水准尺的读数 b_1，结果填入表 2-3 内。则该测站高差为：

$$h_1 = a_1 - a_2$$

以上为一个测站的观测程序，为了保证测量的精度，有时需要采用“双仪高法”或“双面尺法”进行测站校核。

水准测量中的转 1、转 2、…、转 n 等临时立尺点，是用来传递高程的，称为转点。在转点上

不仅有前视读数,还有后视读数。一个测站工作结束后,仪器搬到下一测站,转点的位置丝毫不能动,否则就不能传递高程。因此,转点上应使用尺垫,以防止尺子下沉及转动时改变高度。

(4)将 BM_1 的水准尺 1 前移立于转 2 点,作为第二测站的前视点,水准尺 3 翻转转点 1 上水准尺 2 的尺面,由第一测站的前视点变为第二测站的后视点;在转 1、转 2 点之间安置水准仪,按照“一个测站的观测程序”观测第二测站。其高差为:

$$h_2 = a_2 - b_2$$

(5)如此继续施测,直至终点 BM_2,同样将各测站结果填入表 2-3 中。

(6)计算高差 h_{12} 和 BM_2 点高程:

$$h_{12} = \sum a - \sum b = h_1 + h_2 + h_3 + h_4$$

$$H_{BM_2} = H_{BM_1} + h_{12} = H_{BM_1} + (a - b)$$

由上式可以看出,BM_1、BM_2 两点的高差等于中间各段高差的代数和,也等于所有后视读数之和减去所有前视读数之和,可作为每一页记录手簿的计算校核。表 2-3 中的计算校核方法是根据公式进行的,即

$$\sum a(\text{后视读数总和}) - \sum b(\text{前视读数总和}) = \sum h(\text{各段高差总和})$$

$$= H_{终}(\text{终点高差}) - H_{始}(\text{始点高程})$$

表 2-3　普通水准测量观测表

测区_________ 仪器型号_________ 观测者时间_________ 天气_________ 记录者_________

测站	点号	水准尺读数/m		高/m		高程	备注
		后视	前视	+	−		
1	BM_1	1.864		0.628		44.816	已知
	转 1		1.236			45.444	
2	转 1	1.785		0.373			
	转 2		1.412			45.817	
3	转 2	1.694		0.330			
	转 3		1.364			46.147	
4	转 3	1.679		0.132			
	转 4		1.547			46.279	
5	转 4	0.869			0.554		
	BM_2		1.423			45.725	已知
计算校核	Σ	7.891	6.982	1.463	0.554		
	$h_{AB} = \sum a - \sum b = +0.909$			$\sum h = +0.909$		$H_{终} - H_{始} = +0.909$	

这三个数均为+0.909,说明计算没有错误,如果不等,则说明计算有错误,需要重算。直到符合上述公式。

应当指出的是,这项计算校核只能反映计算过程中是否有错,而不能说明测量成果的正确程度。

四、检核计算

以相邻两待测点为测段,计算后视读数总和减去前视读数总和,看其是否等于高差的总和。若不相等,说明计算过程中有错误,应重新计算。

五、计算高差闭合差

将相邻点的总高差与总测站数记入水准路线计算表的相应栏中，若计算出的高差闭合差小于其容许误差[路线高差闭合差 f_n 不应大于 $\pm 10\sqrt{n}$ (mm)，n 为测站数]，即可计算高差的改正数和改正后的高差，最后计算各待测点的高程。若误差超出限应重测。

六、实训报告

每人上交一份实训报告，如表 2-4 所示。

表 2-4　水准路线测量记录与计算表

测站	次数	立尺点	后视读数	前视读数	高差/m +	高差/m −	平均高差 h_i/m	高差改正数 v_i/mm	改正后高差/m	高程
Ⅰ	1	A		″						$H_A=$
		B	″							25.236 m
	2	A		″						
		B	″							$H_B=$
Ⅱ	1	B		″						
		C	″							
	2	B		″						
		C	″							H_C
Ⅲ	1	C		″						
		D	″							
	2	C		″						
		D	″							$H_D=$
Ⅳ	1	D		″						
		E	″							
	2	D		″						
		E	″							$H_E=$
Ⅳ	1	E		″						
		F	″							
	2	E		″						
		F	″							$H_F=$
Ⅴ	1	F		″						
		G	″							
		F		″						
	2	F		″						
		G	″							$H_{\Gamma}=$
Ⅵ	1	G		″						
		A	″							
	2	G		″						$H_A=$
		A	″							
总和										
校核式			$\frac{\sum(\text{后视}-\text{前视})}{2}=\frac{\sum \text{高差}}{2}=\sum \text{高差中数}$ $\sum \text{改正后高差}=0$							

七、注意事项

(1)读中丝读数时一律记 4 位数,即米、分米、厘米和毫米,例:1.415,0.862。

(2)在起点和待测点不能放置尺垫;观测前一定要弄清水准尺的分划和注记形式;读数前要精平和消除视差,读数时水准尺要立直。

(3)读完后视读数,仪器不能移动和整平;读完前视读数,不能移动前视点尺垫。

(4)方法提示的检核计算,只能检核计算中有无错误,不能说明测量有无错误。

(5)本实训可作为图根控制测量的一部分,测定图根点的高程,供地形测量时使用。

【考核评价】

学生姓名:　　　　　　　日期:　　　　　　　　　总分:

序号	考核项目	考核要求	分值	评分标准	得分
1	粗平	圆水准气泡居中	10 分	超出圆水准气泡的外圈扣 10 分	
2	精平	符合水准器的两端气泡半影像对齐	10 分	管水准气泡居中,没对齐扣 10 分,请重新精平	
3	后视读数	读数正确	10 分	读数错误为 0 分,需重新读数	
4	前视读数	读数正确	10 分	读数错误为 0 分,需重新读数	
5	高差计算	计算正确	10 分	计算错误为 0 分,需重新计算	
6	高差闭合差计算	闭合差符合精度要求	10 分	不符合精度要求,需检查外业测定数据,外业数据无误,需重新计算	
7	改正数计算	计算正确	10 分	计算错误为 0 分,需重新计算	
8	改正后高差计算	计算正确	10 分	计算错误为 0 分,需重新计算	
9	高程计算	计算正确	10 分	计算错误为 0 分,需重新计算	
10	操作仪器工具	熟练操作仪器工具	10 分	仪器操作不规范、测量结果超出误差允许范围均全扣	

【知识拓展】

一、电子水准仪

电子水准仪又称为数字水准仪,它有别于普通水准仪和“补偿器”水准仪,彻底改变了由人眼观测、读数的历史,它集数据采集、传输、计算于一体,是测量史上的一次革命。

目前,生产电子水准仪的厂家和型号较多,比较著名的厂商有德国的蔡司(DiNi10/20)瑞士的徕卡(Wild NA2000)及日本的拓普康(DL-101C/102C)等。

下面以蔡司的 DiNi 系列电子水准仪为例,简要介绍该系列仪器的主要功能。

蔡司 DiNi1 系列电子水准仪的基本组成:望远镜、补偿器、光敏二极管、水准器及脚螺旋。如图 2-22 所示为 DiNi12 型电子水准仪的外观图,如图 2-23 所示为仪器的操作面板及显示屏。

图 2-22　DiNi 水准仪器

图 2-23　水准仪操作面板

该系列仪器的主要技术参数如表 2-5 所示。

表 2-5　蔡司 DiNi 系列仪器的主要技术参数

参数项目	内容		
仪器精度	双向水准测量每千米标准差		
	电子测量:		
	(1)因瓦精密编码尺	0.3 mm	0.7 mm
	(2)折叠编码尺	1.0 mm	1.3 mm
	光学测量:		
	折叠尺,米制	1.5 mm	2.0 mm
测量范围	电子测量:		
	(1)因瓦精密编码尺	1.5~100 m	1.5~100 m
	(2)折叠编码尺	1.5~100 m	1.5~100 m
	光学水准测量:		
	折叠尺,米制	从 1.3 m 起	从 1.3 m 起
测距精度	视距为 20 m 的电子测距:		
	(1)因瓦精密编码尺	20 mm	25 mm
	(2)折叠编码尺	25 mm	30 mm
	光学水准测量:		
	折叠尺,米制	0.2 m	0.3 m
最小显示单位	测高	0.01 mm/0.000 1 ft	0.01 mm/0.001 ft
	测距	1.0 mm	10 mm
补偿器	偏移范围	±1.5′	±15′
	设置精度	±0.2″	±0.5″

二、测量准备

(一)仪器安置

(1)松开脚架的三个制动螺旋,将脚架升至合适高度(望远镜大致与眼平齐)然后旋紧。

(2)安置脚架,展开架腿,使脚架基座基本水平。将脚架踩入地面使之稳定。

(3)把仪器架在三脚架上,旋紧基座下面的连接螺旋。

(4)用脚螺旋调节圆水准气泡居中。

(5)在明亮背景下对望远镜进行目镜调焦,使十字丝清晰。

(二)仪器的照准

(1)用手转动望远镜大致照准水准尺,用壳顶准线进行粗瞄。

(2)调节对光螺旋(俗称调焦)使尺像清晰,用水平微动螺旋使十字丝精确对准编码尺分划中央。

(3)消除十字丝视差。

(三)仪器的开机

开机前必须确定电池已充好电。

用ON/OFF键启动仪器,在简短地显示程序说明和蔡司公司简介后,仪器进入工作状态。根据选项进行测量,选项有以下几种:

设置单次测量:进行单点测量。

设置路线水准测量:继续已开始的线路测量。

设置校正测量:继续进行校正。

注意:仪器取出后,应让它适应周围环境的温度后,再开始测量。

三、测量过程

当仪器架设后,即可输入已知高程数据,设置测量和计算精度。

【巩固训练】

一、名词解释

高差闭合差　　水准路线

二、填空题

1. 水准点按其保存的时间长短分为__________和__________两种。

2. 水准路线一般分为__________路线、__________路线、__________路线。

3. 水准测量误差来源于__________、__________、__________三个方面。

4. 水准仪粗平是旋转__________使__________的气泡居中,目的是使__________线铅垂,而精平是旋转__________使__________,目的是使__________轴线水平。

三、判断题

1. 水准测量中观测误差可通过前、后视距离等远来消除。　(　　)

2. 在一个测站水准测量过程中,如果读完后视水准尺后,转到前视水准尺时,发现圆气

泡不居中，此时可以稍为调节脚螺旋，使圆气泡居中，接着再调微倾螺旋，使水准管气泡符合，最后读取前视读数。（　　）

四、选择题

1. 在一条水准路线上采用往返观测，可以消除（　　）。
   A. 水准尺未竖直的误差　　B. 仪器升沉的误差
   C. 水准尺升沉的误差　　D. 两根水准尺零点不准确的误差

2. 水准测量中的转点指的是（　　）。
   A. 水准仪所安置的位置
   B. 水准尺的立尺点
   C. 为传递高程所选的立尺点
   D. 水准路线的转弯点

3. 有一水准路线如图 2-24 所示，其路线形式为（　　）路线。
   A. 闭合水准　　B. 附合水准
   C. 支水准　　D. 水准网

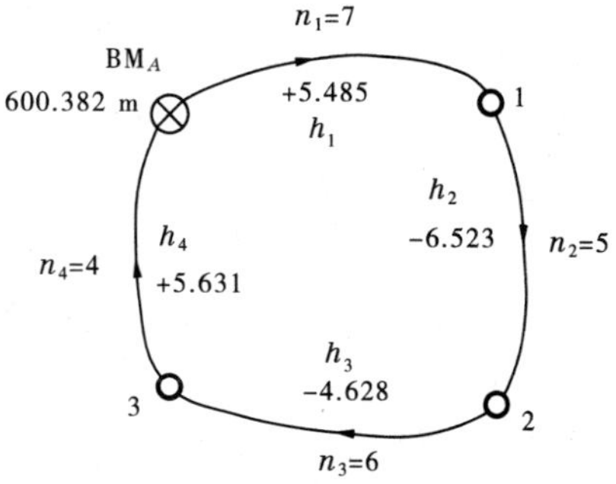

图 2-24　水准路线

五、简答题

1. 水准测量时，转点的作用是什么？尺垫有何作用？在哪些点上需要放置尺垫？哪些点上不能放置尺垫？为什么？

2. 在施测一条水准测量路线时，为何要规定用偶数个测站？对一条水准路线进行往返观测有什么好处？能消除或减弱什么误差的影响？

六、计算题

如图 2-25 所示，水准测量由 BM_1 点测向 BM_2 点，已知 A 点的高程为 138.952 m，观测数据在图上，试把观测数据写到“水准测量记录表”中，并计算出 B 点的高程。

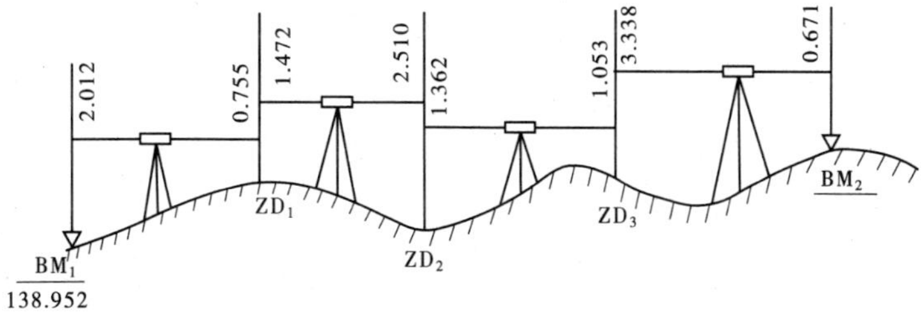

图 2-25　水准测量

【思政要点】

珠峰高程测量

中华人民共和国成立以来，我国珠峰高程测量经历了从传统大地测量技术到综合现代大地测量技术的转变。每次珠峰测量，都体现了我国测绘技术的不断进步，彰显了我国测绘技术的最高水平。

我国测绘工作者已对珠峰进行过 6 次大规模的测绘和科考工作,并先后于 1975 年和 2005 年两次成功测定并公布珠峰高程。1975 年珠峰高程测量,我国首次将测量觇标矗立于珠峰之巅,并精确测得珠峰海拔高度为 8 848. 13 m。

2005 年珠峰高程复测,采用了传统大地测量与卫星测量结合的技术方法,并首次在珠峰峰顶测量中利用冰雪雷达探测仪测量冰雪厚度,经过严密计算,获得珠穆朗玛峰峰顶岩石面海拔高程 8 844. 43 m。

2020 年 5 月 27 日,我国成功登顶珠峰,本次珠峰测量工作重点在以下五个方面实现技术创新和突破:一是依托北斗卫星导航系统,开展测量工作;二是国产测绘仪器装备全面担纲本次测量任务;三是应用航空重力技术,提升测量精度;四是利用实景三维技术,直观展示珠峰自然资源状况;五是登顶观测,获取可靠测量数据。

2020 年是中国首次精确测定并公布珠峰高程 45 周年,此次珠峰高程测量具有重要的历史意义。其中 5G 信号在珠峰开通,将有助于测量数据的实时传输,为珠峰高程测量提供通信保障。

2020 年 12 月 8 日,中尼两国共同宣布珠峰新高程:8 848. 86 m,珠峰高程测量,这是一件足以载入历史的事件。

备注:本资源来源于网络,仅供教学使用。

项目三　距离测量与直线定向

距离测量与直线定向

项目概述

知识目标：

理解水平距离、直线定线、基本方向、方位角、象限角等概念。掌握钢尺量距的一般方法和精密方法，确定直线定向的原理与方法。

技能目标：

能使用测量工具测量水平距离，能使用罗盘仪观测磁方位角。

学习目标

知识目标：

理解基本方向、方位角、象限角等概念，熟悉罗盘仪的构造及使用方法，了解直线定线、绝对误差、相对误差、容许误差等基本概念。

技能目标：

能使用罗盘仪观测磁方位角，能使用测量工具测量水平距离。

思政目标：

培养学生实事求是、科学严谨、工匠精神。

任务一　距离测量

距离丈量

【工作任务】

任务描述：丈量一段 100 m 以平坦地面和一段 80 m 以上倾斜地面的水平距离。要求误差不超过容许误差，操作方法符合程序要求。

任务分析：距离测量时要特别注意端点不能移动，注意区分刻线尺与端点尺，直线定线要准确，添加的节点必须位于之前确定的两端点的连线上，读数要防止倒读情况的出现。在园林测量中经常用到皮尺测距、仪器量距；在使用皮尺时注意皮尺的完好程度及“0”刻度位置。在使用仪器量距时注意各步骤的技术要领，使测量结果达到精度要求。

工具材料：距离测量工具，数据记录表格等。

【知识准备】

一、距离测量

距离是指两点间的直线长度，包括水平距离和倾斜距离。地面上两点间的距离，是指地面上的两点投影到水平面上的水平长度,即水平距离,简称平距。不在同一水平面上的两点间的长度称为两点间的倾斜距离。测量地面上两点间距离的工作就是距离测量,它是测量的基本工作之一,也是园林测量的工作基础。

测量距离的工具通常有钢尺、皮尺、玻璃纤维卷尺、经纬仪、全站仪和辅助工具。

(一)钢尺

钢尺是用优质钢制成的带状尺,又称钢卷尺,如图 3-1 所示,其长度有 20 m、30 m、50 m 等数种。钢尺一般卷放在圆形金属盒内或金属架上,常称为盒式钢尺和手柄式钢尺。

(a)盒式钢尺　　(b)手柄式钢尺

图 3-1　钢尺

一般钢尺从起点至 10 cm 范围内刻有毫米分划,有的钢尺则整尺都刻有毫米分划。钢尺的零分划位置有两种形式:一种零分划线刻在钢尺前端,称为刻线尺;另一种是零点位于尺端(拉环的外缘),称为端点尺,如图 3-2 所示。使用时应注意零点的位置,以免发生量距错误。

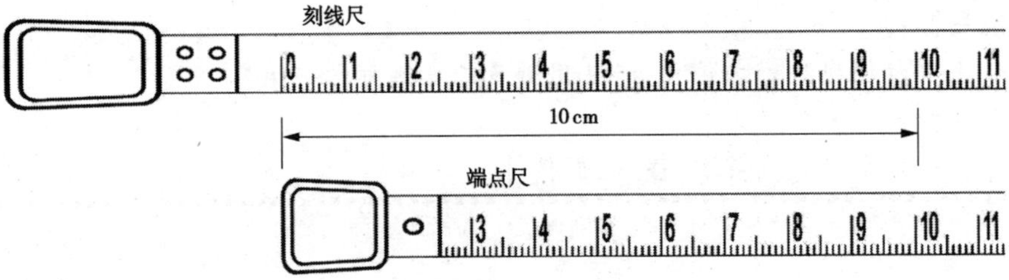

图 3-2　刻线尺与端点尺

(二)皮尺

皮尺是用麻线织成的带状尺,不用时卷入皮壳或塑料壳内,图 3-3 是它的外观图。皮尺长度有 15 m、20 m、30 m 和 50 m 等数种,皮尺的基本分划为厘米,尺端铜环的外端为尺子的零点,整米、整分米处均有注记,如图 3-4 所示。皮尺的伸缩性较大,只能用于较低精度的量距。

图 3-3　皮尺

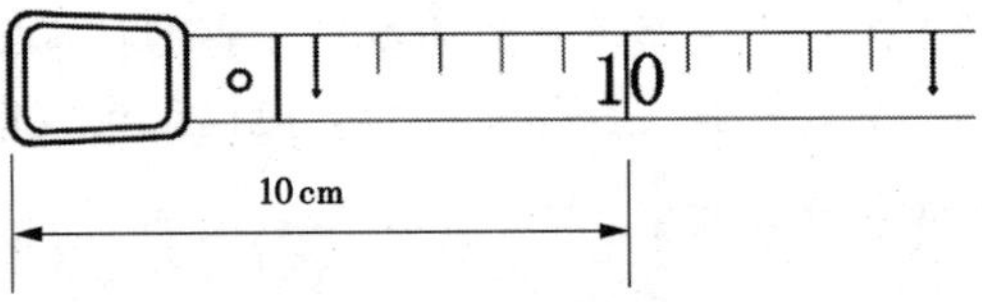

图 3-4　皮尺的分划

(三)玻璃纤维卷尺

高精度玻璃纤维卷尺是用玻璃纤维束和聚氯乙烯树脂等新材料制造而成,它在精度、劳动强度和使用寿命等方面优于钢卷尺,如图 3-5 所示。

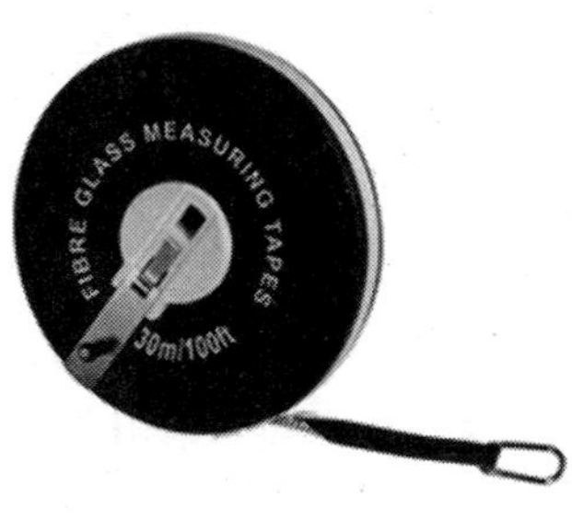

图 3-5　玻璃纤维卷尺

(四)辅助工具

1. 测钎

测钎由长 20~30 cm 的粗铁丝制成,如图 3-6 所示。测量时,用作标定尺段端点位置和计算整尺段数,也可作为瞄准的标志。

2. 标杆

标杆长 2~3 m,用圆木或合金制成,下端装有锥形铁脚,杆身上涂以 20 cm 相间的红、白油漆,因此又称花杆,用来标定点位和直线定线,如图 3-7(a)所示。为了便于观测,有时还在杆顶系一彩色小旗,如图 3-7(b)所示。

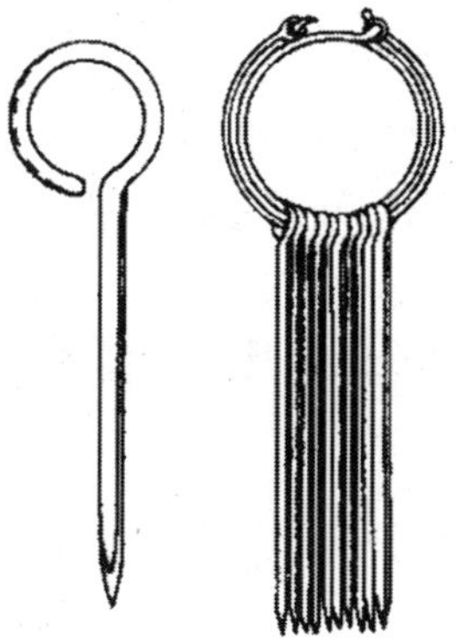
图 3-6　测钎

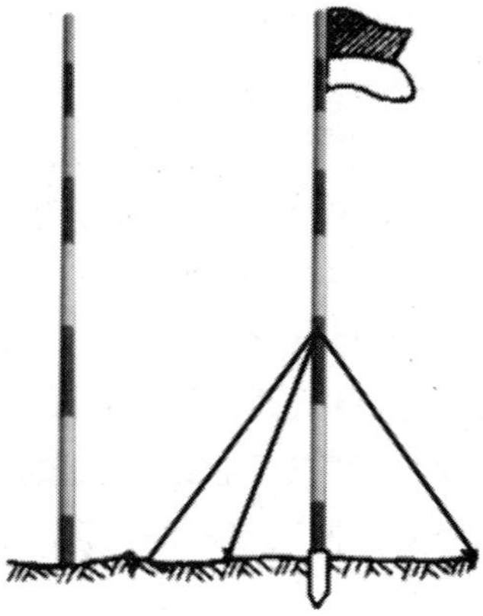
(a)　(b)

图 3-7　标杆

此外,在精密丈量时,需用到如经纬仪、全站仪等测量仪器,为了测定丈量时的环境温度和钢尺两端的拉力,还需要温度计和弹簧秤等工具。

二、直线定线

丈量距离时,如果两点间距离较长(超过一尺段长)或地势起伏较大,使直线丈量发生困难,需要在直线的方向上标定若干个节点,作为分段量距的依据,这项工作称为直线定线。一般情况下可用标杆目估定线,当精度要求较高时,应采用罗盘仪、经纬仪、全站仪等仪器进行定线。

常用的目估定线方法有两点间定线、延长线定线、过山岗定线、过山谷定线等 4 种,无论用哪种定线方法,定线时应尽量使增加的节点在原两点相连的直线上,才能使距离测量的精度更高。

(一)距离丈量的方法

常用的距离丈量方法有钢尺量距、皮尺量距、视距测量和电磁波测距等,按照量距的精度不同,量距又可分为一般量距和精密量距。下面仅讲述钢尺量距的一般方法。

1. 平坦地面的距离丈量

平坦地面上的量距工作可以在直线定线结束后进行,也可以边定线边丈量。

1)整尺法

如图 3-8 中的 a、b、c、d 为两点间定线时标定出的节点,每相邻两点间的长度均稍小于一个尺段长。距离丈量由两人进行,其中走在前面的称前司尺员,后面的则称后司尺员。

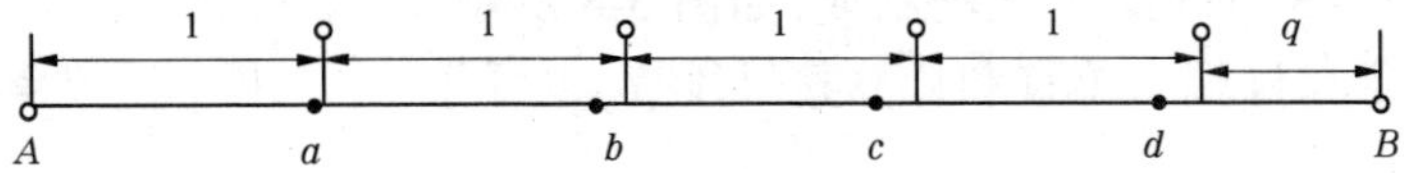

图 3-8 整尺法量距

丈量时,后司尺员拿着钢尺的零点一端在起点 A 处,并在 A 点插上一根测钎,前司尺员拿着钢尺的末端和一组测钎,沿直线方向行至定线点 a 处时,后司尺员将钢尺的零分划对准起点 A,前司尺员控制钢尺通过地面上的定线点 a 后,两人同时将钢尺拉紧、拉平、拉稳时,立即将一根测钎垂直地插入钢尺整尺段处的地面,完成第一尺段的丈量。然后,后司尺员拔起 A 处测钎,两人共同把尺子提离地面前进,当后司尺员到达前司尺员所插的测钎处停住,沿该测钎到 b 方向,重复上述操作,量完第二尺段,后司尺员拔起地上测钎,依次前进,直到终点 B。最后一段的距离不会刚好是一整尺段的长度,称为余长。丈量余长时,前司尺员将钢尺某一整刻划对准 B 点,由后司尺员利用钢尺的前端部位读出毫米数,两人的前后读数差即为不足一整尺的余长。

在丈量过程中,每量毕一尺段后,后司尺员都必须及时收拔测钎,量至终点时,手中的测钎数即为整尺段数(不含最后量余长时的一根测钎)。

地面上两点间的水平距离按下式计算:

$$D = nl + q \tag{3-1}$$

式中 D——两点间水平距离;

l——钢尺一整尺的长度;

n——丈量的整尺段数;

q——不足一整尺段之余长。

为了校核和提高丈量精度,一段距离采用整尺法至少要丈量两次。通常做法是用同一钢尺往、返丈量各一次。如图 3-8 所示,由 A 量到 B 称为“往测”,由 B 量到 A 称为“返测”。

在符合精度要求时,取往、返测距离的平均数作为最后结果。距离丈量的精度是用相对误差 K 来衡量的。相对误差为往、返测距离差数(较差)的绝对值 $|\Delta D|$ 与它们的平均值 $\overline{D}$ 之比,并化为分子为 1 的分数,分母越大,说明精度越高,即

$$K = \frac{|\Delta D|}{\overline{D}} = \frac{1}{N} \tag{3-2}$$

在平坦地区,钢尺量距的相对误差 K 值不应大于 1/3 000;在量距困难地区,其相对误差也应不大于 1/1 000。如果超出该范围,应重新进行丈量。皮尺量距的相对误差 K 值一般不应大于 1/200。

【例 3-1】 如图 3-8 所示,将 AB 进行定线后用整尺法分段测量,将测量数据记录在

表 3-1 普通钢尺量距记录手簿中，求 AB 的往返距离、AB 丈量精度及其丈量结果。

表 3-1　普通钢尺量距记录手簿

钢尺尺长 30 m　　　　量距日期________

测线编号	量距方向	整尺段长 $n\times l$/m	余长 Q/m	全长 D/m	往返平均数 $\overline{D}$/m	相对误差 K	备注
AB	往	4×30	16.369	136.369	136.385	$\frac{1}{4\ 262}$	
	返	4×30	16.401	136.401			

测量者:________　　记录者:________　　计算者:________

解:AB 往测

$$D_{AB}=nl+q=4\times30+16.369=136.369(\mathrm{m})$$

AB 返测

$$D_{BA}=nl+q=4\times30+16.401=136.401(\mathrm{m})$$

较差绝对值

$$|\Delta D|=|D_{往}-D_{返}|=|136.369-136.401|=0.032(\mathrm{m})$$

往、返测距离的平均值

$$\overline{D}=(D_{往}+D_{返})/2=(136.369+136.401)/2=136.385(\mathrm{m})$$

量距精度

$$K=\frac{|\Delta D|}{\overline{D}}=\frac{0.032\ \mathrm{m}}{136.385\ \mathrm{m}}=\frac{1}{4\ 262}<\frac{1}{3\ 000}$$

因此，AB 的丈量结果为 136.385 m。

2）串尺法

当量距的精度要求较高时，采用串尺法进行丈量。如图 3-9 所示，丈量前按直线定线方法，在直线 AB 上定出若干小于尺长的尺段，如 Aa、ab、bc、cd、dB，从一端开始依次分别丈量各尺段的长度。丈量时，在尺段的两端点上将钢尺拉紧、拉平、拉稳后，前、后司尺员在这一瞬间各自读出前尺和后尺上的读数（估读至毫米），记录员及时将它们记录在手簿中。

图 3-9　串尺法量距

【例 3-2】　采用串尺法进行丈量时，若前尺读数为 29.578 m，后尺读数为 0.089 m，求该尺段的长度 D。

解:

$$D=29.578-0.089=29.489(\mathrm{m})$$

为了提高丈量精度，对同一尺段须串动钢尺丈量 3 次，钢尺串动要求在 10 cm 以上。3 次串尺丈量的差数一般不超过 5 mm，然后取平均值作为该尺段长度的丈量成果。

2. 倾斜地面的距离丈量

1）水平整尺法

当地面倾斜且尺段两端高差较小时，可将钢尺拉平并采用整尺段丈量。水平整尺法类似于平坦地面上整尺法丈量，但为使操作方便，返测时仍应由高向低进行丈量，如改为由低向高,则不易做到准确。丈量时,一司尺员先将钢尺零点对准斜坡高处的地面点,另一司尺员沿下坡定线方向将钢尺抬高,目估使钢尺水平,并用垂球将钢尺末端位置投点在地面上,同时插入一根测钎,完成第一尺段的丈量。然后,斜坡高处的司尺员拔起钢尺零点处的测钎,两人共同把尺子提离地面向下坡方向前进,当坡高处的司尺员到达第一尺段钢尺末端位置的测钎时停住,从该测钎依次向下坡方向重复上述操作,直至量到坡下地面点。

2)水平串尺法

当地面倾斜程度较大,不可能将钢尺整尺段拉平丈量,而量距的精度要求又较高时,可将一整尺段分成若干小段采用水平串尺法来丈量。水平串尺法类似于平坦地面上串尺法丈量,但为使操作方便,丈量的操作步骤又接近于水平整尺法,返测亦仍应由高向低进行。

如图3-10所示,先将钢尺零点一端的某刻划对准地面B点,另一端将钢尺抬高,并目估使钢尺水平,拉紧、拉平、拉稳后,再将钢尺末端某刻划位置用垂球投点在地面上的a点处,则前尺和后尺上的读数(估读至毫米)差,即为Ba的水平距离。同法丈量ab、bc和cA段的长度,各段距离的总和即是AB的水平距离。

3)倾斜尺法

当丈量精度要求较高,且地面倾斜均匀、坡度较大时(见图3-11),可先在倾斜地面上按直线定线的方法,随坡度变化情况将AB直线分成若干段,并打上小木桩,每段长度应短于钢尺的尺长。用钢尺沿桩顶按串尺法丈量,得出AB的斜距L,用罗盘仪测出AB的倾斜角θ,按下式将斜距改算成水平距离D。

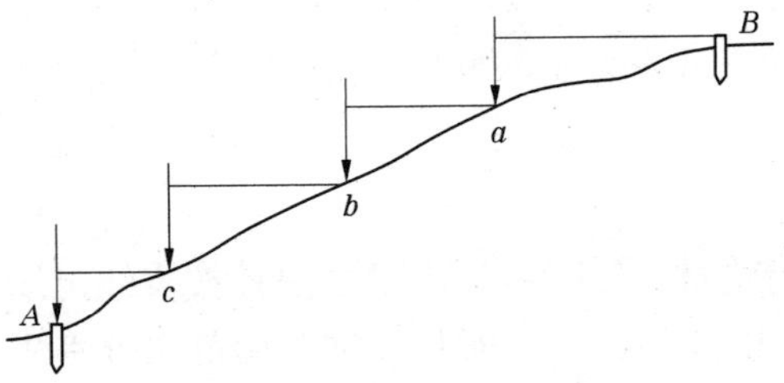

图3-10 水平串尺法量距

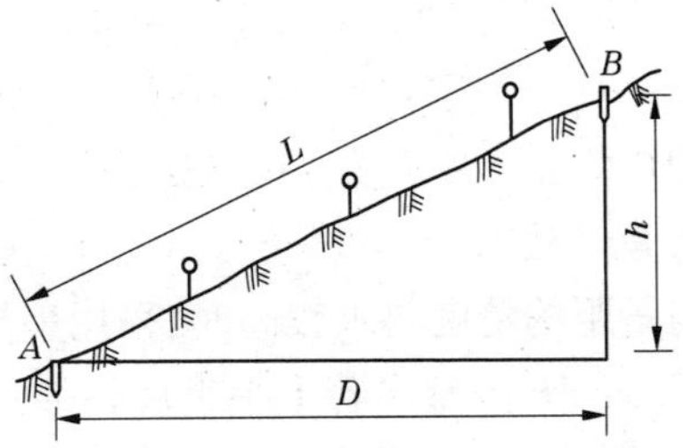

图3-11 倾斜尺法量距

$$D = L\cos\theta \tag{3-3}$$

如果未测倾斜角θ,而是测定了A、B两点间的高差h,则水平距离$D=\sqrt{L^2-h^2}$。

【任务实施】

一、布点

园林场地内有直线AB,在直线两端点上打木桩,并在其顶部钉上小钉或画"十"字以示点位。

二、直线定线

以布设的两点A、B为基础,增加节点,利用目估法进行直线定线。

如图 3-12 所示,A、B 为地面上互相通视的两点,两点之间的距离 80~100 m,为测出 A、B 的水平距离,先在 A、B 两点上各竖立一根标杆,甲站在 A 点标杆后约 1 m 处,乙持标杆在 b 点附近,甲用手势指挥乙左右移动标杆,直到甲从 A 点沿标杆的同一侧看到 A、b、B 三根标杆在一条直线上。同法定出直线上的其他各点。两点间目估定线,一般应由远及近进行,即从 B 到 A 方向先定出 a 点,再来标定 b 点。

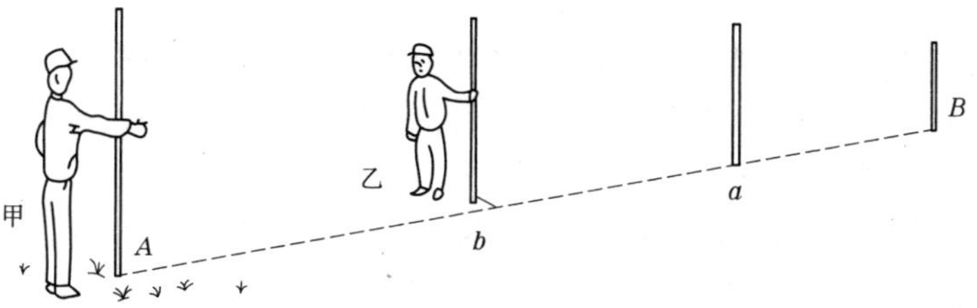

图 3-12 两点定线

三、测量距离

直线定线后,根据地形情况,用钢尺一般量距方法中的"平坦地面的距离丈量"或"倾斜地面的距离丈量"方法用钢尺或皮尺分段量距,各段距离之和为欲测直线的水平距离,要求往、返各丈量一次。将测量结果填入表 3-2 距离丈量记录表中。

四、精度计算

求算往返测距离的相对误差 K。对于钢尺,若 $K \leqslant 1/3\ 000$(困难地区 $K \leqslant 1/1\ 000$),取平均值作为最后结果;对于皮尺,若 $K \leqslant 1/200$(困难地区 $K \leqslant 1/100$),取平均值作为最后结果。若误差超限,则应重新丈量。

【实训成果】

上交实训成果,见表 3-2。

表 3-2 距离丈量记录表

量距工具________ 尺长________ 量距日期________

测线编号	量距方向	整尺段长/m	余长/m	全长/m	往返平均数/m	相对误差	备注
1	往						
	返						
2	往						
	返						
3	往						
	返						

测量者:________ 记录者:________ 计算者:________

【注意事项】

(1)使用皮尺、钢尺等尺子前,要认真查看其零点、末端的位置和注记情况,以免读数错误。

(2)丈量时,直线定线要直;一定要将钢尺等尺子拉平、拉直、拉稳,且拉力要均匀;测钎要插竖直、准确,若地面坚硬,也可以在地上做出相应记号;当尺子整段悬空时,中间应有人将其托住,以减小垂曲误差;尺子不能有打结或扭折等现象。

(3)读数要细心,避免读错和听错数字,例如把"9"看成"6",或把"4"和"10"、"1"和"7"听错了;丈量最后一段余长时,要注意尺面的注记方向,不要读错。

(4)使用钢尺时,不得在地面上拖行,更不能被车辆碾压或行人踩踏;拉尺时,不要用力硬拉;收尺时,不能有卷曲扭缠现象,摇柄不能逆转;钢尺使用完毕后,要用软布擦去灰尘,如遇雨淋,要擦干后再涂一薄层机油,以防生锈。

(5)使用皮尺时,还应注意放尺收尺都要用左手食指与中指轻夹皮尺的尺带,防止其扭曲缠绕。

(6)丈量误差。包括钢尺刻划对点误差、测钎安置误差和读数误差等。所有这些误差都是偶然误差,其值可大可小,可正可负。在丈量结果中会抵消一部分,但不能全部抵消,故仍然是丈量工作的一项主要误差来源。因此,在操作时应认真仔细,配合默契。

【考核评价】

学生姓名:__________　　日期:__________　　总分:__________

序号	考核项目	考核要求	分值	评分标准	得分
1	直线定线	能熟练进行直线定线	25	直线定线不熟练扣15分,不会定线全扣	
2	距离测量	能熟练操作量距工具,并迅速、准确读数	20	操作不规范扣5分,读数误差超2 cm每次扣5分,读数误差超5 cm全扣	
3	记录	能规范填写测量记录	20	填写不规范扣10分,记录不整洁或有擦拭涂改现象扣5分,表头填写不完整扣5分	
4	距离计算	能正确计算观测成果	10	公式运用不当或计算结果不正确全扣	
5	精度计算	精度能达到要求	15	误差超限,但未超过允许误差的10%扣10分,超过允许误差的10%全扣	
6	团队协作	1. 小组成员间团结协作 2. 学习、操作敬业精神 3. 步骤和操作过程的规范性	6	根据学生表现,每小项2分	
7	方法能力	1. 计划执行能力 2. 过程的熟练程度	4	根据学生表现,每小项2分	

【巩固训练】

各组另选一区域,根据地形条件布设2个点进行直线定线和距离测量,并完成记录表的填写与计算,每组提交距离丈量记录表。

任务二　直线定向

【工作任务】

任务描述：用罗盘仪观测地面上任一条直线的正、反磁方位角，以确定该直线的方向。要求正反磁方位角的差值与180°相比不超过1°。

任务分析：欲确定地面上一点在另一点的相对位置，除需要测量两点之间的距离外，还要测定两点连线的方向。一条直线的方向，是用该直线与基本方向线之间所夹的水平角来表示的，那么确定一直线与基本方向间角度关系的工作就称为直线定向。在应用罗盘仪测磁方位角时，要按照对中、整平、瞄准、读数的操作步骤进行，读取水平度盘的度数即为磁方位角，注意各步骤的技术要领，使测量结果达到精度要求。

工具材料：罗盘仪及脚架、花杆、记录表格等。

【知识准备】

一、直线定向

确定地面上两点之间的相对位置，需要测定两点之间的水平距离和确定两点所连直线的方向。一条直线的方向，是根据某一标准方向来确定的，确定直线与标准方向（基本方向）的角度关系，称为直线定向。基本方向有以下3种。

罗盘仪测定磁方位角

（一）真子午线方向

通过地面上一点指向地球南北极的方向线（地理经线）就是该点的真子午线（见图3-13）。地面点的真子午线的切线方向即为该点的真子午线方向。真子午线切线北端所指的方向为真北方向，它可以用天文观测的方法来确定。

（二）磁子午线方向

在地球磁场作用下，地面某点上的磁针自由静止时其轴线所指的方向，称为该点的磁子午线方向（见图3-13）。磁针北端所指的方向为磁北方向，可用罗盘仪测定。

（三）坐标纵轴线方向

坐标纵轴线方向是指平面直角坐标系中的纵轴方向；坐标纵轴北端所指的方向为坐标北方向。在高斯平面直角坐标系中，同一投影带内的所有坐标纵线与中央子午线平行。

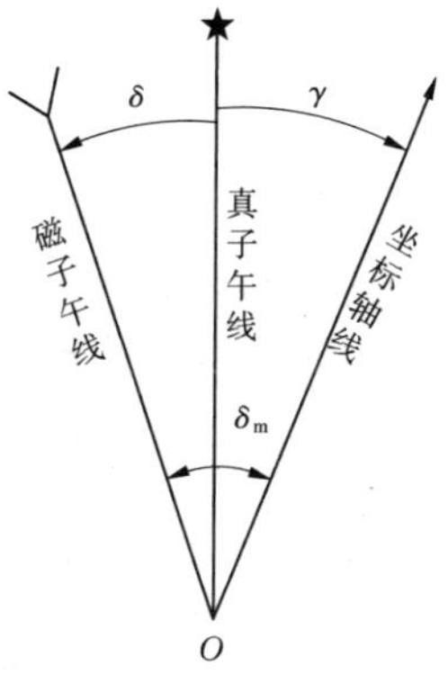

图3-13　三北方向示意图

上述三种基本方向中的北方向，总称为“三北方向”；在一般情况下，“三北方向”是不一致的。

由于地球的南、北极与地球磁南、磁北极不重合，因此地面上某点的真子午线方向和磁子午线方向之间有一夹角，这个夹角称为磁偏角，以δ表示。当磁子午线北端在真子午线以东者称东偏，δ取正值；在真子午线以西者则称西偏，δ取负值，如图3-14所示。

地面上各点的磁偏角不是一个定值，它随地理位置不同而异。我国西北地区磁偏角为

+6°左右,东北地区磁偏角则为-10°左右。此外,即使在同一地点,时间不同磁偏角也有差异。所以,采用磁子午线方向作为基本方向,其精度比较低。

地面上某点的坐标纵轴方向与磁子午线方向间的夹角称为磁坐偏角,以 δ_m 表示。磁子午线北端在坐标纵轴以东者,δ_m 取正值;反之,δ_m 取负值。

子午线收敛角即坐标纵线偏角,以真子午线为准,真子午线与坐标纵线之间的夹角,以 γ 表示。坐标纵线东偏为正,西偏为负。在投影带的中央经线以东的图幅均为东偏,以西的图幅均为西偏。

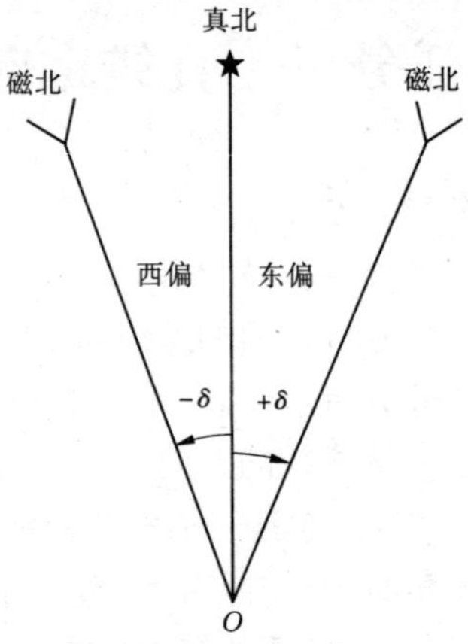

图 3-14　磁偏角的正负

二、方位角、象限角及两者之间关系

在测量工作中,常采用方位角或象限角表示直线的方向。

(一)方位角和象限角

1. 方位角

由基本方向的北端起,沿顺时针方向到某一直线的水平夹角,称为该直线的方位角,其角值为 0°~360°。如图 3-15 所示,直线 OA、OB、OC、OD 的方位角分别为 30°、150°、210°、330°。根据基本方向的不同,方位角可分为:以真子午线方向为基本方向的,称为真方位角,用 A 表示;以磁子午线方向为基本方向的,称为磁方位角,用 A_m 表示;以坐标纵轴为基本方向的,称为坐标方位角,用 α 表示。从图 3-16 可以看出,三种方位角之间的关系为:

$$A = A_m + \delta$$
$$A = \alpha + \gamma$$
$$\alpha = A_m + \delta - \gamma \qquad (3\text{-}4)$$

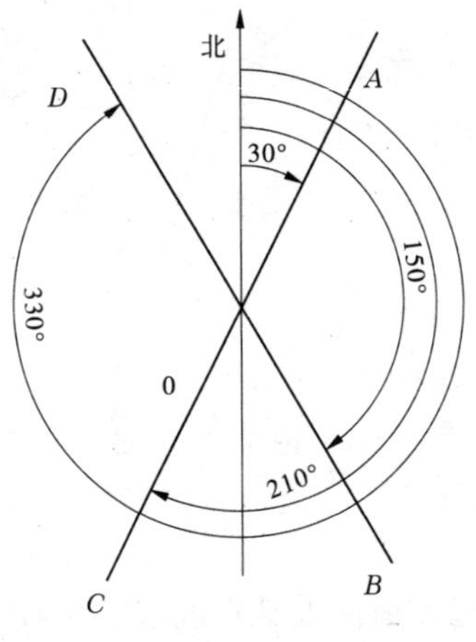

图 3-15　方位角

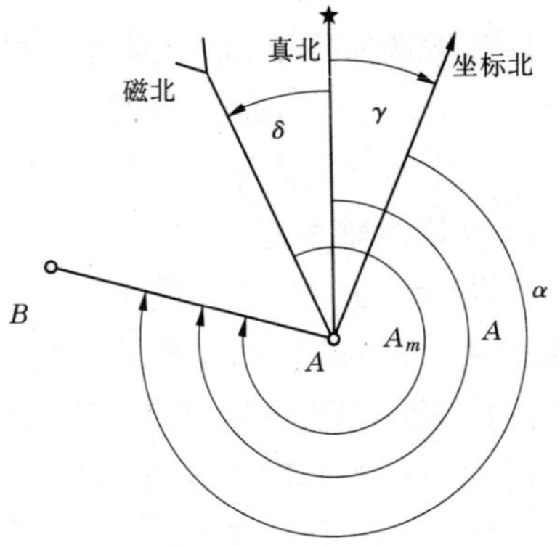

图 3-16　三种方位角的关系

【例 3-3】 已知直线 AB 的磁方位角 $A_m=272°12'$，A 点的磁偏角 δ 为西偏 2°02′，子午线收敛角 γ 为东偏 2°01′，求直线 AB 的坐标方位角、真方位角和 A 点的磁坐偏角各为多少？

解：由式(3-4)可得

$$\alpha_{AB}=A_m+\delta-\gamma=272°12'+(-2°02')-(+2°01')=268°09'$$

$$A_{AB}=A_m+\delta=272°12'+(-2°02')=270°10'$$

根据题意

$$\delta_m=-(272°12'-268°09')=-4°03'(\text{西偏})$$

2. 象限角

从基本方向的北端或南端起，到某一直线所夹的水平锐角，称为该直线的象限角，以 R 表示，其角值为 0°~90°。象限角不但要写出角值，还要在角值之前注明象限名称。如图 3-17 所示，直线 OA、OB、OC、OD 的象限角分别为北东 30°或 NE30°、南东 30°或 SE30°、南西 30°或 SW30°、北西 30°或 NW30°。象限角和方位角一样，可分为真象限角、磁象限角和坐标象限角三种。

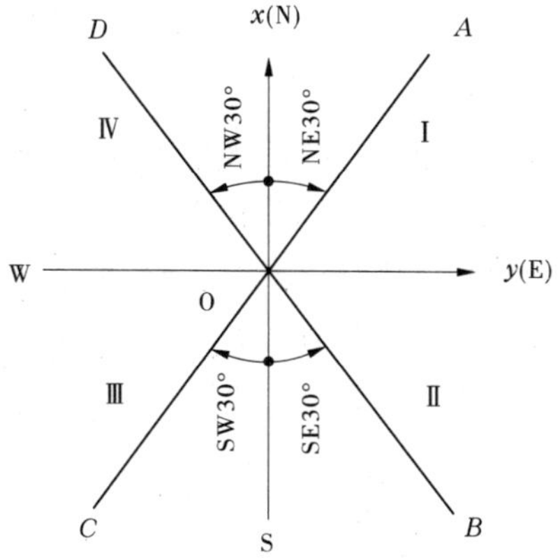

图 3-17 象限角

(二) 方位角、象限角之间的互换关系

方位角与象限角之间的互换关系如表 3-3 所示。

表 3-3 方位角与象限角的互换关系

象限		根据方位角 α 求象限角 R	根据象限角 R 求方位角 α
编号	名称		
Ⅰ	北东(NE)	$R=\alpha$	$\alpha=R$
Ⅱ	南东(SE)	$R=180°-\alpha$	$\alpha=180°-R$
Ⅲ	南西(SW)	$R=\alpha-180°$	$\alpha=180°+R$
Ⅳ	北西(NW)	$R=360°-\alpha$	$\alpha=360°-R$

(三) 同一直线正反方位角的关系

在测量工作中，把直线的前进方向叫正方向，反之，称为反方向。如图 3-18 所示，A 为直线起点，B 为直线终点，通过 A 点的坐标纵轴与直线 AB 所夹的坐标方位角 α，α_{AB} 称为直线的正坐标方位角,而 BA 直线的坐标方位角 α_{BA} 称为反坐标方位角。

由于任何地点的坐标纵轴都是平行的,因此所有直线的正坐标方位角和它的反坐标方位角均相差 180°,即

$$\alpha_{正} = \alpha_{反} \pm 180° \tag{3-5}$$

若 $\alpha_{反} > 180°$,公式右端取"-"号;若 $\alpha_{反} < 180°$,公式右端取"+"号。在森林调查中常采用坐标方位角确定直线方向。

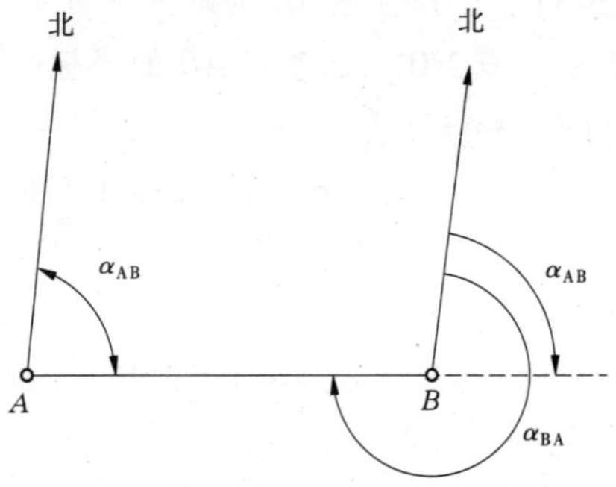

图 3-18　正反方位角

由于真子午线或磁子午线之间相互并不平行,所以正、反真方位角或正、反磁方位角不存在上述关系。但当地面上两点间距离不远时,通过两点的子午线可视为是平行的,此时,同一直线的正、反真方位角(或正、反磁方位角)也可认为是相差 180°。依该结论,罗盘仪可在小范围地区进行测量作业。

三、坐标方位角的推算

在实际工作中并不需要直接测定每条直线的坐标方位角,而是通过与已知坐标方位角的直线联测后,实测出各直线的坐标方位角在推算线路左侧的夹角称为左角,可用 $\beta_{左}$ 表示;或实测线路右侧的夹角称为右角,可用 $\beta_{右}$ 表示,来推算出各直线方位角(见图 3-19)。

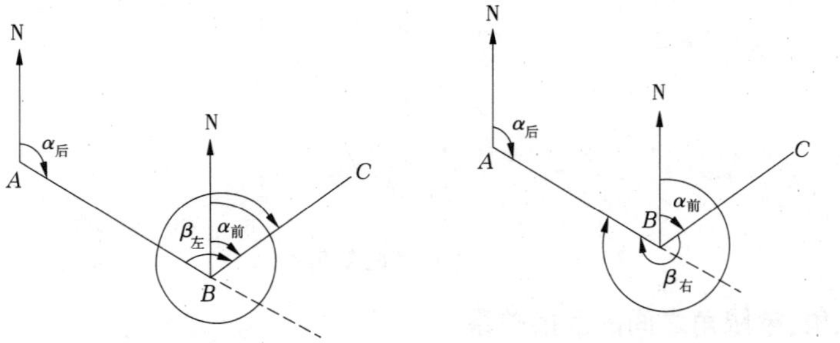

(a)用左角推算　　(b)用右角推算

图 3-19　坐标方位角的推算

由图 3-19 所示,相邻的前后直线有如下关系:

$$\alpha_{前} = \alpha_{后} + \beta_{左} - 180° \tag{3-6}$$

或

$$\alpha_{前} = \alpha_{后} + 180° - \beta_{右} \tag{3-7}$$

【例 3-4】 如图 3-20 所示,已知 12 边的方位角 $\alpha_{12} = 101°30'$,在 2 点测得夹角 $\beta_2 = 142°20'$,在 3 点测得夹角 $\beta_2 = 145°10'$,求 α_{23},α_{34} 和 α_{43}。

解: 由题意可知,α_{12}、α_{23} 和 α_{34} 是同一方向的方位角,所以可以直接运用推算公式计算;而 α_{43} 是 α_{34} 的反方位角,所以可用正反方位角的关系来计算;再由图 3-20 知,按 1、2、3、4 的推算方向,β_2 为左角,而 β_3 为右角。

(1)根据式(3-6),23 边方位角为:

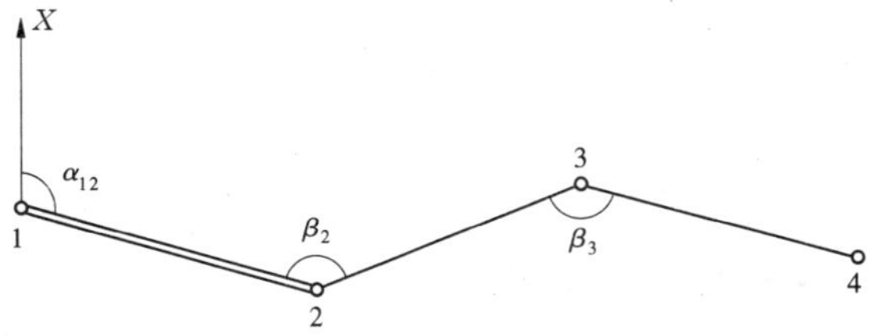

图 3-20　坐标方位角的推算

$$\alpha_{23} = \alpha_{12} + \beta_2 - 180° = 101°30' - 180° + 142°20' = 63°50'$$

根据式(3-7),34 边方位角为:

$$\alpha_{34} = \alpha_{23} + 180° - \beta_3 = 63°50' + 180° - 145°10' = 98°40'$$

再根据正反坐标方位角的关系,则 $\alpha_{43} = \alpha_{34} + 180° = 98°40' + 180° = 278°40'$

四、罗盘仪的构造

罗盘仪的认识与使用

罗盘仪是观测直线磁方位角或磁象限角的一种仪器,也可用来测绘小范围内的平面图。它构造简单、使用方便、价格低廉,且精度能达到要求。罗盘仪的种类很多,型式各异,但主要由罗盘、望远镜、水准器与球臼等部分组成,罗盘仪的构造如图 3-21 所示。

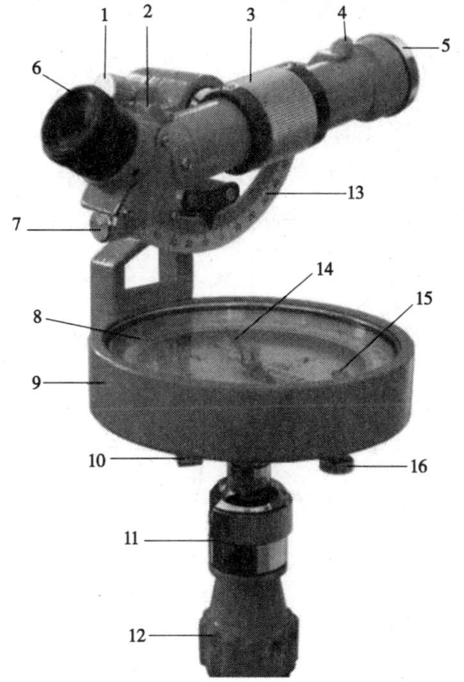

1—望远镜制动螺旋;2—照门;3—对光螺旋;4—准星;5—望远镜物镜;6—望远镜目镜;7—望远镜微动螺旋;8—水平度盘;9—罗盘盒;10—水平制动螺旋;11—球臼;11—连接螺旋;13—竖直度盘;14—磁针;15—水准器;16—磁针制动螺旋。

图 3-21　罗盘仪的构造示意图

(一)磁针

如图3-22所示罗盘盒剖面图。磁针为一长条形的人造磁铁，置于圆形罗盘盒的中央顶针上，可以自由转动。为了避免磁针帽与顶针尖之间的碰撞和磨损，不用时应旋紧磁针制动螺旋，将磁针抬起压紧在罗盘盒的玻璃盖上。磁针帽内镶有玛瑙或硬质玻璃，下表面磨成光滑的凹形球面。测量时，旋松磁针制动螺旋，使磁针在顶针尖上灵活转动。

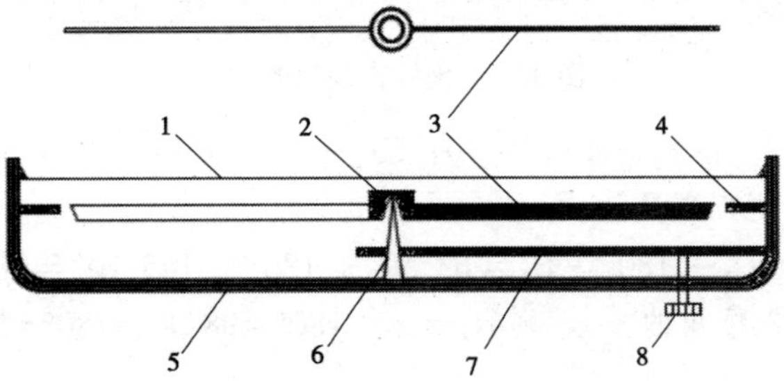

1—玻璃盖;2—磁针帽;3—磁针;4—刻度盘;
5—罗盘盒;6—顶针;7—杠杆;8—磁针制动螺旋。

图3-22　罗盘盒剖面图

由于磁针两端受地球磁极的引力不同，使磁针在自由静止时不能保持水平，我国位于北半球，磁针的北端会向下倾斜与水平面形成一个夹角，该角称为磁倾角。为了消除磁倾角的影响，保持磁针两端的平衡，常在磁针南端缠上铜丝，这也是磁针南端的标志。

(二)水平度盘

水平度盘为铝或铜制的圆环，装在罗盘盒的内缘。盘上最小分划为1°或30′，并每隔10°作一注记。水平度盘的注记形式有两种，如图3-23(a)所示，0°~360°是按逆时针方向注记的，可直接测出磁方位角，称为方位罗盘；而在图3-23(b)中，由0°直径的两端起，分别对称地向左右两边各刻划注记到90°，可直接测出磁象限角，故称为象限罗盘。

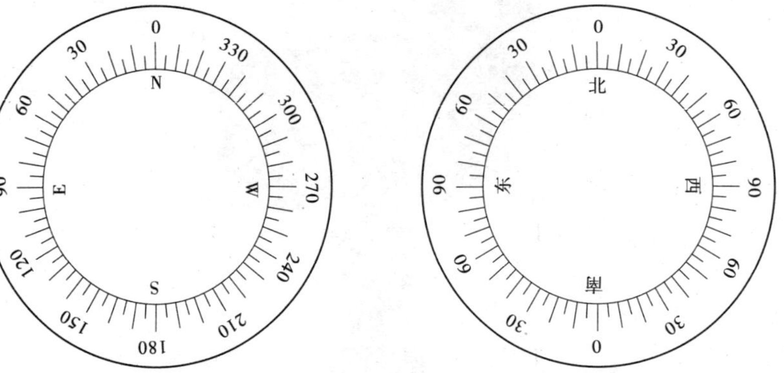

(a)方位罗盘　　(b)象限罗盘

图3-23　水平度盘及注记形式

用罗盘仪测定磁方位角时，水平度盘是随着瞄准设备一起转动的，而磁针却静止不动，在这种情况下，为了能直接读出与实地相符合的方位角，将方位罗盘按逆时针方向注记，东西方向的注字与实地相反。

(三)望远镜

望远镜是罗盘仪的瞄准设备,它由物镜、目镜和十字丝分划板三部分构成。图 3-24 为罗盘仪的外对光式望远镜剖面图。

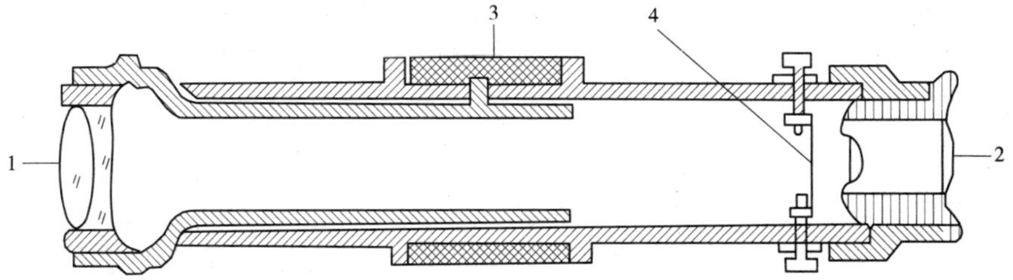

1—物镜;2—目镜;3—对光螺旋;4—十字丝分划板。

图 3-24 外对光式望远镜剖面图

物镜的作用是使被观测的目标成像于十字丝平面上;目镜的作用是放大十字丝和被观测目标的像。十字丝装在十字丝环上,用 4 个校正螺钉将十字丝环固定在望远镜筒内,如图 3-25 所示。在十字丝横丝的上下还有对称的两根短横丝,称为视距丝,用作视距测量。十字丝交点与物镜光心的连线称为视准轴,视准轴的延长线就是望远镜的观测视线。

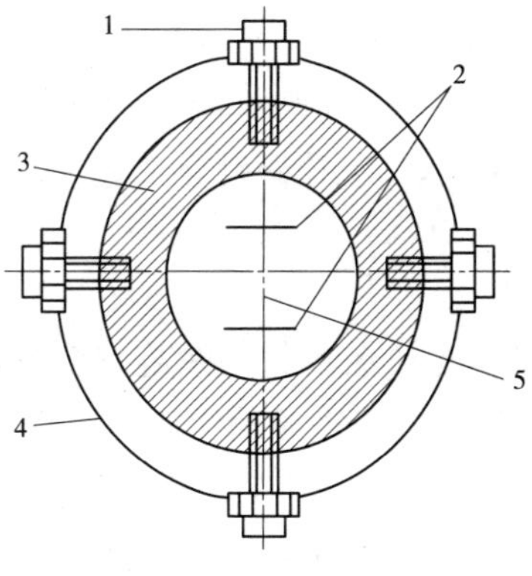

1—十字丝校正螺钉;2—视距丝;3—十字丝环;4—望远镜;5—十字丝。

图 3-25 十字丝分划板

在望远镜旁还装有能够测量竖直角(倾斜角)的竖直度盘,以及用作控制望远镜转动的制动螺旋和微动螺旋。望远镜上还有对光螺旋,用以调节物镜焦距,使被观测目标的影像清晰。

(四)水准器与球臼

在罗盘盒内装有一个圆水准器或两个互相垂直的管水准器,当圆水准器内的气泡位于中心位置,或两个水准管内的气泡同时被横线平分时,称气泡居中,此时,罗盘盒处于水平状态。

球臼螺旋在罗盘盒的下方,配合水准器可整平罗盘盒;在球臼与罗盘盒之间的连接轴上还安有水平制动螺旋,以控制罗盘的水平转动。

为了使用方便,望远镜罗盘仪还配有专用三脚架,架头上附有对中用的垂球帽,旋下垂球帽就会露出用于连接罗盘仪的螺杆。架头中心的下面有小钩,用来悬挂垂球。

【任务实施】

罗盘仪测定磁方位角一般步骤包括罗盘仪的布点安置、对中、整平、瞄准、读数等。

一、布点

在园林场地内有直线 *AB*,在 *A*、*B* 两点上打木桩,并在其顶部钉上小钉或画"+"字以示点位。

二、安置

打开并伸缩三脚架,安放在待测直线 *AB* 的起点 *A* 上方,使三脚架高度适中、架头大致水平,挂上垂球,将罗盘仪连接到三脚架上;于 *B* 点竖立标杆。如果是在坡地上安置,三脚架应于坡下方向立 2 只脚,坡上方向立 1 只脚。

三、对中

固定一个架腿,移动另外两个架腿,使垂球对准地面点 *A*,对中容许误差为 2 cm(以 *A* 点为中心的半径 2 cm 的圆范围内)。

四、整平

右手旋松球臼螺旋,左手前后、左右、仰俯罗盘盒,使水准器气泡居中,然后右手旋紧球臼螺旋。仪器整平后,旋松磁针制动螺旋,让磁针自由转动。

五、瞄准

(1)粗瞄。旋松望远镜制动螺旋和水平制动螺旋,转动仪器利用照门和准星大致瞄准目标 *B* 点标杆,旋紧水平制动螺旋和望远镜制动螺旋。

(2)精瞄。转动目镜使十字丝清晰,再调节对光螺旋使物像清晰,最后转动望远镜微动螺旋和水平微动螺旋,使十字丝交点精确对准目标 *B* 点(部分型号的罗盘仪没有望远镜微动螺旋或水平微动螺旋)。

六、读数

待磁针静止后,正对磁针并沿注记增大方向读出磁针所指的度数,即为所测直线的磁方位角。将磁方位角读数记入表 3-4 中。若水平度盘上的 0°分划线在望远镜的物镜一端,则应按磁针北端读数,如图 3-26(a)所示,$A=300°$。若水平度盘上的 0°分划线在望远镜的目镜一端,则应按磁针南端读数,如图 3-26(b)所示。读数时,若盘上最小分划为 1°,可直读 1°、估读至 30′。

七、测反磁方位角

旋紧磁针制动螺旋,将罗盘仪搬迁到 *B* 点并安置好,于 *A* 点竖立标杆,使罗盘仪对中、整平,瞄准 *A* 点,读出磁针所指的读数,测出直线 *AB* 的反磁方位角。将磁方位角读数记入表 3-4 中。

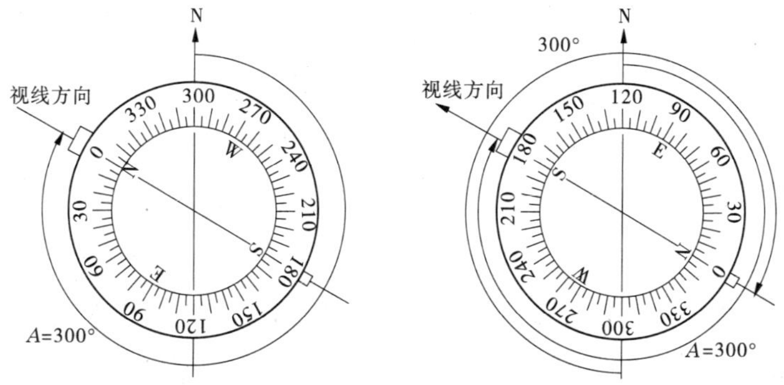

(a)北针读数　　(b)南针读数

图 3-26　磁方位角读数图

八、计算平均磁方位角

根据公式,计算平均磁方位角,记录在表 3-4 中。

$$\alpha_{平均} = \frac{\alpha_{正} + (\alpha_{反} \pm 180°)}{2} \tag{3-8}$$

【实训成果】

上交实训成果,见表 3-4。

表 3-4　磁方位角测定记录表

测量地点＿＿＿＿＿＿　　　　仪器编号＿＿＿＿＿＿

测站	目标	正磁方位角/(°)	反磁方位角/(°)	平均磁方位角/(°)	备注
A	*B*				

观测者＿＿＿＿＿＿　　记录者＿＿＿＿＿＿　　日期＿＿＿＿＿＿

【注意事项】

(1)避免在高压电等磁场强度较大的地方测量,避免铁器靠近罗盘(包括打开的手机等)。

(2)使用前应检查罗盘仪,确保罗盘仪完好、正常,注意罗盘仪成正像与倒像对观测的影响。

(3)将罗盘仪安放在测线的一端,在测线另一端竖立标杆。安置罗盘仪时,要让脚架的架头大致水平,若在坡地,应将脚架的两条腿安在坡的下方位置。

(4)在调整望远镜时,应先调整目镜使十字丝清晰(不模糊、不发亮),再调整物镜使目标清晰。

(5)读磁方位角时应正对磁针,沿注记增大方向读数。水平度盘上的 0°分划线在望远镜的物镜一端时读磁针北端所指的度数;若刻度盘上的 180°分划线在望远镜的物镜一端时,读磁针南端(绕有铜丝的一端)所指的度数。

(6)迁移站点之前或观测完毕后,旋紧磁针制动螺旋。

(7)当 A、B 两点相距较近时,其正、反磁方位角应相差 180°,若不等,不符值(正反方位角之差值与 180°相比较)不得大于±1°,并以平均磁方位角作为该直线的方位角,即

【考核评价】

学生姓名:__________　日期:__________　总分:__________

序号	考核项目	考核要求	分值	评分标准	得分
1	直线定向	能熟练操作仪器,并迅速、准确对罗盘仪进行读数	20	仪器操作不规范或不熟练扣 10 分,罗盘仪读数不准确全扣	
2	正方位角测量	能正确安置、对中、整平罗盘仪	25	脚架的架头歪斜明显扣 5 分,垂球对中超过 2 cm 扣 10 分,或明显未整平扣 5 分	
3	反方位角测量	能正确安置、对中、整平罗盘仪	25	填写不规范扣 10 分,记录不整洁或有擦拭涂改现象扣 5 分,表头填写不完整扣 5 分	
4	平均方位角计算	能正确计算观测成果	16	公式运用不当或计算结果不正确全扣	
5	团队协作	1. 小组成员间团结协作 2. 学习、操作敬业精神 3. 步骤和操作过程的规范性	8	根据学生表现,每小项 2 分	
6	方法能力	1. 计划执行能力 2. 过程的熟练程度	6	根据学生表现,每小项 2 分	

【知识拓展】

电磁波测距

电磁波测距是用电磁波(光波或微波)作为载波传输测距信号来测量距离。与传统测距方法相比,它具有精度高、测程远、作业快、几乎不受地形条件限制等优点。

电磁波测距仪按其所用的载波可分为:①用微波作为载波的微波测距仪;②用激光作为载波的激光测距仪;③用红外光作为载波的红外测距仪。后两者统称光电测距仪。微波测距仪与激光测距多用于长距离测距,测程可达数十千米,一般用于大地测量。光电测距仪属于中、短程测距仪,一般用于小地区控制测量、地形测量、房产测量等。这里主要介绍光电测距仪。

一、光电测距原理

光电测距是通过测量光波在待测距离上往、返一次所经过的时间 t,间接地确定两点间

距离。如图 3-27 所示，测距仪安置在 A 点，反射棱角安置在 B 点，测距仪发射的光波经反射棱镜反射回来后被测距仪所接收。测量出光波在 A、B 两点间往返传播的时间 t，则距离 D 为

$$D = \frac{1}{2}ct \tag{3-9}$$

式中　c——光波在空气中的传播速度。

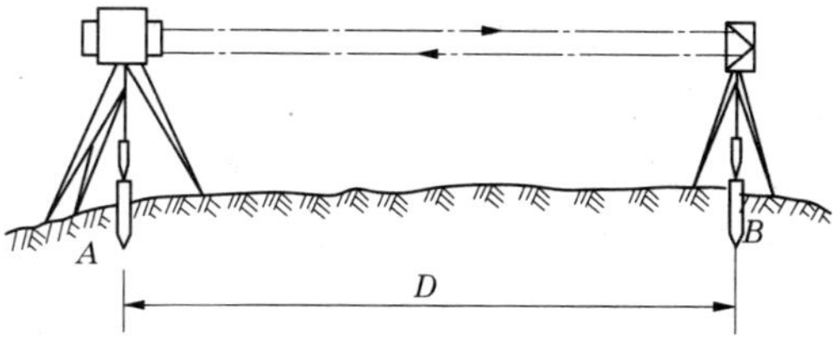

图 3-27　光电测距原理

光电测距仪按照 t 的测定方法的不同，可分为脉冲法（直接测定时间）和相位法（间接测定时间）两种。由于脉冲宽度和测距仪计时分辨率的限制，脉冲法测距的精度较低，因此一般精密测距仪都采用相位法间接测定时间。

相位法测距是通过测量调制光波在待测距离上往返传播所产生的相位差 φ 代替测定时间 t，来解算距离 D。将调制光的往程和返程展开，得到如图 3-28 所示的波形。设光波的波长为 λ，如果整个过程光传播的整波长数为 N，最后一段不足整波长，其相位差为 $\Delta\varphi$（数值小于 2π），对应的整波长数为 $\Delta\varphi/2\pi$，可见图中 AB 间的距离为全程的一半，即

$$D = \frac{1}{2}\lambda\left(N + \frac{\Delta\varphi}{2\pi}\right) \tag{3-10}$$

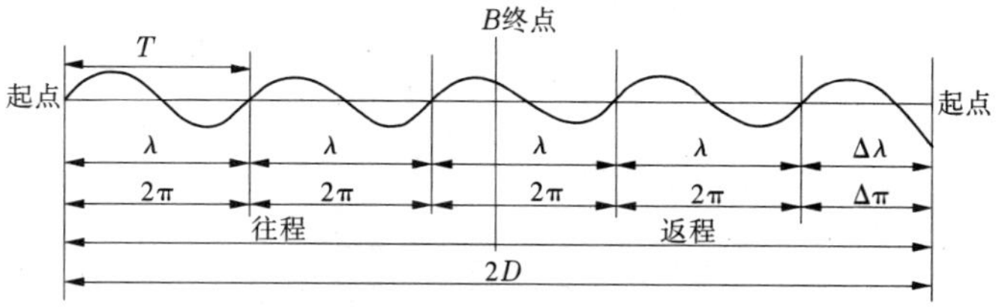

图 3-28　相位法测距原理

相位式光电测距仪只能测出不足 2π 的相位差 $\Delta\varphi$，测不出整波长数 N，因此只能测量小于波长的距离。当 $N=0$ 时，式（3-10）为

$$D = \frac{\lambda}{2} \cdot \frac{\Delta\varphi}{2\pi} \tag{3-11}$$

为了扩大测程，应选择波长 λ 比较大的光尺，但光电测距仪的测相误差约为 1/1 000，光尺越长，误差越大。为了解决扩大测程和提高精度的矛盾，短程光电测距仪通常采用两个调制频率，即两种光尺。通常长光尺（称为粗尺）的调制频率为 150 kNz，波长 2 000 m，用于测定百米、十米和米；短光尺（称为精尺）的调制频率为 15 kNz，波长为 20 m，用于测定米、分米、厘米和毫米。

二、测程及测距仪的精度

光电测距仪按测程远近可分为短程光电测距仪(3 km 以内)、中程光电测距仪(3~15 km)和远程光电测距仪(大于 15 km)。按精度划分为Ⅰ级($|m_D| \leqslant 5$ mm)、Ⅱ级(5 mm$<|m_D| \leqslant 10$ mm)和Ⅲ级(10 mm$<|m_D| \leqslant 20$ mm)测距仪,其中$|m_D|$为 1 km 的测距中误差。

光电测距仪的精度是仪器的重要技术指标之一。光电测距仪的标称精度公式为

$$m_D = \pm(a + bD) \tag{3-12}$$

式中 a——固定误差,mm;

b——比例误差(与距离 D 成正比),mm/km;mm/km 又写为 ppm,即 1 ppm=1 mm/km,也即测量 1 km 的距离有 1 mm 的比例误差;

D——距离,km。

式(3-12)可写成:

$$m_D = \pm(a + b\text{ppm} \cdot D) \tag{3-13}$$

三、光电测距仪及其使用方法

光电测距仪包括主机、反射棱镜和电池三部分。以常州大地测距仪厂生产的 D2000 系列之一——D2020 型红外光电测距仪为例,主要介绍光电测距仪的使用方法。

(一) D2020 型红外光电测距仪的结构

D2020 红外光电测距仪的结构见图 3-29,该测距仪主机可通过连接器安置在普通光学经纬仪或电子经纬仪上,连接后如图 3-30 所示。利用光轴调节螺旋,可使测距仪主机的光轴与经纬仪视准轴位于同一竖直面内。如图 3-31 所示,测距仪水平轴到经纬仪水平轴的高度与觇牌中心到反射棱镜的高度相同,因而经纬仪瞄准觇牌中心的视线与测距仪瞄准反射棱镜中心的视线能保持平行。

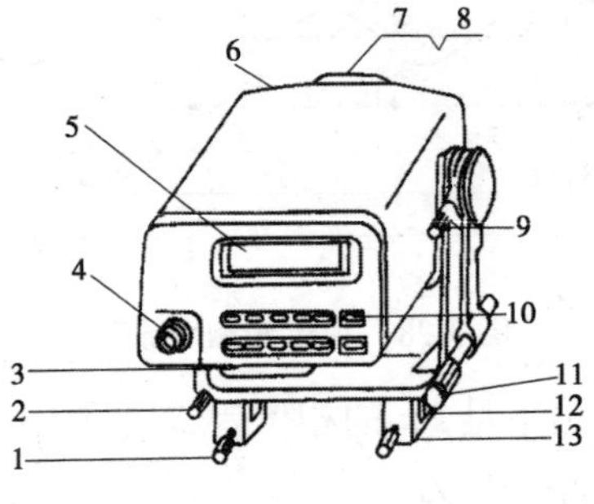

1—座架固定手轮;2—照准轴水平调整手轮;3—电池;4—望远镜目镜;5—显示器;6—RS-232 接口;7—物镜;8—物镜罩;9—俯仰固定手轮;10—键盘;11—俯仰调整手轮;12—间距调整螺旋;13—座架。

图 3-29 D2020 型光电测距仪

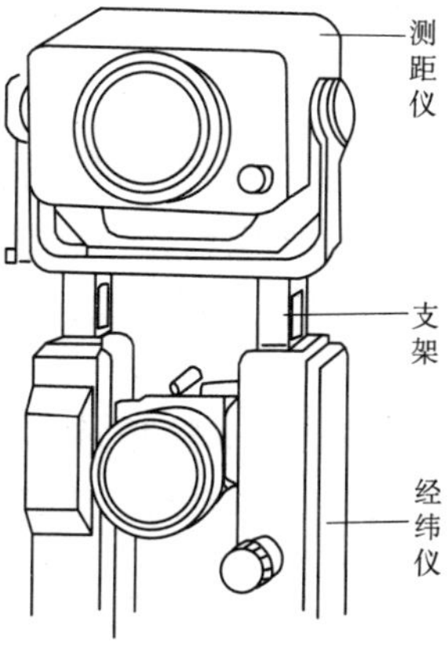

图 3-30　光电测距仪与经纬仪的连接

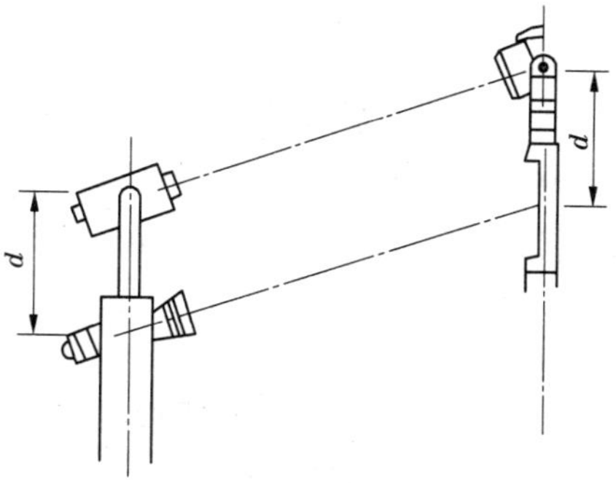

图 3-31　视线平行示意图

(二)D2020 型红外光电测距仪主要技术指标和功能

1. 技术指标

最大测程:单棱镜 1.8 km;三棱镜 2.5 km;

测距精度:±(5 mm+3 ppm×D);

最大显示距离:9 999.999 m;

工作温度:-20～+50 ℃;

测量时间:跟踪测量 0.8 s,连续测量 3 s;

功耗:3.6 W。

2. 主要功能

(1)具有单次测量、连续测量、跟踪测量、预置测量和平均测量 5 种测量方法;输入温度、气压和棱镜常数,测距仪可自动对结果进行改正。

(2)输入竖直角则可自动计算出水平距离和高差。

(3)通过距离预置功能输入已知水平距离进行定线放样。

(4)输入测站坐标和高程,可自动计算观测点的坐标和高程。

(三)红外光电测距仪的使用

1. 安置仪器

先在测站上安置好经纬仪,将测距仪主机安装在经纬仪支架上,连接器固定螺丝锁紧,将电池插入主机底部,扣紧。将经纬仪对中,整平,在目标点安置反射棱镜,对中,整平,并使镜面朝向主机。

2. 观测竖直角、气温和气压

目的是对测距仪测量出的斜距进行倾斜改正、温度改正和气压改正,以得到正确的水平距离。用经纬仪十字丝的水平丝照准觇牌中心,测出竖直角 α。同时,观测并记录温度和气压计上的气压值。

3. 测距准备

按电源开关键 PWR 开机,主机自检并显示原设定的温度、气压和棱镜常数值,自检通过后将显示“Good”。若修正原设定值,可按 TPC 键后输入温度、气压值或棱镜常数。在一般情况下,尽量使用同一类反光镜,棱镜常数不变,而温度、气压每次观测均可能不同,需要重新设定。

4. 距离测量

调节测距仪主机水平调整手轮(或经纬仪水平微动螺旋)和主机俯仰微动螺旋,使测距仪望远镜精确瞄准棱镜中心。在显示"Good"的状态下,可根据蜂鸣器,声音来判断瞄准的程度,信号越强,声音越大,上下左右微动测距仪,使蜂鸣器的声音达到最大,便完成了精确瞄准,测距仪显示器上显示" * "号。

精确瞄准完成后,按 MSR 键,主机将测定并显示经温度、气压和棱镜常数改正后的斜距。利用测距仪可直接将斜距换算为水平距离,按 V/H 键后输入竖直角数值,再按 SHV 键显示水平距离。连续按 SHV 键可依次显示斜距、水平距离和高差的数值。

(四)光电测距仪使用注意事项

(1)严禁将照准头对准太阳或其他强光源,以免损坏仪器光电器件,阳光下作业应打伞。

(2)仪器应在通视良好、大气较稳定的条件下使用,测线应离地面障碍物 1.3 m 以上,避免通过发热体和较宽水面的上空。

(3)仪器视线两侧及反光镜后面不能有其他强光源或反光镜等背景干扰,并尽量避免逆光观测。

(4)注意电源接线,观测时要经常检查电源电压是否稳定,电压不足应及时充电,观测完毕要注意关机,不可带电迁站。

(5)要经常保持仪器清洁和干燥,使用和运输过程中要注意防潮防震。

【巩固训练】

一、名词解释

直线定线　　直线定向　　方位角　　象限角

二、填空题

1. 用罗盘仪测定磁方位角时,刻度盘是随着__________一起转动的,而__________却静止不动,在这种情况下,为了能直接读出与实地相符合的方位角,将方位罗盘按__________方向注记,__________方向的注字与实地相反。

2. 根据用途及保存期限的长短,地面点标志可分为__________和__________。

3. 丈量距离的精度,一般是用__________来衡量的,因为__________。

4. 倾斜地面的距离丈量方法主要有__________、__________和__________。

5. 直线定向所用的基本方向主要有__________、__________和__________。

三、判断题

1. 罗盘仪搬站时,磁针应固定。　(　　)

2. 为了消除磁倾角的影响,保持磁针两端的平衡,常在磁针北端缠上铜丝。　(　　)

3. 在平坦地面上进行直线目估定线时,应由远及近定点。　(　　)

4. 在倾斜地面丈量距离,为了操作方便,返测时仍应由高向低进行丈量。　(　　)

5. 用方位角求算水平夹角时，该夹角的值等于右侧直线的方位角减去左侧直线的方位角，当不够减时，应加 360°再减。 ( )

四、选择题

1. 某工地进行控制测量时，用经检定的钢尺测量 A、B 两点之间的水平距离。由于距离较远，所以将其划分成 3 个尺段丈量，将各尺段长度相加得到总距离。各尺段的测算结果如表 3-5 所示。请回答下面的问题。

表 3-5 各尺段的测算结果

尺段	A—1	1—2	2—B	备注
往测/m	47.520	46.800	42.650	已经进行了改正计算
返测/m	47.526	46.802	42.646	

(1) 直线定线的方法包括( )。

A. 图上定线 B. 计算定线 C. 目测定线

D. 经纬仪定线 E. 人工定线

(2) 下面关于直线 AB 水平距离测量结果的叙述，( )是正确的。

A. 往测值 136.970 m B. 返测值 136.974 m C. 往返测量差为 4 mm

D. 相对误差是±4 mm E. 水平距离 D_{AB} = 136.972 m

(3) 下面各种关于本案例距离测算的叙述，( )是正确的。

A. 水平距离 D_{AB} = 136.972 m B. 水平距离 D_{AB} = 136.981 m C. 往返测量差为 4 mm

D. 相对误差是 1/15 200 E. 水平距离 D_{AB} = 136.977 m

2. 子午线收敛角的定义为( )。

A. 过地面点真子午线方向与磁子午线方向之夹角

B. 过地面点磁子午线方向与坐标纵轴方向之夹角

C. 过地面点真子午线方向与坐标纵轴方向之夹角

D. 从基本方向北端起，沿顺时针到某直线所夹的水平角

3. 由于直线定线不准确，造成丈量偏离直线方向，其结果是距离( )。

A. 偏大 B. 偏小 C. 无一定的

D. 忽大忽小、相互抵消，对结果无影响

五、简答题

1. 如何区别磁针的指南端与指北端？

2. 方位罗盘仪的刻度盘度数注记为什么要采用逆时针方向增加？而东、西(E、W)两字的注记方位为什么要与实际相反？

3. 在罗盘仪测定某一直线的磁方位角时，往往要同时读出磁针的北端读数和南端读数，然后取平均值作为一个方向的观测结果，这样做有何意义？

4. 钢尺刻划零端与皮尺刻划零端有何不同？如何正确使用钢尺与皮尺？

5. 试比较整尺法丈量距离和串尺法丈量距离的优缺点。

六、计算题

1. 用尺长 30 m 的钢尺整尺法丈量 A、B 两点间的距离，由 A 量至 B，后司尺员手中有 7 根测钎；当丈量最后一段时，地上插有 1 根测钎，它与 B 点的距离为 20.372 m，求 A、B 两点间的距离为多少？若 A、B 间往、返丈量距离允许相对误差为 1/2 000，问往、返丈量时允许的距离较差为多少？

2. 如图 3-32 所示，已知 12 边的坐标方位角及各内角值，试计算出各边的坐标方位角，并把它们改算成象限角。

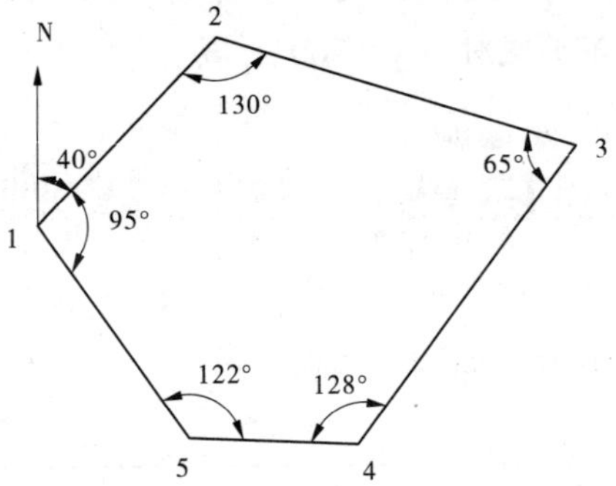

图 3-32　计算题 2 附图

【思政要点】

指南针的发展史——方向的定向

一、司南

早在汉代(公元前 206—公元 220 年)，能工巧匠把磁石打磨凿雕成一个勺形，放在青铜制成的光滑如镜的底盘上，再铸上方向性的刻纹。这个磁勺在底盘上停止转动时，勺柄指的方向就是正南，勺口指的方向就是正北，这就是我国祖先发明的世界上最早的指示方向的仪器，叫作司南。

二、古代罗盘

后来古人又在司南的基础上制作了古代罗盘。这时的罗盘已很像现在使用的指南针了，它具有指方向的磁针和显示方位的刻度盘。把罗盘装在船上，可以为人们航海指引方向。

三、指南鱼

大约在北宋初年，由于军事和航海等需要和材料与工艺技术的发展，先后利用人造的磁铁片和磁铁针以及人工磁化方法制成了在性能和使用上比司南先进的指南鱼。

四、指南针

在指南鱼发明后不久，又发明了一种意义更重大、制法更简单、使用更方便和用途更广泛的指南针。最早是北宋的著名政治家和科学家沈括在其著作《梦溪笔谈》(公元 1086 年)中记述的，大意是利用天然磁石磨铁针，受磨的铁针就能指向南方，还记述指南针并不完全指南，而是略微东。这就是磁偏角现象。

备注：本资源来源于网络，仅供教学使用。

项目四 全站仪测量

全站仪测量

项目情景

全站仪的应用范围十分广泛，它不仅可用于建筑工程、交通与水利工程、地籍与房地产测量等领域，在园林工程项目中也广泛应用于测图及施工测量中。

园林规划设计的基础是先提供需要设计区域的基础资料，包括地物、地貌等相关信息。然后根据现有的图形进行规划、设计，那么如何快速测出图 4-1 中地物、地貌的位置及其坐标呢？这就需要使用全站仪进行点位数据采集。

图 4-1 某地区实地图

学习目标

知识目标：

了解全站仪的概念，理解全站仪的分类、特点、基本构造，掌握全站仪的基本构造。

技能目标：

掌握全站仪的角度、距离和坐标的测量方法，以及利用全站仪进行放样的方法和步骤。

思政目标：

培养学生家国情怀、科技自信、工匠精神、创新精神。

任务一　全站仪测量基础知识

全站仪测量

【工作任务】

任务描述:用全站仪测量地面上两点水平距离和高差,用全站仪测量地面两条相交直线所夹的水平角。

任务分析:本任务主要是认识和使用全站仪,能够测量角度和距离。

【知识准备】

全站仪,即全站型电子速测仪(Electronic Total Station),是一种集光、机、电于一体的高技术测量仪器,是集水平角、竖直角、距离(斜距、平距)、高差测量功能于一体的测绘仪器系统。因其一次安置仪器就可完成该测站上全部测量工作,所以称为全站仪。它的基本功能是测量水平角、竖直角和斜距,借助机载程序,可以组合成多种测量功能,如计算并显示平距、高差及镜站点的三维坐标,进行偏心测量、悬高测量、对边测量、后方交会测量、面积计算等。全站仪的自动记录、储存、计算功能以及数据通信功能,进一步提高了测量作业的自动化程度。

全站仪的认识和使用

目前,主流全站仪国内品牌主要有南方、科力达、三鼎、瑞得、苏一光、博飞、中纬、西光、莱赛、欧波等。国外品牌有瑞士徕卡(LEICA)TPS系列、日本索佳(SOKKIA)SET系列、拓普康(TOPOCON)GTS系列、尼康(NIKON)DTM系列、美国天宝(Trimble)等。几款不同厂家、不同型号的全站仪如图4-2所示。

(a)南方NTS-552智能安卓全站仪　(b)科力达全站仪　(c)中纬ZT15全站仪　(d)苏一光FOIF彩屏免棱镜全站仪

图4-2　几款不同厂家、不同型号的全站仪

本项目以国产仪器中纬ZT15Pro为例,介绍全站仪的功能和使用方法。

一、全站仪的部件名称

ZT15Pro全站仪各站件见图4-3、图4-4。

二、键盘

ZT15Pro全站仪键盘如图4-5所示。

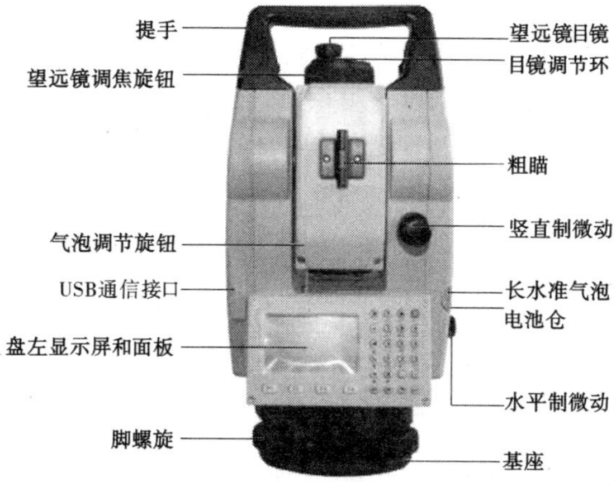

图 4-3 ZT15Pro 全站仪盘左示意图

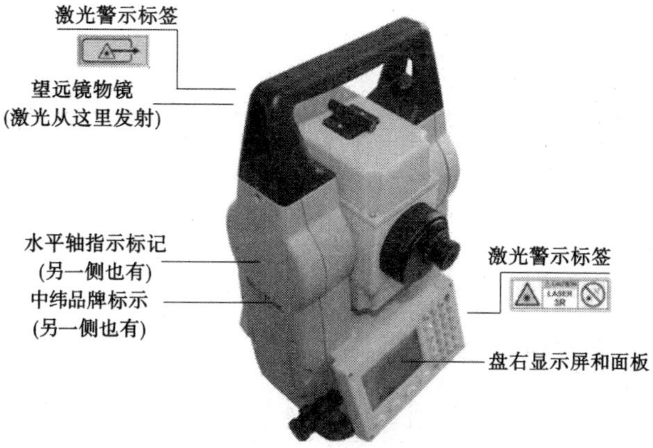

图 4-4 ZT15Pro 全站仪盘右示意图

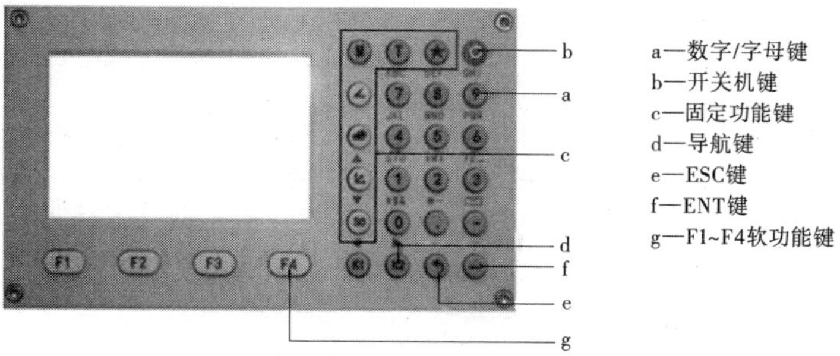

图 4-5 ZT15Pro 全站仪键盘

MENU:在常规测量界面时进入菜单。

T 键:切换棱镜/免棱镜模式。

星键:常用功能键。

开关机键:执行开关机操作。

ANG 键:在常规测量、数据采集中进入角度测量界面。

距离键：在常规测量、数据采集中进入距离界面，再次按此键将在平距高差和斜距之间切换。

坐标键：在常规测量、数据采集中进入坐标测量界面，还具有向上导航键功能。

S0键：进入极坐标放样界面，还具有向下导航键功能。

K1、K2键：具有左右导航键功能，同时属于自定义功能键。

ESC键：退出对话框或者退出编辑模式，保留先前值不变，返回上一界面。

ENT键：回车键。确认输入，进入下一输入区。

F1~F4软按键：命令及功能软按键列于显示屏的底部，可以通过相应的功能键激活。

三、程序和功能

每一个软功能键所代表的实际意义依赖于当前激活的应用程序及功能。

在常规测量界面，各软按键在不同测量模式对应的功能如下。

(一)角度测量模式

在常规测量界面按ANG功能键进入角度测量模式，如表4-1所示。

表4-1　角度测量模式

页数	软键	显示符号	功能
1	F1	置零	水平角设置为00° 00′00″
	F2	锁定	水平角度数锁定
	F3	置盘	通过键盘输入数字设置水平角
	F4	P1↓	显示第二页软功能键
2	F1	倾斜	进入补偿设置
	F2	复测	角度重复测量模式
	F3	V%	竖直角百分比坡度显示
	F4	P2↓	显示第三页软功能键
3	F1	R/L	水平角右/左计数方向的转换
	F3	水平/天顶	竖直角显示格式
	F4	P3↓	显示第一页的软功能键

(二)距离测量模式

在常规测量界面按距离键进入距离测量模式，如表4-2所示。

表 4-2 距离测量模式

页数	软键	显示符号	功能
1	F1	测量	启动距离测量
	F2	P/NP	棱镜/免棱镜测量模式转换
	F3	EDM	进入 EDM 设置模式
	F4	P1↓	显示第二页软功能键
2	F1	偏心	进入偏心测量程序
	F2	放样	进入极坐标放样模式
	F3	m/ft	距离单位米与英寸之间的转换
	F4	P2↓	显示第一页软功能键

(三)坐标测量模式

在常规测量界面按坐标功能键进入坐标测量模式,如表 4-3 所示。

表 4-3 坐标测量模式

页数	软键	显示符号	功能
1	F1	测量	启动距离测量
	F2	P/NP	棱镜/免棱镜测量模式转换
	F3	EDM	进入 EDM 设置模式
	F4	P1↓	显示第二页软功能键
2	F1	镜高	输入棱镜高
	F2	仪高	输入仪器高
	F3	测站	输入测站坐标
	F4	P2↓	显示第三页软功能键
3	F1	偏心	进入偏心测量程序
	F3	m/ft	距离单位米与英寸之间的转换
	F4	P3↓	显示第一页的软功能键

(四)常用功能键

常用功能可以在不同的测量界面中按星键直接调用。它包含如下功能:

对比度:设置屏幕对比度,以 10%步进。

照明:设置屏幕照明开或关。

对点:打开电子水准器和对中激光,设置对中激光强度。

EDM:设置 EDM 功能。

补偿:设置仪器的倾斜补偿器开关,可在双轴/单轴和关之间选择。

删除最后一个记录:该功能用于删除最后记录的数据块。

注意:删除最后记录是不可逆的,只有在测量中产生的记录可以被删除。

四、系统设置

全站仪在使用距离测量时需要设置仪器高、棱镜高、大气压、温度等。

(一)进入系统设置

(1)在常规测量界面,按 M 键进入主菜单。

(2)按 F4[系统设置]进入。

(二)单位设置

在系统设置界面按 F1[单位设置],按 F3[P↓]向下翻页。按 F4[确定]保存当前设置。设置角度、温度、气压及距离显示时的单位。

(三)测量参数设置

在系统设置界面按 F2[测量参数设置]进入。[常规测量]角度模式下的第二页软功能 F1 [补偿],以及常用功能[FNC]第二页 F4[倾斜补偿]也可以进行补偿器设置。

如果仪器架设在不稳定的地方(如在抖动的平台、船上等),补偿器应该关闭。这样可以避免因抖动而造成补偿超限,以致仪器提示错误信息而中断测量。

【任务实施】

一、测量准备/安置仪器

将仪器安置在三脚架上,精确整平和对中。

用激光对中器及长水准气泡粗略整平、对中。

(1)顾及到观测姿势的舒适性,调节三脚架腿到合适的高度。将脚架置于地面标志点上方,尽可能地将脚架面中心对准该点。

(2)旋紧中心连接螺旋,将基座及仪器固定到脚架上。

(3)打开仪器,如果倾斜补偿器打开,激光对中器会自动激活,然后对中/整平界面会出现。否则,按 FNC 键选择对中/整平。

(4)移动脚架腿,并转动基座脚螺旋,使激光对准地面点。

(5)伸缩脚架腿,整平圆水准器。

(6)根据长水准器及电子水准器的指示,转动基座脚螺旋以精确整平仪器。

①旋转照准部,使长水准器平行于两个整平旋钮的连线。

②调节脚螺旋使长水准气泡居中。

③打开仪器,如果补偿器打开则会自动出现对中/整平界面,或者按 FNC 功能键选择对中/整平。若仪器倾斜小于 6′, 则将显示电子水准器的测量结果数值(以 5″为步长)。

④转动这两个脚螺旋使该轴向的水准气泡居中。

⑤旋转照准部 90°,到垂直于刚才的方向,转动余下的第 3 个脚螺旋使第二个轴向(垂直于第一个轴向)的长水准器气泡居中。

⑥重复第④步和第⑤步,使气泡总位于中心。

(7)移动三脚架上的基座,将仪器精确对准地面点,然后旋紧中心螺旋。

(8)重复第(6)步和第(7)步,直至完全整平对中。

二、开机进入常规测量界面

打开电源开关(POWER 键),确认棱镜常数值(PSM)和大气改正值(PPM),并确认显示窗中有足够的电池电量。有三格表示电池电量充足,有一个格表示电池电量不足,但还可以测量。当电池出现闪烁或显示“电池电量不足”(电池用完)时,应及时更换电池或对电池进行充电。

(一)角度测量

在常规测量界面按“角度”功能键 2 进入角度测量模式。

1. 测量两点的水平夹角、竖直夹角

(1)照准第一个目标 *A*。

(2)设置目标 *A* 的水平角为 0°0′0″,按 F1 置零。

全站仪水平角度测量

按 F4 确认。

(3)照准第二个目标 B,显示 B 与 A 的水平夹角,以及当前的竖直角。

切换左角、右角模式

按 F4 两次转到第三页功能,通过 F1 [R/L]可以在左角模式(HL)和右角模式(HR)之间切换。

(二)角度复测

(1)按 F4 转到第二页按 F2[复测]。

(2)并按 F4[是]确定进入角度复测模式。

(3)照准目标 *A*,按 F2[置零]键, 并按 F4[是]。

(4)照准目标 *B*,按 F4[锁定]。完成第一次观测。.

(5)再次照准目标 *A*,按 F3[释放]。

(6)再次照准目标 *B*,按 F4[锁定]。完成第二次观测。

(7)重复步骤(5)和(6),直到完成想要的次数。

(三)距离测量

在常规测量界面按“距离”功能键进入距离测量模式,再次按下,屏幕内容将在两屏之间切换。

确保测量目标选择正确,在图 4-6 所示界面上按 F1[测量]键,得到距离值。如需查看斜距,按“距离”功能键 F4 切换界面即可。

如图 4-7 所示,按 F2[P/NP]在“棱镜”及“无棱镜”测量模式间切换,按 F4 可切换至第二页软功能。在第二页,按 F1[m/ft],距离单位在米与英尺间切换。按 F3[EDM]进入 EDM 设置。

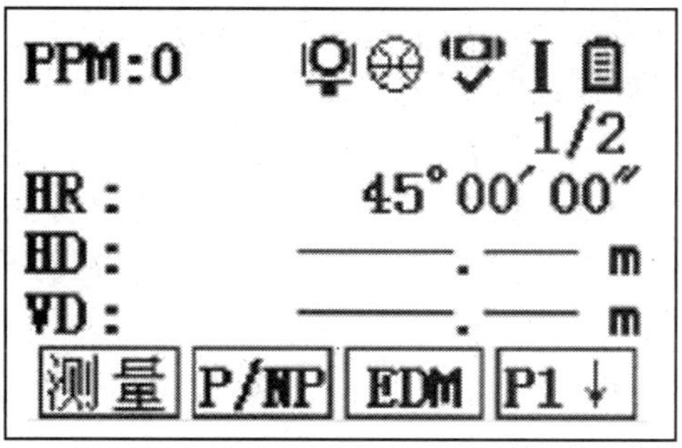

图 4-6 显示水平角、平距、高差,界面

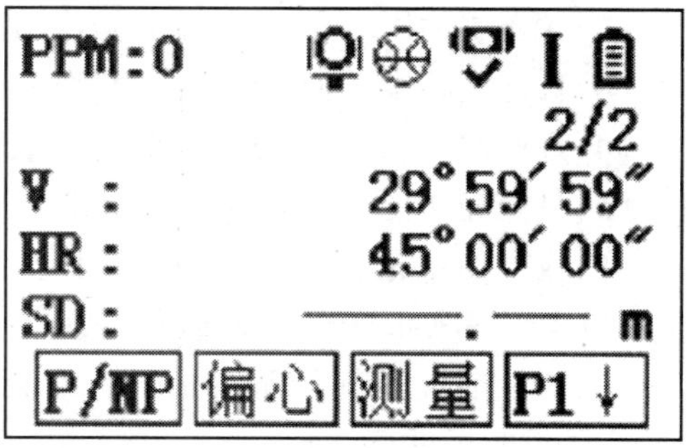

图 4-7 显示竖直角、水平角、斜距

【实训成果】

上交实训成果,见表 4-4。

表 4-4　全站仪的认识与使用

班级:________　姓名:________　小组:________　学号:________　成绩:________

<table>
<tr><th rowspan="2">测站</th><th rowspan="2">盘位</th><th rowspan="2">目标</th><th rowspan="2">水平盘读数
(°　′　″)</th><th colspan="2">水平角</th><th rowspan="2">水平距离/m</th></tr>
<tr><th>半测回值
(°　′　″)</th><th>一测回值
(°　′　″)</th></tr>
<tr><td rowspan="4"></td><td rowspan="2"></td><td></td><td></td><td rowspan="2"></td><td rowspan="4"></td><td rowspan="4">边长名:________
____
平均值:________</td></tr>
<tr><td></td><td></td></tr>
<tr><td rowspan="2"></td><td></td><td></td><td rowspan="2"></td></tr>
<tr><td></td><td></td></tr>
<tr><td rowspan="4"></td><td rowspan="2"></td><td></td><td></td><td rowspan="2"></td><td rowspan="4"></td><td rowspan="4">边长名:________
____
平均值:________</td></tr>
<tr><td></td><td></td></tr>
<tr><td rowspan="2"></td><td></td><td></td><td rowspan="2"></td></tr>
<tr><td></td><td></td></tr>
<tr><td rowspan="4"></td><td rowspan="2"></td><td></td><td></td><td rowspan="2"></td><td rowspan="4"></td><td rowspan="4">边长名:________
____
平均值:________</td></tr>
<tr><td></td><td></td></tr>
<tr><td rowspan="2"></td><td></td><td></td><td rowspan="2"></td></tr>
<tr><td></td><td></td></tr>
<tr><td rowspan="4"></td><td rowspan="2"></td><td></td><td></td><td rowspan="2"></td><td rowspan="4"></td><td rowspan="4">边长名:________
____
平均值:________</td></tr>
<tr><td></td><td></td></tr>
<tr><td rowspan="2"></td><td></td><td></td><td rowspan="2"></td></tr>
<tr><td></td><td></td></tr>
</table>

【注意事项】

全站仪是一种较精密的仪器,使用时要特别注意以下事项:

(1)日光下测量应避免将物镜直接瞄准太阳,若在太阳下作业应给仪器打伞。

(2)仪器不使用时,应将其装入箱内,置于干燥处,注意防震、防尘和防潮。

(3)仪器安装至三脚架或拆卸时,要一只手先握住仪器,以防仪器跌落。

(4)迁站时,务必将仪器从三脚架上取下。

(5)外露光学件需要清洁时,应用脱脂棉或镜头纸轻轻擦净,切不可用其他物品擦拭。

(6)仪器使用完毕后,用绒布或毛刷清除仪器表面灰尘。仪器被雨水淋湿后,切勿通电开机,应用干净软布擦干并在通风处放一段时间。

(7)作业前应仔细全面检查仪器,确保仪器各项指标、功能、电源、初始设置和改正参数均符合要求时再进行作业。

(8)即使发现仪器功能异常,非专业维修人员不可擅自拆开仪器,以免发生不必要的损坏。

(9)每次取下电池盒时,都必须先关掉仪器电源,否则仪器易损坏。在进行测量的过程中,千万不能不关机拔下电池,否则测量数据将会丢失!电池充电应用专用充电器。

【考核评价】

学生姓名:____________ 日期:____________ 总分:____________

序号	考核项目	考核要求	分值	评分标准	得分
1	对中	精确对中地面点,仪高 1.5 m 时精度为 1.5 mm	15 分	没有精确对中扣 10 分,超过扣 15 分	
2	粗平	圆水准气泡居中	20 分	超出圆水准气泡的外圈扣 20	
3	精平	在管水准器的长分化值内	15 分	超出一格扣 10 分,超出 2 格,扣 15,请重新精平	
4	半测回角值	根据测量等级要求	20 分	超出范围扣 20 分	
5	一测回角值	根据测量等级要求	20 分	超出范围扣 20 分	
6	操作仪器工具	熟练操作仪器工具	10 分	仪器操作不规范、测量结果超出误差允许范围均全扣	

【知识拓展】

测量机器人

测量机器人(Georobot,或称测地机器人)是自动寻标电子全站仪的俗称,又称自动全站仪,是一种集自动目标识别、自动照准、自动测角与测距、自动目标跟踪、自动记录于一体的测量平台。它在全站仪基础上增加了两种步进马达和自动跟踪寻找的传感装置(如 CCD 阵列传感器),且配置了智能化的多功能软件包。此外,还有无线电通信装置。测量机器人系统的组成包括 8 个部分,它们是:坐标参考系统、操作系统、换能器、计算机和控制器、闭路控制传感器、决定制作、目标捕获和集成传感器。坐标系统为球面坐标系统,望远镜能绕仪器的纵轴和横轴旋转,在水平面 360°、竖面 180°范围内寻找目标;操作系统的作用是控制机器人的转动;换能器可将电能转化为机械能以驱动步进马达运动;计算机和控制器的功能是从设计开始到终止操纵系统、存储观测数据并与其他系统接口,控制方式多采用连续路径或点到点的伺服控制系统;闭路控制传感器将反馈信号传送给操纵器和控制器,以进行跟踪测量或精密定位;决定制作主要用于发现目标,如采用模拟人识别图像的方法(称试探分析)或对目标局部特征分析的方法(称句法分析)进行影像匹配;目标获取用于精确地照准目标,常采用开窗法、阈值法、区域分割法、回光信号最强法以及方形螺旋式扫描法等;集成传感器包括采用距离、角度、温度、气压等传感器获取各种观测值。由影像传感器构成的视频成像系统通过影像生成、影像获取和影像处理,在计算机和控制器的操纵下实现自动跟踪和精确照准目标,从而获取物体或物体某部分的长度、厚度、宽度、方位、二维和三维坐标等信息,进而得到物体的形态及其随时间的变化。利用上述功能,测量机器人实现了地面测量作业的自动化,即代替人进行照准、读数。测量方式分主动式和被动式两种:主动式是指从镜站发射信号用以遥控指挥仪器进行照准、读数,测量数据通过无线电通信在镜站显示,可用于大比例尺测图和施工放样,测程在数百米内。被动式模式在镜站发射信号,需要在测站上首先进行一次初始测量,机器人具有自学功能,其后的重复测量完全由仪器自动完成。且具有在不利天气条件下寻找目标等优点。有些自动全站仪还为用户提供了一个二次开发平台,利用该平台开发的软件可以直接在全站仪上运行。利用计算机软件实现测量过程、数据记录、数据处理和报表输出的自动化,从而在一定程度上实现了监测自动化和一体化。

任务二　点位数据采集

【工作任务】

任务描述:如图 4-8 所示某园林项目需要对现场数据进行采集,以便后期规划设计,然后进行现场施工。

任务分析:本任务就是使用全站仪将图中的相应地物点坐标数据进行采集。

图 4-8　某项目基础图

【知识准备】

一、数据采集

全站仪可将测量数据存储在内存中,内存划分为测量数据文件和坐标数据文件。被采集的数据存储在测量数据文件中。

(一)数据采集操作步骤

(1)选择数据采集文件如图 4-9 所示,使其所采集数据存储在该文件中。

(2)选择坐标数据文件。可进行测站坐标数据及后视坐标数据的调用。(当无需调用已知点坐标数据时,可省略此步骤)

(3)设置测站点,包括仪器高和测站点点号及坐标。

(4)设置后视点,通过测量后视点进行定向,确定方位角。

(5)设置待测点的棱镜高,开始采集,存储数据。

(二)设站

在设置测站过程中,测站坐标可以人工输入,也可以在仪器内存中读取,如图 4-10 所示。

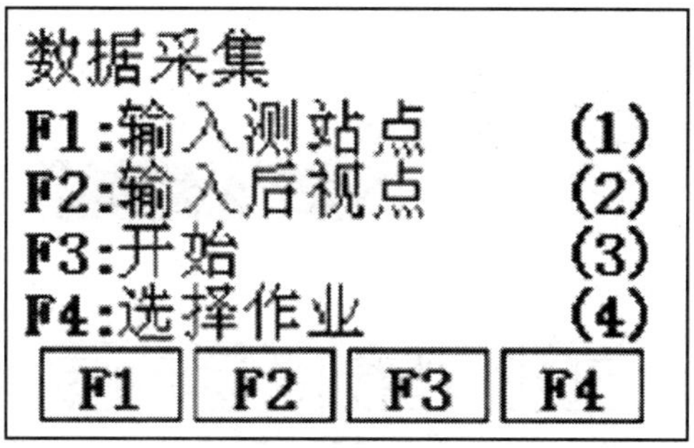

图 4-9　数据采集

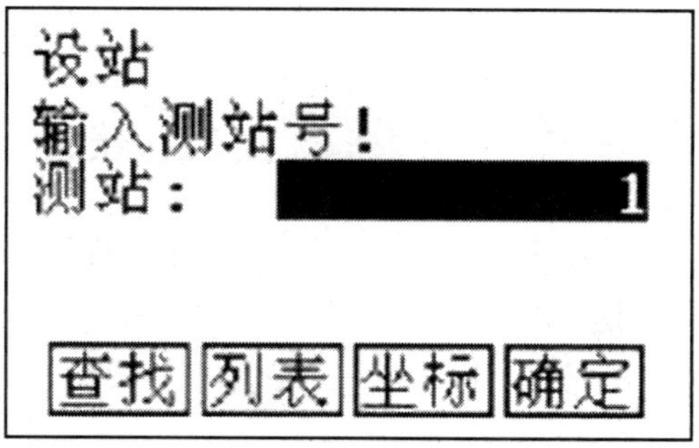

图 4-10　设站

(1)在程序准备界面按 F1[输入测站点],进入设置测站界面。

(2)输入测站点号,然后按 F4[确定]。

(3)输入仪器高,按 F4[确定]。

如果未设置测站便开始测量,仪器默认为上一次的设定。

(三)数据采集操作过程

1. 数据采集文件的选择

首先必须选定一个数据采集文件,在启动数据采集模式之后即可出现文件选择显示屏,由此可选定一个文件。

2. 坐标文件的选择(供数据采集用)

若需调用坐标数据文件中的坐标作为测站点或后视点坐标,则预先应由数据采集菜单的第 2 页选择一个坐标文件。

3. 输入测站点和后视点(定向点)数据

在数据采集模式下输入或改变测站点和定向角数值。

(1)测站点坐标可按如下 2 种方法设定:

①利用内存中的坐标数据来设定;

②直接由键盘输入。

(2)后视点定向角可按如下 3 种方法设定:

①所有测量值和坐标计算都与测站定向有关。在定向过程中,可以通过手工方式输入,也可根据测量点或内存中的点进行设置。

②人工定向:直接输入测站点至后视点连线的方位角。

人工定向如图 4-11 所示。

在程序准备界面按 F2[输入后视点],进入定向界面。

按 F1[人工定向],进入人工定向界面。

输入测站点至后视点连线的方位角,并照准后视点,按 F4[是]完成定向。

按 F3[置零]可将方位角设置为 0。

坐标定向如图 4-12 所示。

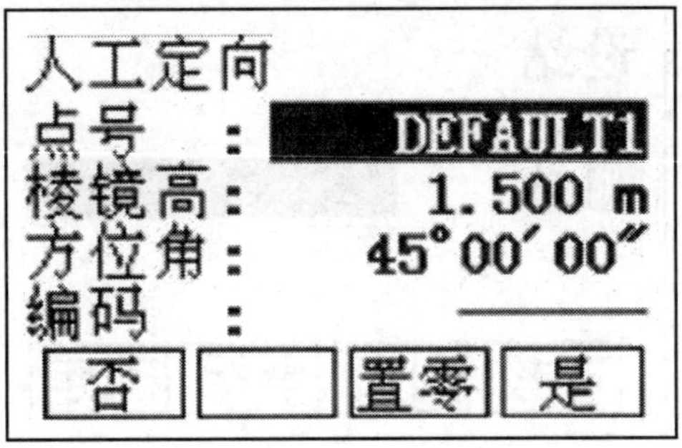

图 4-11　人工定向

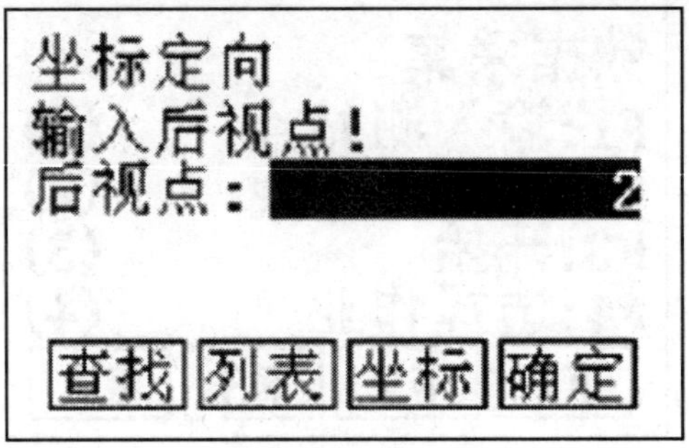

图 4-12　坐标定向

通过已知坐标来定向，已知坐标可以人工输入，也可以在仪器内存中读取。后视点坐标至少需要平面坐标（N，E），如有需要，也可输入高程。如果未定向且启动了一个程序，则仪器当前角度值就已设为定向值。

在程序准备界面按 F2［输入后视点］，进入定向界面。

按 F2［坐标定向］，进入坐标定向界面。

输入后视点，然后按 F4［确定］。

屏幕显示计算出的方位角，照准目标，按 F1［测距］。

测量距离，再按 F3［设定］完成定向。

如果没有按 F1［测距］，直接按 F3［设定］，则是在没有测距的情况下进行定向。

HA：到目标点的水平角。

HD：到目标点的平距。

dHD：到目标点水平距离差值。

dZ：到目标点的高差。

【任务实施】

一、工作准备

每组全站仪 1 套（含脚架）、对中杆棱镜组 1 根，小钢尺 1 把，皮尺 1 把（提前以班为单位统一到学校实验室借领）。

二、方法提示

本程序用于采集坐标而且观测点数没有限制。

进入数据采集：

（1）在常规测量界面，按 M 键进入主菜单。

（2）按 F1［数据采集］。

（3）完成程序准备设置（选择作业、设站、定向）。

（4）按 F3［开始］，进入数据采集界面。如图 4-13 所示。

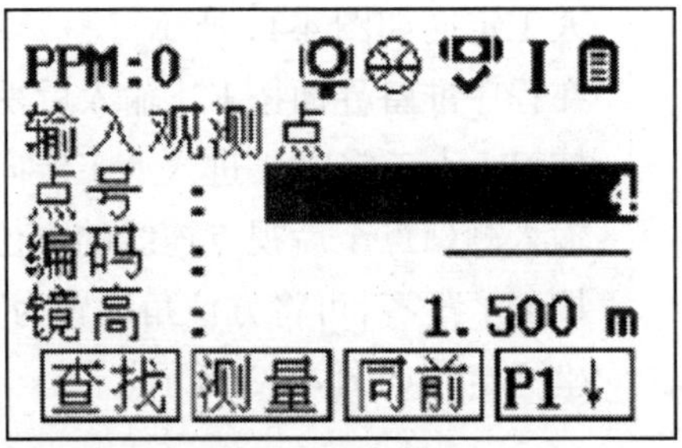

图 4-13　数据采集

F1［查找］：查找已保存的测量点数据。F1［EDM］：进入 EDM 设置。

F2[测量]:测量距离和坐标。F2[编码]:进入编码设置。

F3[同前]:采用和上一点相同的测量方式进行操作。

按向下导航键,选择要输入的数据,包括点号、镜高和编码,其中点号必须输入。照准目标后,按 F2 测量,测量目标点坐标,软功能键显示对应的选项,如图 4-14 所示。

F1[角度]:进入角度测量界面。F2[距离]:进入距离测量界面。F3[坐标]:进入坐标测量界面。F4[偏心]:进入偏心测量程序。

切换成坐标模式如图 4-15 所示。

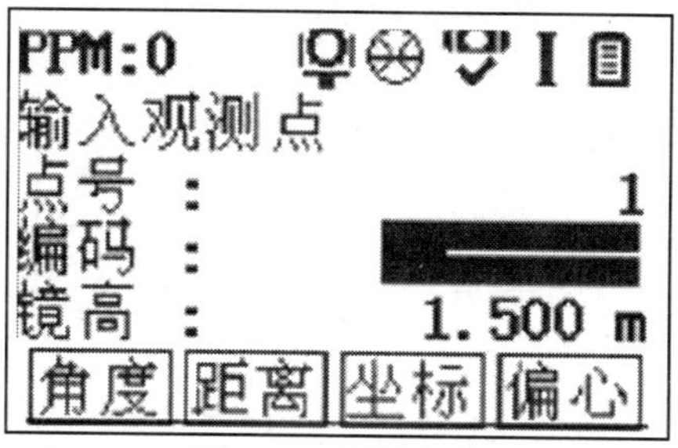

图 4-14 测量界面

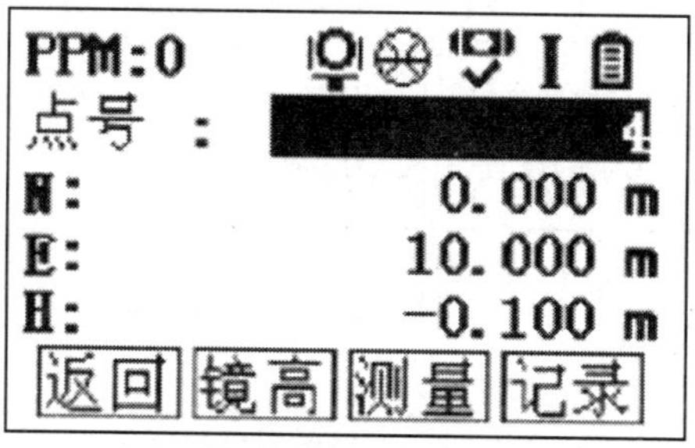

图 4-15 坐标模式

在上一界面按 F3[坐标]进入坐标模式、或数据采集界面按坐标功能键进入坐标模式。

点号可以手动更改,按 F3[测量]测量目标点坐标并显示在屏幕上,按 F4[记录]将坐标保存至当前作业,点号自动加 1。

如果没有进行距离测量按记录键,则只保存角度数据,没有距离和坐标数据。

F1[返回]:回到数据采集开始界面。F2[镜高]:输入镜高。

切换成距离模式如图 4-16 所示。

在上一界面按 F2[距离]进入坐标模式,或在数据采集界面按距离功能键 e 进入距离模式,点号可以手动更改,按 F3[测量]测量测站点至目标点的斜距、平距、高差,并显示在屏幕上。按 F4[记录]将数据保存至当前作业,点号自动加 1。

如果没有进行距离测量按记录键,则只保存角度数据,没有距离和坐标数据。

F1 [返回]:回到数据采集开始界面。F2[镜高]:输入镜高。

切换成角度模式如图 4-17 所示。

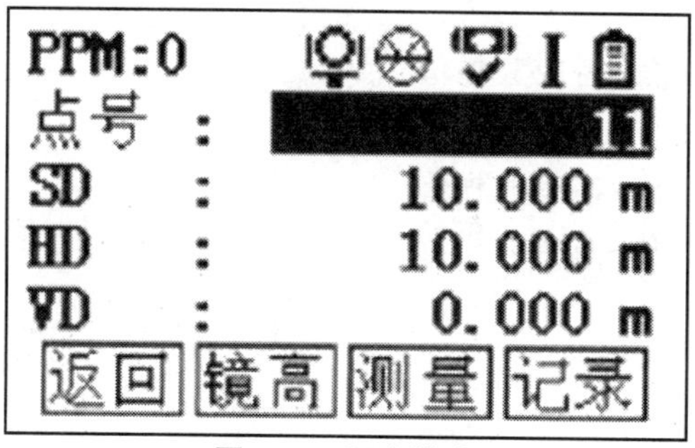

图 4-16 距离模式

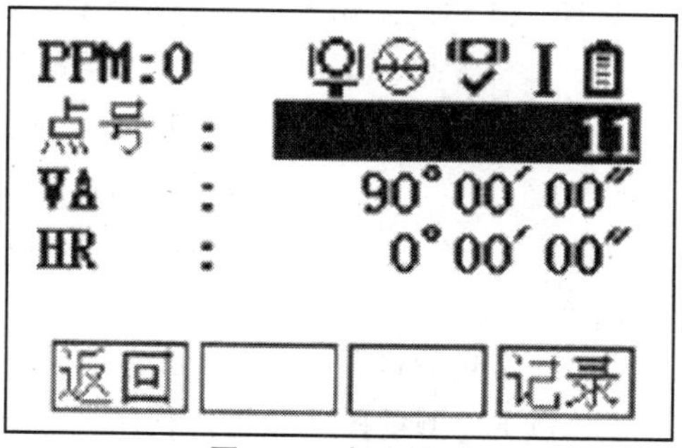

图 4-17 角度模式

在上一界面按 F3[坐标]进入坐标模式。或在数据采集界面按角度功能键④进入角度模式,点号可以手动更改,照准目标,按 F4[记录]将角度值保存至当前作业,点号自动加 1。

如果没有进行距离测量按记录键,则只保存角度数据,没有距离和坐标数据。

F1[返回]:回到数据采集开始界面。

【注意事项】

测量前仪器各项常数的设置。

【考核评价】

学生姓名:＿＿＿＿＿＿ 日期:＿＿＿＿＿＿ 总分:＿＿＿＿＿＿

序号	考核项目	考核要求	分值	评分标准	得分
1	文件的设置	按要求设置文件位置	15 分	没按要求设置扣 15 分	
2	仪器常数的设置	仪器高,棱镜高,棱镜常数,大气压,温度,单位	20 分	少一个扣 4 分,扣完为止	
3	精平	在管水准器的长分化值内	15 分	超出一格扣 10 分,超出 2 格,扣 15 分,请重新精平	
4	半测回角值	根据测量等级要求	20 分	超出范围扣 20 分	
5	一测回角值	根据测量等级要求	20 分	超出范围扣 20 分	
6	操作仪器工具	熟练操作仪器工具	10 分	仪器操作不规范、测量结果超出误差允许范围均全扣	

【知识拓展】

放样测量

放样测量就是根据已有的控制点或地物点,按工程设计要求,将建(构)筑物的特征点在实地标定出来。因此,首先要确定特征点或原有建筑物之间的角度、距离和高程关系,这些位置关系称为放样数据,然后利用测量仪器,根据放样数据将特征点测设到实地。放样的基本工作包括角度和距离(斜距、平距)放样、平面位置和高程放样等多种形式。在放样过程中,通过对照准目标点的角度、距离、坐标测量,仪器将显示输入放样值与实测值的差值以指导放样。显示的差值由如下公式计算:

斜距差值=斜距实测值-斜距放样值

平距差值=平距实测值-平距放样值

高程差值=高程实测值-高程放样值

角度差值=角度实测值-角度放样值

进入放样:

(1)在常规测量界面,按 M 键进入主菜单。

(2)按 F2[测量程序],进入程序列表。

(3)按 F3[放样]。

(4)完成应用程序准备设置。

(5)按 F3[开始],进入放样程序。

按左右导航键,选择要放样的点号。

F1[镜高]：输入棱镜高度。

F2[查找]：查找已保存的点数据。

F3[坐标]：输入待放样点的点号和坐标。

只有点号或者只有点号和角度数据的点不可用于放样，放样点必须具有点号、N 坐标、E 坐标。

按 F4[开始]屏幕会显示此点的坐标值。F3[否]：取消选用该点，返回到上一界面。F4[是]：选用该点进行放样。

按 F4[是]，此屏幕为待放样点位置的计算界面。

HR 为测站点至待放样点连线的方位角计算值。

HD 为测站点至待放样点的水平距离计算值。

按 F4[继续]，屏幕显示极坐标法放样的角度测量部分。

dHR 为当前水平角与计算方位角的差值。转动照准部，当 dHR 为 00° 00′00″时，即表明放样方向正确。

F1[距离]：使用极坐标法放样，进入距离测量部分。极坐标法放样如图 4-18 所示。

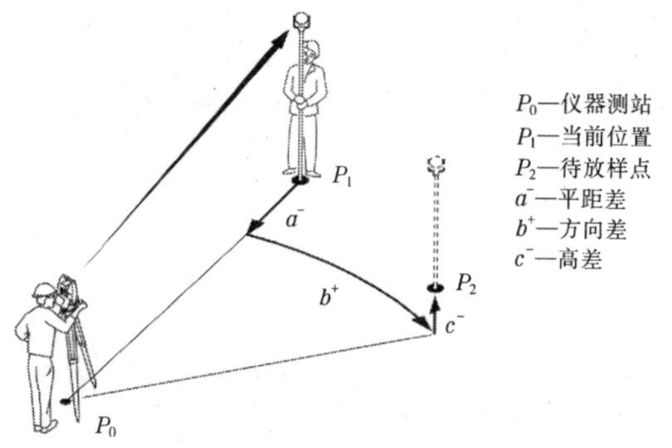

图 4-18 极坐标法放样

F2[正交]：使用正交法放样。正交法放样如图 4-19 所示。

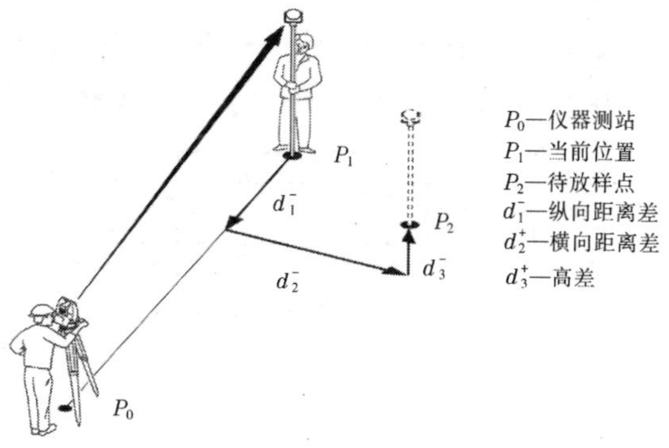

图 4-19 正交法放样

F3[坐标]：测量当前点的坐标。

F4[换点]：放样下一点。

转动照准部，当 dHR 接近 00° 00′00″时，可锁住水平制动，使用水平微动调节水平角，使 dHR 为 00° 00′00″。

(1)极坐标法。

在极坐标法角度测量界面,按 F1[距离]。进入如图 4-20 所示界面。此屏幕为极坐标法放样时的距离部分。HD 为计算平距,dHD 为测量点与待放样点的水平距离,dZ 为测量点与待放样点的垂直距离。再按 F1[角度]键返回到测量角度屏幕。F2[正交]:使用正交法放样。F3[测距]:启动 EDM 开始测距。F4[换点]:放样下一点。

(2)正交法。

在极坐标法角度测量界面,按 F2[正交],进入如图 4-21 所示界面。此屏幕为正交法放样时的显示内容。d 纵向为视线方向的距离偏离值,d 横向为视线方向的正交方向的距离偏差值,dH 为垂直方向的距离偏差值。F1[P/NP]:在棱镜和免棱镜之间切换。F2[坐标]:使用笛卡儿坐标法放样。F3[测距]:启动 EDM 开始测距。F4[换点]:放样下一点。

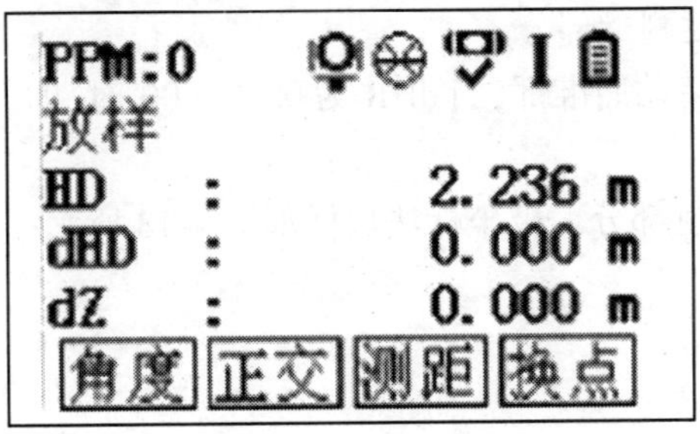

图 4-20 极坐标法

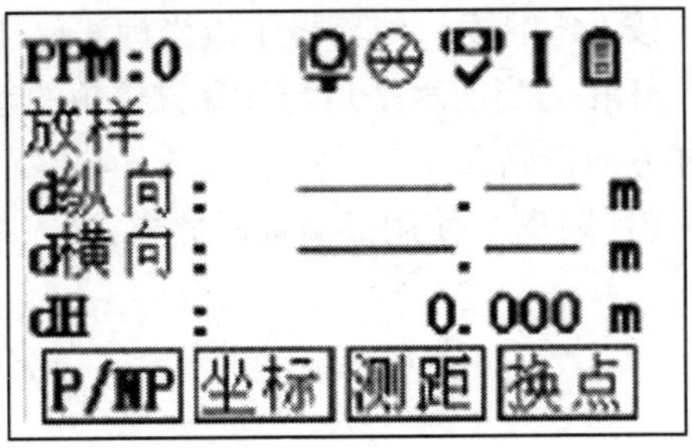

图 4-21 正交法

(3)测量坐标。

在极坐标法角度测量界面,按 F3[坐标],进入图 4-22 所示界面。此屏幕用于测量坐标,可以和放样点的设计坐标进行对比检核。

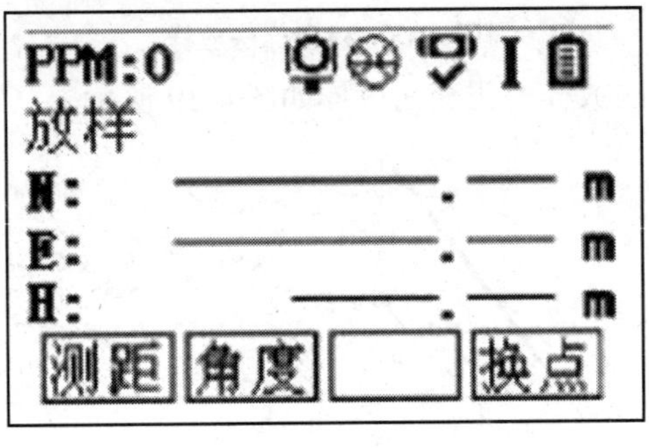

图 4-22 测量坐标

N:测量点的北坐标。

E:测量点的东坐标。

H:测量点的高程。

F1[测距]:启动 EDM 开始测距。

F2[角度]:使用极坐标法放样。

F4[换点]:放样下一点。

【巩固训练】

1. 全站仪的组成可分为外部组成和内部组成，内部组成由__________、__________、__________、__________组成。

2. 用全站仪进行距离或坐标测量前，需要设置正确的大气改正数，设置方法可以是直接输入测量时的气温和__________。

3. 全站仪和经纬仪的最大区别是__________，__________是电子度盘。

项目五　GNSS 测量

GNSS 测量

项目情景

全球导航卫星系统(GNSS)凭借其高精度、操作便捷、设备便携、全天候工作等优势,近年来得到了广泛的运用,并且取得良好的工作成果。它从最初的定位精度低、不能实时定位、难以提供及时的导航服务,发展到现如今的高精度全球定位系统,实现了在地球上绝大多数地方都可以同时观测到 4 颗及以上卫星,从而支持导航、定位、授时等功能。

使用 GNSS-RTK(GNSS 实时动态)测量技术可以方便、快捷、高效地完成高精度的测量作业,其正广泛应用于工程测量领域。

学习目标

知识目标:

掌握 GNSS 定义;理解 RTK 作业的工作原理;掌握 RTK 基准站和流动站的设置方法;掌握 RTK 的工作流程。

技能目标:

能正确安置 GNSS 接收机;能设置 RTK 基准站和流动站;能使用 RTK 进行控制测量;能使用 RTK 进行放样。

思政目标:

激发学生的爱国主义情怀和民族自豪感;培养学生严谨好学的科学态度。

任务一　GNSS 测量基础知识

【工作任务】

传统测量方法以全站仪等仪器为主,但全站仪要求观测目标与全站仪之间必须通视,且需要反复瞄准,而全球导航卫星系统(GNSS)不需要保持通视,使用方便,能弥补传统测量方法存在的不足。

任务分析: GNSS 技术凭借其高精度、操作便捷、全天候工作等优势,近年来在工程测量中得到了广泛的运用,并且取得良好的工作成效。那什么是 GNSS 呢? 它是怎么工作的呢?

工具材料:GNSS 接收机 1 台、基座 1 个、小钢尺 1 把、连接线、三脚架 1 个、记录纸若干份、铅笔。

【知识准备】

一、GNSS 概述

GNSS 是全球导航卫星系统(global navigation satellite system)的缩写,它是所有在轨工作的全球导航卫星定位系统的总称。它可为用户提供高精度、全天时、全天候的定位、导航和授时服务。

(一)GNSS 包括的定位系统

目前,GNSS 包含了美国的全球定位系统(Global Positioning System,GPS)、俄罗斯的格洛纳斯导航卫星系统(Global Navigation Satellite System,GLONASS)、欧盟的伽利略卫星导航系统(Galileo satellite navigation system)、中国的北斗卫星导航系统(BeiDou Navigation Satellite System, BDS)。全部建成后其可用的卫星数目达到 100 颗以上,截至目前欧盟的伽利略卫星导航系统还未进入有规模的民用阶段。

除此之外,还有广域增强系统(Wide Area Augmentation System, WAAS)、欧洲静地卫星导航重叠系统(European Geostationary Navigation Overlay Service, EGNOS)、星载多普勒无线电定轨定位系统(Doppler Orbitography and Radio Positioning Intergrated by Satellite, DORIS)、精确距离及其变率测量系统(Precise Rand and Range Rate Equlpment, PRARE)、准天顶卫星系统(Quasi-Zenith Satellite System, QZSS)、多功能卫星增强系统(Multi-functional Satellite Augmentation System, MSAS)、GPS 辅助同步轨道增强导航系统(GPS-Aided and Geo-augmented Navigation, GAGAN)和印度区域导航卫星系统(Indian Regional Navigational Satellite System, IRNSS)。

(二)GNSS 的开发者

目前现行的卫星导航系统有全球卫星导航系统和区域卫星导航系统,如表 5-1 所示。

表 5-1 GNSS 一览表

系统	开发国家或部门	研发及运行时间	覆盖区域
GPS	美国国防部	1973 年开始 方案论证(1974—1978 年) 系统论证(1979—1987 年) 生产实验(1988—1993 年)	全球
GLONASS	苏联研发,后由俄罗斯接替	1982 年开始 1995 年底建成	全球
伽利略	欧盟	1978 年方案认证和初步设计阶段 定义阶段(1999—2000 年) 开发阶段(2001—2005 年) 部署阶段(2006—2007 年) 商业运行阶段(2016 年 12 月及以后)	全球
北斗(BDS)	中国	研制建设(1985—1994 年) 实验阶段(1995—2000 年) 2012 年覆盖亚太地区 2020 年建成全球卫星导航系统	北斗一号:区域 北斗二号:区域 北斗三号:全球

续表 5-1

系统	开发国家或部门	研发及运行时间	覆盖区域
QZSS	日本	概念研究阶段(2003 年) 系统定义和设计阶段(2004—2005 年) 开发阶段(2006—2018 年) 完成在轨测试(2018 年 3 月)	东亚和大洋洲、南北极地区
IRNSS	印度	2006 年 5 月 9 日开始 2016 年投入使用	印度境内和周边 1 500 km 以内区域
EGNOS	欧洲空间局、欧盟及欧洲航空安全组织	2009 年开始提供服务	欧盟成员国
MSAS	日本气象局和日本交通部	1996 年开始	日本所有飞行服务区及亚太地区

二、GNSS 组成部分

(一)GPS 系统

GPS 定位系统包括三大部分:空间星座部分、地面监控部分和用户设备部分。

1. 空间星座部分

空间星座部分是由空间运行的多颗卫星按一定的规则组成的 GPS 卫星星座,其由 24 颗 GPS 工作卫星所组成,其中,21 颗工作卫星和 3 颗在轨备用卫星共同组成了 GPS 卫星星座。这 24 颗卫星在 6 个倾角为 55°的轨道上绕地球运行,各个轨道平面之间相距 60°,轨道平均高度 20 200 km。卫星的运行周期,即绕地球一周的时间约为 12 恒星时(11 h 58 min)。这样,对于地面观测者来说,每天将提前 4 min 见到同一颗 GPS 卫星。位于地平线以上的卫星颗数随着时间和地点的不同而不同,最少可见到 4 颗,最多可见到 11 颗,满足了在用 GPS 信号导航定位时,为了解算测站的三维坐标,必须观测 4 颗 GPS 卫星的基本要求。每颗 GPS 工作卫星都发出用于导航定位的信号。GPS 用户正是利用这些信号来进行导航定位工作的。

2. 地面监控部分

GPS 的地面监控部分由分布在全球的若干个跟踪站所组成的监控系统所构成,根据其作用的不同,跟踪站又被分为 1 个主控站、5 个监控站和 3 个注入站。

1)主控站

主控站设在美国本土科罗拉多州斯平士的联合空间执行中心,拥有以大型电子计算机为主体的数据收集、计算、传输、诊断等设备。

2)监控站

现有 5 个地面站均具有监控站的功能,监控站的作用是接收卫星信号,监测卫星的工作状态。监控站是主控站直接控制下的数据自动采集中心。各个监控站均用 GPS 信号接收机对飞越其上空的所有可见 GPS 卫星每 6 s 进行一次伪距测量和积分多普勒观测。监控站的主要设备包括 1 台双频接收机、1 台高精度原子钟、1 台电子计算机和若干台环境数据传感器。各监控站根据其接收到的卫星扩频信号求出相对于其原子钟的伪距和伪距差，检测出所测卫星的导航定位数据，利用环境传感器测出当地的气象数据，并对它们进行各项改正，每 15 min 平滑一次观测数据，依此算出每 2 min 间隔的观测值，然后将算得的伪距、导航数据、气象数据及卫星状态数据传送给主控站，为主控站编算导航电文提供可靠的数据。

3) 注入站

注入站的主要作用是将主控站需传输给卫星的资料以既定的方式注入到卫星存储器中，供 GPS 卫星向用户发送。

3. 用户设备部分

用户设备部分由 GPS 信号接收机、GPS 数据的后处理软件及相应的用户设备所组成。其作用是接收、跟踪、变换和测量 GPS 卫星所发射的 GPS 信号，以达到导航和定位的目的。GPS 接收机硬件，一般包括主机、天线、控制器和电源，主要功能是接收 GPS 卫星发射的信号，能够捕获到按一定卫星高度截止角所选择的待测卫星的信号，并跟踪这些卫星的运行，获得必要的导航和定位信息及观测量。用户设备一般为计算机及其终端设备、气象仪器等，主要功能是对所接收到的 GPS 信号进行变换、放大和处理，以便测量出 GPS 信号从卫星到接收机天线的传播时间，解译出 GPS 卫星所发送的导航电文，实时地计算出测站的三维位置，甚至三维速度和时间，并经简单数据处理而实现实时导航和定位。数据处理软件是指各种后处理软件包，其主要作用是对观测数据进行精加工，以便获得精密定位结果。

(二) GLONASS 系统

GLONASS 全球导航卫星系统的组成及工作原理与 GPS 类似，也是由空间卫星星座、地面监控以及用户设备三部分组成。

1. GLONASS 卫星星座

GLONASS 卫星导航系统拥有工作卫星 21 颗，同时还有 3 颗备份卫星。卫星星座的轨道为 3 个等间隔椭圆轨道面，24 颗卫星均布于该 3 个轨道。3 个轨道平面的相互夹角按升交点经度计算为 120°，编号按地球自西向东的旋转方向递增，分别为 No. 1、No. 2、No. 3。每颗 GLONASS 卫星上都装有铯原子钟，以产生高稳定的时间标准，并向所有星载设备提供同步信号。星载计算机将从地面控制站接收到的信息进行处理，生成导航电文向地面用户播发。

2. 地面拉制系统

地面控制系统包括一个系统控制中心，一个指令跟踪站，网络分布在俄罗斯境内。CTS 跟踪着 GLONASS 可视卫星，遥测所有卫星，进行测距数据的采集和处理，并向各卫星发送控制指令和导航信息。在地面控制站(GCS)内有激光测距设备对测距数据作周期修正，为此所有 GLONASS 卫星上都装有激光反射镜。

3. 用户设备

GLONASS 接收机接收 GLONASS 卫星信号并测量其伪距和速度，同时从卫星信号中选出并处理导航电文，计算出接收机位置坐标的 3 个分量、速度的 3 个分量和时间。GLONASS 全球导航卫星系统进展较快，但生产接收机的厂家较少，且多为专用型。

(三) GALILEO 系统

伽利略定位系统(Calileo Positioning System)，是欧盟的卫星定位系统，有“欧洲版 GPS”之称，也是继美国现有的“全球定位系统”(GPS)及俄罗斯的 CLONASS 系统外，第三个可供民用的定位系统。伽利略系统的基本服务有导航、定位、授时;特殊服务有搜索与救援;扩展应用服务系统有在飞机导航和着陆系统中的应用、铁路安全运行调度、海上运输系统、陆地车队运输调度、精准农业。2010 年 1 月 7 日,欧盟委员会称,欧盟的伽利略定位系统将从 2014 年起投入运营。

GALILEO 系统由 30 颗卫星(27 颗工作+3 颗备用)组成。30 颗星分布在 3 个中高度圆轨道面上,轨道高度 23 616 km,轨道倾角 56°,星座对地面覆盖良好。每颗卫星除了搭载导航设备外,还增加了一台救援收发器,可以接收来自遇险用户的求救信号,并将该信号转发给地面救援协调中心,后者组织和调度对遇险用户的救援行动。同时,卫星还向待援用户通报救援安排,以便遇险用户等待并配合救援。

地面控制设施包括卫星控制中心和提供各项服务所必需的地面设施。种类齐全的 GALILEO 系统接收机不仅可以接收本系统信号,还可以接收 CPS、GLONASS 两大系统信号,并且实现导航功能、移动通信功能相结合,与其他飞行导航系统结合。任何人只要装备了 GALILEO 系统接收机就能接收到 GPS、GLONASS、GALILEO 系统全球导航卫星系统的信号,享受到三个系统的服务。其服务方式有:公开服务、商业服务和官方服务三个方面。公开服务将与商业和生命安全服务共享两个开放的导航信号。公开服务主要用于道路交通中的个人导航、道路信息和提供路线建议的系统、移动通信的应用领域。商业服务将主要涉及专业用户,如测绘、海关,船舶和车辆管理以及关税征收等领域。商业服务将提供在独立频率上的第三种导航信号的接收服务,并使用户能利用载波相位模糊分辨力技术来改善精度。

(四)北斗系统(BDS)

北斗卫星导航系统是中国自主建设、独立运行,并与世界其他卫星导航系统兼容共用的全球卫星导航系统,包括北斗一号、北斗二号和北斗三号三代导航系统,可在全球范围内全天候、全天时为各类用户提供高精度、高可靠的定位、导航、授时服务,并兼具短报文通信能力。该系统主要服务国民经济建设,旨在为中国的交通运输、气象、石油、海洋、森林防火、灾害预报、通信、公安以及国家安全等诸多领域提供高效的导航定位服务。与美国的 GPS、俄罗斯的 GLONASS、欧洲的 GALILEO 并称为全球四大卫星定位系统。2011 年 12 月 27 日,北斗卫星导航系统开始试运行服务。党的十八大以来,北斗系统进入快速发展的新时代。2020 年 7 月 31 日,习近平总书记向世界宣布北斗三号全球卫星导航系统正式开通,标志着北斗系统进入全球化发展新阶段。从改革开放新时期到中国发展进入新时代,从北斗一号到北斗三号,从双星定位到全球组网,从覆盖亚太到服务全球,北斗系统与国家发展同频共振,与民族复兴同向同行。

1. 北斗一号

卫星导航定位系统涉及政治、经济、军事等众多领域,对维护国家利益有重大战略意义。我国 2000 年以来,已经发射了 4 颗北斗导航试验卫星,组成了具有完全自主知识产权的第一代北斗导航定位卫星试验系统——北斗一号。该系统是全天候、全天时提供卫星导航信息的区域导航系统。该系统建成后,主要为公路交通、铁路运输、海上作业等领域提供导航定位服务,将对我国国民经济和国防建设起到有力的推动作用。第一代北斗一号卫星导航定位系统由 3 颗地球静止轨道卫星组成,其中 2 颗工作,1 颗在轨备用。登记的卫星位置为赤道面东经 80°、140°、110. 5″(备用)。登记的频段是:上行为 L 频段(1 610~1 626. 5 MHz),下行为 S 频段(2 483. 5~2 500 MHz)。

2. 北斗二号

为了满足我国国民经济和国防建设的发展要求,我国在 2007 年初发射 2 颗北斗静止轨道导航卫星,2008 年左右满足中国及周边地区用户的卫星导航的需求,并进行组网试验。初步建设成由 5 颗静止轨道卫星、30 颗非静止轨道卫星组成的卫星导航定位系统,并逐步扩展为全球导航定位卫星系统(北斗二号)。北斗二号卫星导航系统由空间段、地面段、用户段三部分组成。

1)空间段

空间段包括 5 颗静止轨道卫星和 30 颗非静止轨道卫星。地球静止轨道卫星分别位于东经 58.75°、80°、110.5°、140°和 160°。非静止轨道卫星由 27 颗中圆轨道卫星和 3 颗同步轨道卫星组成。

2)地面段

地面段包括主控站、卫星导航注入站和监测站等若干个地面站。主控站的主要任务是收集各个监测站段观测数据,进行数据处理,生成卫星导航电文和差分完好性信息,完成任务规划与调度,实现系统运行管理与控制等。注入站的主要任务是在主控站的统一调度下,完成卫星导航电文、差分完好性信息注入和有效载荷段控制管理。监测站接收导航卫星信号,发送给主控站,实现对卫星段跟踪、监测,为卫星轨道确定和时间同步提供观测资料。

3)用户段

用户段包括北斗系统用户终端以及与其他卫星导航系统兼容的终端。系统采用卫星无线电测定与卫星无线电导航集成体制,既能像 GPS、GLONASS、GALILEO 按照系统一样,为用户提供卫星无线电导航服务,又具有位置报告以及短报文通信功能。

3. 北斗三号

2020 年 6 月 23 日,北斗三号最后一颗全球组网卫星在西昌卫星发射中心点火升空,北斗三号系统正式建成开通,面向全球提供卫星导航服务,标志着北斗系统"三步走"发展战略圆满完成。

北斗三号全球卫星导航系统,由 24 颗中圆地球轨道卫星、3 颗地球静止轨道卫星和 3 颗倾斜地球同步轨道卫星,共 30 颗卫星组成。3 颗卫星部署在地球同步轨道(Geosynchronous orbit, GEO),即地球赤道面,轨道高度为 35 786 km,轨道周期约 24 h,分别位于东经 80°、110.5°、140°;3 颗卫星部署在地球倾斜同步轨道(Inclined geosynchronous orbit, IGSO),分布在 3 个轨道面,且轨道面与赤道面夹角 55°,轨道高度和周期同 GEO 轨道,轨道面间相距 120°,每个轨道面部署一颗卫星,3 颗卫星星下点轨迹为 8 字形,中心位置为东经 118°;24 颗卫星部署在中圆地球轨道(Medium earth orbit, MEO),分布在 3 个轨道面,轨道面与赤道面夹角 55°,轨道高度 21 528 km,轨道面间相距 120°,每个轨道面部署 8 颗卫星,卫星星下点轨迹为波浪形,为 7 天 13 圈回归轨道。"3GEO+3IGSO+24MEO"轨道卫星组成的混合星座,是中国在自主独立、兼容渐进、平稳过渡发展历程中形成的独特星座设计。

北斗三号卫星导航系统提供两种服务方式,即开放服务和授权服务。开放服务是在服务区中免费提供定位、测速和授时服务,定位精度为 10 m,授时精度为 50 ns,测速精度 0.2 m/s。授权服务是向授权用户提供更安全的定位、测速、授时和通信服务以及系统完好性信息。

GNSS 四系统星座比较见表 5-2。

表 5-2　GNSS 四系统星座比较

比较内容	GPS	GLONASS	BDS-3			GALILEO
			GEO	IGSO	MEO	
卫星数	24	24	3	3	24	30
卫星分布轨道数	6	3	1	3	3	3
卫星轨道面倾角/(°)	55	64.8	0	55	55	56
卫星轨道高度/km	20 200	19 130	35 786	35 786	21 528	23 616
卫星运行周期	11 h 58 min	11 h 15 min 40 s	24 h		14:23:14	14 h 21 min 36 s

三、GNSS 坐标系统与时间系统

不同的 GNSS 坐标系统与时间不同,具体情况如表 5-3 和表 5-4 所示。

表 5-3　GNSS 坐标系统

卫星导航系统	GPS	GLONASS	BDS-3	GALILEO
坐标系统名	WGS-84	PZ-90	CGCS2000	GTRF
长半径/m	6 378 137	6 378 136	6 378 137	6 378 136.5
地球引力常数/(m^3/s^2)	$3\ 986\ 004.418\times10^8$	$3\ 986\ 004.418\times10^8$	$3\ 986\ 004.418\times10^8$	$3\ 986\ 004.415\times10^8$
地球自转角速度/(rad/s)	$7\ 292\ 115\times10^{-11}$	$7\ 292\ 115\times10^{-11}$	$7\ 292\ 115\times10^{-11}$	$7\ 292\ 115.146\ 7\times10^{-11}$
扁率	1/298.257 223 563	1/298.257 84	1/298.257 222 101	1/298.257 69

表 5-4　GNSS 时间系统

卫星导航系统	时间系统	说明
GPS	GPS 时(GPST)	GPS 时的起始历元为 1980 年 1 月 6 日 0 时(UTC),此时国际原子时与协调世界时相差 19 s;GPS 时不作闰秒调整,在任何时候都在整数秒上与 TAI 相差 19 s,即 TAI-GPS 时 19 s,它与 UTC 的差为:GPS 时-UTC~TAI-UTC-19 s
GLONASS	GLONASS 时(GLOT)	GLONASS 通过一组氢原子钟构成的 GLONASS 中央同步器维持时间系统;GLONASS 时间系统与 UTC 时间联系紧密,但有一个 3 h 的常数偏移,即莫斯科时间和格林尼治时差
BDS	BDS 时(EDT)	北斗时是一个连续的时间系统,秒长取国际单位制 SI 秒,起始历元为 2006 年 1 月 1 日 0 时 0 分 0 秒(UTC);BDT 与 UTC 的偏差保持在 100 ns 以内

续表 5-4

卫星导航系统	时间系统	说明
GALILEO	GALILEO 时（GST）	伽利略时间系统是一个连续的原子时系统，它与 TAI 有一个标称常数偏差；与 UTC 相比，由于跳秒的插入，模除 1 s 后小数秒是可变的

【任务实施】

一、GNSS 接收机的认识

本任务以南方极点 GNSS 仪器为例进行介绍。

(一) 主机外形

主机采用语音和按键的组合设计，操作更为简单。机身底部具备常用的接口，方便使用，如图 5-1 所示。具体介绍如下：

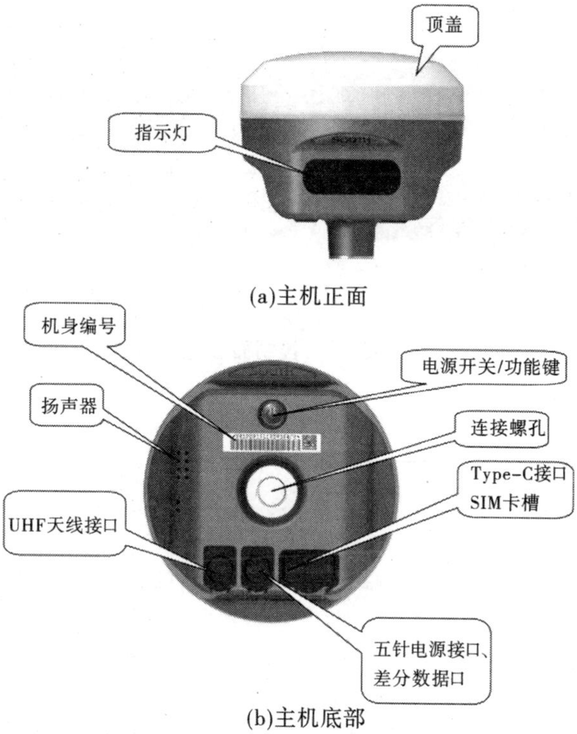

图 5-1 主机外形

(1) 五针电源接口、差分数据口：作为电源接口使用，可外接移动电源、大电瓶等供电设备；作为串口输出接口使用，可以通过串口软件查看主机输出数据、调试主机。

(2) Type-C 接口、SIM 卡槽：作为 USB 传输接口，可接入电源线充电，卡槽可插入 SIM 卡，提供网络资源。

(3) UHF 天线接口：安装 UHF 电台天线。

(4)连接螺孔:用于固定主机与基座或对中杆。

(5)主机机号:用于申请注册码,以便手簿蓝牙识别主机及连接。

(二)指示灯与按键

(1)主机指示灯(见图 5-2)依然具有两层含义:①模式切换以及工作状态下指示灯含义;②主机自检状态下指示灯含义。

(2)主机控制面板有 5 个指示灯,简单并明确地指示各种状态,如图 5-2、图 5-3 所示。

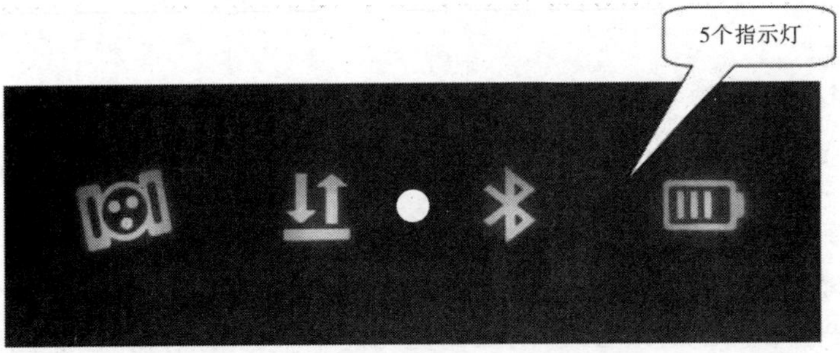

图 5-2　主机指示灯

图 5-3　控制面板

具体信息如表 5-5 所示。

表 5-5　GNSS 接收机指示灯与按键信息表

项目	功能	作用或状态
	开关机,确定,修改	开机,关机,确定修改项目,选择修改内容
	充电指示灯(蓝色和绿色)	插入充电状态,蓝灯亮;充满电状态,绿灯亮;未充电状态,熄灭
	蓝牙灯(红色)	熄灭:没有与设备建立蓝牙连接;常亮:与设备建立蓝牙连接

续表 5-5

项目	功能	作用或状态
	数据指示灯（红色）	1. 电台模式：按接收间隔或发射间隔闪烁 2. 网络模式： （1）网络拨号、Wi-Fi 连接时快闪（10 Hz）； （2）拨号成功后按接收间隔或发射间隔闪烁。 3. 静态模式：启动记录，数据灯 1 s 一次闪烁；不启动记录：数据灯熄灭不闪。 4. 非静态模式：有差分数据是红色闪烁；无差分数据灯熄灭不闪
	卫星灯（红色）	不收星，熄灭不闪烁；收星，以 0.2 s 闪烁一次代表一颗卫星，闪烁完毕，间隔 10 s
	电源灯（红色）	正常工作红灯长亮；低电压警报时，红灯闪烁

（三）模式查看与切换

1. 模式查看

在主机正常工作时，按一下电源键松手，这时会有语音播报当前主机工作模式。

2. 模式切换

主机开机后，通过蓝牙与数据采集手簿相连，通过工程之星数据采集软件或长按电源键 6 s 以上语言播报“设置工作模式”后松开对主机工作模式进行设置和切换。

二、GNSS 接收机的使用

（一）GNSS 接收机安置方法

外业测量工作中一般将 GNSS 接收机安置在三脚架上，测量工作开始前要进行仪器的对中整平。对中的目的就是安置仪器使其中心和测站点标志位于同一条铅垂线上。对中整平包括两个部分：对中和整平。

（1）对中：使仪器的中心和测站点的标志中心在同一铅垂线上。

（2）整平：使仪器的竖轴竖直，水平度盘水平。

用光学对中器进行对中和整平步骤如下：

（1）粗对中：固定三脚架一条腿，移动两条腿；

（2）精对中：调脚螺旋；

（3）粗平：升降三脚架使圆水准器气泡居中；

（4）精平：调脚螺旋（首先旋转水准管至平行两个脚螺旋方向，调整该两个脚螺旋，使水准管气泡居中，旋转 90°使水准管垂直该两个脚螺旋方向，调整第三个脚螺旋，使水准管气泡居中。检查任何方向气泡居中。）

（5）检查对中，如不对中平移基座至对中；

（6）反复进行上述操作，直到对中和整平都满足要求。

（二）量取天线高

在每时段观测前后各量取天线高一次，精确至毫米。采用倾斜测量方法，从脚架互成

120°的 3 个空当测量天线挂钩至中心标志面的距离,互差小于±3 mm,取平均值。

(三)观测记录表填写

根据作业计划,在规定的时间内开机。做好每一个测站记录,如点名、天线高、观测时段(开、关机时间)、接收机系列号、天线类型、日期、接收机类型、量取方式。观测表如表 5-6 所示。

表 5-6 外业观测手簿

观测时段	点号	开机时间	开机仪高	观测卫星数	关机时间	关机仪高

【注意事项】

(1)安装和观测过程中注意仪器安全。

(2)观测过程中注意模式的切换。

(3)观测过程中注意数据指示灯是否闪烁。

【考核评价】

学生姓名:__________ 日期:__________ 总分:__________

序号	考核项目	考核要求	分值	评分标准	得分
1	仪器架设	能正确架设仪器	25 分	在规定时间内正确架设仪器	
2	仪器认识	能熟悉仪器的每个部件	25 分	能识别出所有按键	
3	仪器操作	能正确操作仪器	25 分	能完成模式的切换、参数的设置	
4	仪器安全操作	能安全操作仪器	25 分	施测过程中安全操作仪器,保证仪器安全	

任务二 GNSS-RTK 测量应用

【工作任务】

任务描述:GNSS 测量有多种测量工作模式,其中有的定位模式的结果需要经过后处理而获得,而实时载波相位差分(RTK)技术可以实时向用户提供定位结果和定位精度,能大大提高工作效率。

任务分析:GNSS-RTK 可用于四等以下控制测量、工程测量工作。RTK 测量可采用单基站 RTK 测量和网络 RTK 测量两种方法,已建立 CORS 系统的城市,宜采用网络 RTK 测量。在困难地区,也可采用后处理动态测量的模式进行 RTK 测量。

工具材料:GNSS 仪器 1 台、对中杆 1 根、小钢尺 1 把、草图纸 1 本、铅笔 1 支。

【知识准备】

一、RTK 基本概述

RTK 技术即单基站载波相位 DGNSS 测量,是一种将 GNSS 与数传技术相结合,实时处理两个测站载波相位观测量的差分方法,经实时解算进行数据处理,其在 1~2 s 的时间里可得到高精度位置信息。载波相位 DGNSS 测量分为两类:一类是修正法,另一类是差分法。所谓修正法,即将基准站的载波相位改正数发送给用户,修正用户接收到的载波相位,再求解坐标,所谓差分法,即将基准站采集的载波相位发送给用户,进行求差解算坐标,故修正法属准 RTK,差分法为真正的 RTK。20 世纪 90 年代初这项技术一经问世,就极大地拓展了 GNSS 的使用空间,使 GNSS 从只能做控制测量的局面中摆脱出来,开始广泛运用于工程测量。

(一)RTK 工作原理

RTK 的工作原理是在基准站上安置一台 GNSS 接收机,另一台或几台接收机置于载体(称为流动站)上;基准站和流动站同时接收同一时间、相同 GNSS 卫星发射的信号,基准站所获得的观测值与已知位置信息进行比较,得到 GNSS 差分改正值;然后将这个改正值及时地通过无线电数据链电台传递给共视卫星的流动站以精化其 GNSS 观测值,得到经差分改正后流动站较准确的实时位置。

无论是在几点间进行同步观测的后处理(RTK),还是从基准站将改正值及时地传输给流动站(DGNSS)都称为相对技术,精密 GNSS 定位都采用相对技术。

(二)RTK 类型

1. 常规 RTK

常规 RTK 是只设置一个基准站,并通过数据通信技术接收广播星历改正数的 RTK 测量技术。

2. 网络 RTK

网络 RTK 指在一定区域内建多个基准站,对该地区构成网状覆盖,并进行连续跟踪观测,通过这些站点组成卫星定位观测值的网络解算,获取覆盖该地区和该时间段的 RTK 改正参数,用于该区域内 RTK 测量用户进行实时 RTK 改正的定位方式。其代表有虚拟参考站技术(VRS)、区域改正参数技术(FRP)、主辅站技术(MAC)、综合误差内插技术(CBI)四类。

(三)RTK 系统配置

RTK 系统配置包括基准站、流动站和数据链 3 个部分,在 RTK 作业模式下,基准站通过数据链将其观测值和测站坐标信息一起传送给流动站。流动站不仅通过数据链接收来自基准站的数据,还要采集 GNSS 观测数据,并在系统内组成差分观测值进行实时处理。流动站可处于静止状态,也可处于运动状态。RTK 技术的关键在于数据处理技术和数据传输技术。

1. 基准站

在一定的观测时间内,一台或几台接收机分别在一个或几个测站上,一直保持跟踪观测卫星,其余接收机在这些测站的一定范围内流动作业,这些固定测站称为基准站,也称参考站。

2. 流动站

在基准站的一定范围内流动作业,实时提供三维坐标的接收机所设立的测站。

3. 数据链

RTK 系统中基准站和流动站的 GNSS 接收机通过数据链进行通信联系,因此基准站与流动站系统都包括数据链。数据链由调制解调器和电台组成。

二、GNSS-RTK 控制测量

(一)RTK 控制测量技术要求

RTK 控制测量前,应根据任务需要,收集测区高等级控制点的地心坐标、参心坐标、坐标系统转换参数和高程成果等,以进行技术设计。RTK 平面控制点按精度划分为一级控制点、二级控制点、三级控制点。RTK 高程控制点按精度划分为五等高程点。平面控制点可以逐级布设、越级布设或一次性全面布设,每个控制点宜保证有一个以上的等级点与之通视。

RTK 测量可采用单基准站 RTK 测量和网络 RTK 测量两种方法进行。在通信条件困难时,也可以采用后处理动态测量模式进行测量。已建立连续运行基准站网的地区,宜优先采用网络 RTK 技术测量。RTK 测量卫星的状态应符合表 5-7 的规定。

表 5-7 RTK 测量卫星状态基本要求

观测窗口状态	截止高度角 15°以上的卫星颗数	PDOP 值
良好	≥6	<4
可用	5	4≥且≤6
不可用	<5	>6

GNSS-RTK 测量采用地心坐标系,即 2000 中国大地坐标系,当 RTK 测量成果要求提供其他参心坐标系时,应进行坐标转换。RTK 控制测量高程系统采用正常高系统,按照 1985 国家高程基准起算。当采用经纬度记录格式时,记录精确至 0.000 01″;平面坐标和高程记录精确至 0.001 m;天线高量取精确至 0.001 m。

（二）RTK 控制点测量

RTK 控制点测量分为平面控制点测量和高程控制点测量。

1. RTK 平面控制点测量

RTK 平面控制点坐标测量时，流动站采集卫星观测数据，并通过数据链接收来自基准站的数据，在系统内组成差分观测值进行实时处理，通过坐标转换方法将观测得到的地心坐标转换为指定坐标系中的平面坐标。在获取测区坐标系统转换参数时，可以直接利用已知的参数。在没有已知转换参数时，可以自己求解。地心坐标系与参心坐标系转换参数的求解，应采用不少于 3 个高等级起算点的两套坐标系成果作为已知量，所选起算点应分布均匀，且能控制整个测区，转换时应根据测区范围及具体情况，对起算点进行可靠性检验，采用合理的数学模型，进行多种点组合方式分别计算和优选，RTK 平面控制点测量基准站的技术要求如下：

（1）采用网络 RTK 测量时，CORS 网点的设立要求按《全球导航卫星系统连续运行基准站网技术规范》（GB/T 28588—2012）执行。

（2）自设基准站如需长期和经常使用，宜埋设有强制对中的观测墩。

（3）自设基准站应选择在高一级控制点上。

（4）用电台进行数据传输时，基准站宜选择在测区相对较高的位置。用移动通信进行数据传输时，基准站必须选择在测区有移动通信接收信号的位置。

（5）选择无线电台通信方法时，应按规定的工作频率进行数据链设置，以避免串频。

（6）应正确设置随机软件中对应的仪器类型、电台类型、电台频率、天线类型、数据端口、蓝牙端口等。

（7）应正确设置基准站坐标、数据单位、尺度因子、投影参数和接收机天线高等参数。

对于 RTK 平面控制点测量流动站的技术要求如下：

①网络 RTK 测量的流动站应获得系统服务的授权。

②网络 RTK 测量流动站应在 CORS 网的有效服务区域内进行，并实现数据与服务控制中心的通信。

③用测量手簿设置流动站与当地坐标的转换参数、平面和高程的收敛精度，设置与基准站的通信。

④RTK 测量流动站不宜在隐蔽地带、成片水域和强电磁波干扰源附近观测。

⑤观测开始前应对仪器进行初始化，并得到固定解。当长时间不能获得固定解时，宜断开通信链路，再次进行初始化操作。

⑥每次观测之间流动站应重新初始化。在作业过程中，如出现卫星信号失锁，应重新初始化，并经重合点测量检测合格后，方能继续作业。

⑦每次作业开始与结束前，均应进行一个以上已知点的检核。

⑧RTK 平面控制点测量平面坐标转换残差应小于等于 2 cm。

⑨RTK 平面控制点测量流动站观测时应采用三脚架对中、整平，每次观测历元数应大于 20 个，各次测量的平面坐标较差应在满足小于等于 4 cm 要求后取中数作为最终结果。

2. RTK 高程控制点测量

RTK 高程控制点的埋设一般与 RTK 平面控制点同步进行，标石可以重合。RTK 控制点高程的测定是将流动站测得的大地高减去流动站的高程异常获得。流动站的高程异常可以采用数学拟合、似大地水准面精化模型内插等方法获取。在使用拟合方法时,拟合的起算点在平原地区一般不少于 6 个,拟合的起算点点位应均匀分布于测区四周及中间,间距一般不宜超过 5 km。当地形起伏较大时,应按测区地形特征适当增加拟合的起算点数。当测区面积较大时,宜采用分区拟合的方法。

RTK 高程控制点测量高程异常拟合残差应小于等于 3 cm,RTK 高程控制点测量设置高程收敛精度应小于等于 3 cm,RTK 高程控制点测量流动站观测时应采用三脚架对中、整平,每次观测历元数应大于 20 个,各次测量的高程较差应在满足小于等于 4 cm 要求后取中数作为最终结果。当采用似大地水准面精化模型内插测定高程时,似大地水准面模型内附合精度应小于 2 cm。当地某些区域高程异常变化不均匀,拟合精度和似大地水准面模型精度无法满足高程精度要求时,可对 RTK 测量大地高数据进行后处理或用几何水准测量方法进行补充。

三、GNSS-RTK 地形测量

(一) RTK 图根点测量

图根点标志宜采用木桩、铁桩或其他临时标志,必要时可埋设一定数量的标石。RTK 图根点测量时,地心坐标系与地方坐标系的转换关系的获取方法参照前述参数计算相关知识,也可以在测区现场通过点校正的方法获取。RTK 平面控制点测量流动站观测时应采用三脚架对中、整平,每次观测历元数应大于 10 个。RTK 图根点测量平面坐标转换残差应不大于图上±0.07 mm。RTK 图根点测量高程拟合残差应不大于 1/12 等高距。RTK 图根点测量,平面测量两次测量点位较差应小于图上±0.1 mm,高程测量两次测量高程较差应小于 1/10 等高距,两次结果取中数作为最后成果。

(二) RTK 碎部点测量

RTK 碎部点测量时,地心坐标系与地方坐标系的转换关系的获取方法参照前述参数计算相关知识,也可以在测区现场通过点校正的方法获取。当测区面积较大,采用分区求解转换参数时,相邻分区应不少于 2 个重合点。

RTK 碎部点测量平面坐标转换残差应不大于图上±0.1 mm。RTK 碎部点测量高程拟合残差应不大于 1/10 等高距。RTK 碎部点测量流动站观测时可采用固定高度对中杆对中、整平,每次观测历元数应大于 5 个。连续采集一组地形碎部点数据超过 50 点,应重新进行初始化,并检核一个重合点。当检核点位坐标较差小于或等于图上 0.30 mm 时,方可继续测量。

四、GNSS-RTK 施工测量

(一) RTK 放样概述

在 RTK 作业模式下,只要正常连接和配置基准站和流动站,GNSS 接收机可以获取差分解。在正常的作业模式下,接收机可以实时获取接收机所处位置坐标。另外,将待放样的数据导入手簿内,如果点位数据量少可以直接输入,如果数据量大可以编辑成数据文件直接导入手簿中。

根据《工程测量标准》(GB 50026—2020)规定,平面点位放样中误差不得大于 5 cm,RTK 测量结果的点位精度完全可以满足。需要指出的是,各点位之间不存在误差累计,克服了传统测量技术的弊端。放样的点误差,有可能是 RTK 系统自身的误差,也可能是测量环境对 RTK 的影响产生的误差,或许也是自身操作的不正确造成的,但正常情况下是由于放样时存在测量环境影响中的“多路径误差”或“信号干扰误差”造成的。在放样过程中如果点位误差超限,可以根据误差的原因,采取措施来消除或减小误差,如:改变基准站的位置,选择地形开阔的地点,远离无线电发射源、雷达装置、高压电线等,或采用有削弱多路径误差的各种技术的天线等。对于误差较大 RTK 又难以削弱其误差的点可以采用其他的测设方法。

(二)RTK 放样流程

在工程项目中,建筑物、构筑物的形状和大小是通过其特征点在实地上表示出来的,如建筑物的中心、四个角点、转折点等。因此,点放样是建筑物和构筑物放样的基础,用 RTK 进行点位放样前要进行坐标转换,把 WGS-84 坐标转换成待放样点所用的坐标系统。放样结束后,测量所放点的坐标和设计坐标的差值,如果差值在要求范围以内,则继续放样其他各点,否则重新放样,标定该点。

1. 放样数据的获取

在放样之前,如果放样点数量较少,可以将放样点的坐标信息直接手工输入到测量控制器中。如果放样点数量大,可采用计算机制作数据文件,然后将文件导入至测量控制器中。需要注意的是,尽量在点校正完成后再导入放样数据,进行点校正后不要将项目内已有的数据进行转换。

2. 野外放样作业

当初始化完成后,在手簿主菜单上点击打开“测量”图标,选择“放样”命令,即可进行放样作业。作业时,在手簿上显示箭头及目前位置到放样点在东、西、南、北四个方向上的水平距离及垂直距离,观测者只需根据箭头的指示放样。当流动站距放样点的距离小于设定值时,手簿上显示同心圆和十字丝,它们分别表示放样点位置和天线中心位置。当流动站天线整平后,十字丝与同心圆圆心重合时,即初步完成点的放样。按“测量”键对该放样点进行实测检核,并保存观测值。

【任务实施】

一、GNSS-RTK 图根控制测量

(一)架设基准站

选择视野开阔且地势较高的地方架设基站,基站附近不应有高楼或成片密林(卫星接收不好)、大面积水塘(多路径效应严重),应远离高压输电线 50 m,信号发射塔 200 m(有干扰)。打开 GNSS 基准站接收机,打开手簿,设置项目信息及项目的投影信息。

(二)设置基准站

手簿与主机连接成功后,回到手簿菜单设置基准站,待卫星锁定后,输入天线高,设置数据链为外部数据链。

(三)设置移动站

基准站提示设置成功后,重复设备连接步骤,将数据链设置为手簿差分,完成移动站设置。

(四)求转换参数

由于 GNSS 平面使用的是 WGS-84 坐标系统,高程使用的是椭球高,而在实际工作中,坐标系统一般为 2000 中国大地坐标系,高程要求是水准高程,所以要进行平面和高程两部分的参数求取。在两个控制点上测量,并添加坐标后应用。

(五)精度检核

求取参数后,需要测量其他已知点检核精度,满足相关精度要求后,即可开始作业。

(六)RTK图根控制测量

测量中测定测图所需控制点的平面坐标和高程的工作。图根点的精度,相对于邻近等级控制点的点位中误差,不应大于图上的 0.1 mm;高程的中误差,不应大于测图基本等高距的 1/10。

RTK 坐标转换及图根控制测量信息见表 5-8。

表 5-8　RTK 坐标转换及图根控制测量信息

项目名称			姓名			日期		成绩		
建立坐标系统	参考椭球长半轴/m				参考椭球扁率					
	投影中央子午线/(°)				投影坐标东移/m					
坐标转换	点名	控制点的地方坐标			点名	控制点的 WGS-84 坐标				
		X/m	Y/m	H/m		B(° ′)	L(° ′)	H/m		
	转换参数	X 平移		Y 平移		旋转角		尺度比		
	检核点		点名		X/m		Y/m		H/m	
					ΔX/m		ΔY/m		ΔH/m	
图根控制测量	点名		X/m			Y/m			H/m	
	点名		X/m			Y/m			H/m	
	点名		X/m			Y/m			H/m	
	点名		X/m			Y/m			H/m	
	点名		X/m			Y/m			H/m	
	点名		X/m			Y/m			H/m	
	点名		X/m			Y/m			H/m	
	点名		X/m			Y/m			H/m	
	点名		X/m			Y/m			H/m	

二、GNSS-RTK点放样

(一)新建工程

在手簿菜单中选择新建工程,设置工程名称后设置目标椭球,选择相对应的坐标系统,并设置投影参数，修改对应地区的“中央子午线”值。

（二）求转换参数

求转换参数至少有 2 个已知控制点，先通过“点测量”，测出 2 个控制点的大地坐标，然后求转换参数。

（三）导入点放样数据

将放样点数据按照“点名，*X*，*Y*，*H*”的顺序导入 excel 表格，另存为. * csv 格式，将. * csv 格式的点文件后缀名改成. * txt，保存后，以记事本方式打开 csv 文件，另存为. * txt 格式。将 txt 放样数据文件导入手簿中。

（四）放样操作

选择点放样，进入放样界面，点击“目标”进入放样点库，点击“导入”，选择格式. * txt-pn，*X*，*Y*，*H*，然后找到手簿中的文件，选中打开即可。如果放样点少，在放样点库点击“添加”，选择手动输入，添加点坐标，输完后点击“确定”即可。在放样点库列表中，直接选取要放样的点，弹出菜单，选择“点放样”，即可进入放样界面。

在点放样界面，利用罗盘导航放样模式，直观地找到放样点，当前 RTK 位置与目标点连线的方位角和蓝色箭头重合时，图中绿色小箭头上面显示就是 0°，相当于找到放样目标点的最短距离。除了跟着罗盘导航放样，我们还可以通过观察 d*X*、d*Y* 的数值来移动 RTK 的位置，当 d*X*、d*Y* 为“0”时，该 RTK 的位置即为放样点的位置。

RTK 放样信息见表 5-9。

表 5-9　RTK 放样信息表

<table>
<tr><td rowspan="2">建立坐标系统</td><td colspan="2">参考椭球长半轴/m</td><td colspan="2"></td><td colspan="2">参考椭球扁率</td><td colspan="3"></td></tr>
<tr><td colspan="2">投影中央子午线/(°)</td><td colspan="2"></td><td colspan="2">投影坐标东移/m</td><td colspan="3"></td></tr>
<tr><td rowspan="8">坐标转换</td><td rowspan="2">点名</td><td colspan="3">控制点的地方坐标</td><td rowspan="2">点名</td><td colspan="4">控制点的 WGS-84 坐标</td></tr>
<tr><td>X/m</td><td>Y/m</td><td>H/m</td><td>B(°　′)</td><td>L(°　′)</td><td colspan="2">H/m</td></tr>
<tr><td></td><td></td><td></td><td></td><td></td><td></td><td></td><td colspan="2"></td></tr>
<tr><td></td><td></td><td></td><td></td><td></td><td></td><td></td><td colspan="2"></td></tr>
<tr><td></td><td></td><td></td><td></td><td></td><td></td><td></td><td colspan="2"></td></tr>
<tr><td>转换参数</td><td>X 平移</td><td></td><td>Y 平移</td><td></td><td>旋转角</td><td></td><td colspan="2">尺度比</td></tr>
<tr><td colspan="2" rowspan="2">检核点</td><td rowspan="2">点名</td><td rowspan="2"></td><td>X/m</td><td></td><td>Y/m</td><td>H/m</td><td></td></tr>
<tr><td>ΔX/m</td><td></td><td>ΔY/m</td><td>ΔH/m</td><td></td></tr>
<tr><td rowspan="3">放样数据</td><td>点放样</td><td colspan="8">（1）少量数据输入手簿的方法是＿＿＿＿。
（2）大量数据输入手簿可使用＿＿＿＿方法。</td></tr>
<tr><td rowspan="2">直线放样</td><td>两点式</td><td>直线名</td><td></td><td>起点</td><td></td><td>终点</td><td>起始桩号</td><td></td></tr>
<tr><td>点角式</td><td>直线名</td><td></td><td>起点</td><td></td><td>方位角</td><td>桩号间隔</td><td></td></tr>
<tr><td rowspan="2">放样检核</td><td>点位</td><td colspan="3">放样完成后测量该点坐标与设计坐标相比</td><td>ΔX/m</td><td></td><td>ΔY/m</td><td></td></tr>
<tr><td>边长</td><td colspan="3">图形放样完成后测量边长与设计值进行比较</td><td>ΔS/m</td><td></td><td></td><td></td></tr>
</table>

【注意事项】

(1)GNSS仪器的操作应正确、规范。

(2)仔细设置相关参数,检查无误后方可开展工作。

(3)雷雨天气避免野外工作。

【考核评价】

学生姓名:__________　　日期:__________　　总分:__________

序号	考核项目	考核要求	分值	评分标准	得分
1	仪器设置	能正确设置仪器	20分	在规定时间内正确配置基准站和移动站	
2	求转换参数	能正确求转换参数	20分	在规定时间内正确坐标系、采集控制点坐标、完成参数转换	
3	图根控制测量	能测量图根控制点	20分	在规定时间内采集合格的图根点坐标	
4	点放样	能正确、快速放样点位	20分	在规定时间内完成一定数量的点放样	
5	仪器安全操作	能安全操作仪器	20分	施测过程中安全操作仪器,保证仪器安全	

【知识拓展】

北斗卫星导航系统介绍

一、概述

北斗卫星导航系统(以下简称北斗系统)是中国着眼于国家安全和经济社会发展需要,自主建设运行的全球卫星导航系统,是为全球用户提供全天候、全天时、高精度的定位、导航和授时服务的国家重要时空基础设施。

北斗系统提供服务以来,已在交通运输、农林渔业、水文监测、气象测报、通信授时、电力调度、救灾减灾、公共安全等领域得到广泛应用,服务国家重要基础设施,产生了显著的经济效益和社会效益。基于北斗系统的导航服务已被电子商务、移动智能终端制造、位置服务等厂商采用,广泛进入中国大众消费、共享经济和民生领域,应用的新模式、新业态、新经济不断涌现,深刻改变着人们的生产生活方式。中国将持续推进北斗应用与产业化发展,服务国家现代化建设和百姓日常生活,为全球科技、经济和社会发展做出贡献。

北斗系统秉承"中国的北斗、世界的北斗、一流的北斗"发展理念,愿与世界各国共享北斗系统建设发展成果,促进全球卫星导航事业蓬勃发展,为服务全球、造福人类贡献中国智慧和力量。北斗系统为经济社会发展提供重要时空信息保障,是中国实施改革开放40余年来取得的重要成就之一,是中华人民共和国成立70年来重大科技成就之一,是中国贡献给世界的全球公共服务产品。中国将一如既往地积极推动国际交流与合作,实现与世界其他卫星导航系统的兼容与互操作,为全球用户提供更高性能、更加可靠和更加丰富的服务。

二、发展历程

20 世纪后期,中国开始探索适合国情的卫星导航系统发展道路,逐步形成了三步走发展战略:2000 年年底,建成北斗一号系统,向中国提供服务;2012 年年底,建成北斗二号系统,向亚太地区提供服务;2020 年,建成北斗三号系统,向全球提供服务。

三、发展目标

建设世界一流的卫星导航系统,满足国家安全与经济社会发展需求,为全球用户提供连续、稳定、可靠的服务;发展北斗产业,服务经济社会发展和民生改善;深化国际合作,共享卫星导航发展成果,提高全球卫星导航系统的综合应用效益。

四、建设原则

中国坚持"自主、开放、兼容、渐进"的原则建设和发展北斗系统。

(1)自主。坚持自主建设、发展和运行北斗系统,具备向全球用户独立提供卫星导航服务的能力。

(2)开放。免费提供公开的卫星导航服务,鼓励开展全方位、多层次、高水平的国际合作与交流。

(3)兼容。提倡与其他卫星导航系统开展兼容与互操作,鼓励国际合作与交流,致力于为用户提供更好的服务。

(4)渐进。分步骤推进北斗系统建设发展,持续提升北斗系统服务性能,不断推动卫星导航产业全面、协调和可持续发展。

五、远景目标

2035 年前还将建设完善更加泛在、更加融合、更加智能的综合时空体系。

六、基本组成

北斗系统由空间段、地面段和用户段三部分组成。

(1)空间段。北斗系统空间段由若干地球静止轨道卫星、倾斜地球同步轨道卫星和中圆地球轨道卫星等组成。

(2)地面段。北斗系统地面段包括主控站、时间同步/注入站和监测站等若干地面站,以及星间链路运行管理设施。

(3)用户段。北斗系统用户段包括北斗兼容其他卫星导航系统的芯片、模块、天线等基础产品,以及终端产品、应用系统与应用服务等。

七、发展特色

北斗系统的建设实践,走出了在区域快速形成服务能力、逐步扩展为全球服务的中国特色发展路径,丰富了世界卫星导航事业的发展模式。

北斗系统具有以下特点:一是北斗系统空间段采用 3 种轨道卫星组成的混合星座,与其他卫星导航系统相比高轨卫星更多,抗遮挡能力强,尤其低纬度地区性能优势更为明显。二是北斗系统提供多个频点的导航信号,能够通过多频信号组合使用等方式提高服务精度。三是北斗系统创新融合了导航与通信能力,具备定位导航授时、星基增强、地基增强、精密单点定位、短报文通信和国际搜救等多种服务能力。

来源:北斗网,发布时间:2017-03-16

【巩固训练】

1. RTK 的应用优势有哪些?
2. 使用 RTK 作业时有哪些注意事项?
3. 简述 RTK 图根控制测量的工作流程。
4. 简述 RTK 放样的工作流程。

【思政要点】

大力弘扬新时代北斗精神

中国的北斗,世界的北斗,一流的北斗。

7月31日,北斗三号全球卫星导航系统建成暨开通仪式在北京举行。习近平总书记出席仪式,铿锵有力地宣布:“北斗三号全球卫星导航系统正式开通!”这标志着我国建成了独立自主、开放兼容的全球卫星导航系统,中国北斗从此走向了服务全球、造福人类的时代舞台。

卫星导航系统是重要的空间基础设施,是事关国计民生的大国重器。建设独立自主的卫星导航系统,是党中央、国务院、中央军委作出的重大战略决策。习近平总书记对北斗全球卫星导航系统建设高度重视,多次作出重要指示批示。北斗三号全球卫星导航系统的建成开通,是我国攀登科技高峰、迈向航天强国的重要里程碑,是我国为全球公共服务基础设施建设作出的重大贡献,是中国特色社会主义进入新时代取得的重大标志性战略成果,凝结着一代代航天人接续奋斗的心血,饱含着中华民族自强不息的本色,对推进我国社会主义现代化建设和推动构建人类命运共同体具有重大而深远的意义。这是我们在习近平新时代中国特色社会主义思想指引下,充分发挥新型举国体制优势、坚定不移走中国特色自主创新道路新征程上夺取的又一伟大胜利,必将激励全党全军全国各族人民进一步增强“四个意识”、坚定“四个自信”、做到“两个维护”,以奋发有为的精神状态、不负韶华的时代担当、实干兴邦的决心意志,奋力开创新时代中国特色社会主义事业新局面。

“调动了千军万马,经历了千难万险,付出了千辛万苦,要走进千家万户,将造福千秋万代”。从1994年北斗一号工程立项开始,一代代航天人一路披荆斩棘、不懈奋斗,始终秉承航天报国、科技强国的使命情怀,以“祖国利益高于一切、党的事业大于一切、忠诚使命重于一切”的责任担当,克服了各种难以想象的艰难险阻,在陌生领域从无到有进行全新探索,在高端技术空白地带白手起家,用信念之火点燃了北斗之光,推动北斗全球卫星导航系统闪耀浩瀚星空、服务中国与世界。从北斗一号、北斗二号、北斗三号“三步走”发展战略决策,到有别于世界其他国家技术路径设计,再到用两年多时间高密度发射18箭30星,北斗卫星导航系统从无到有、从有到优、从区域到全球的发展历程,彰显了中国人民矢志自主创新的豪情壮志,体现了我国社会主义制度集中力量办大事的政治优势。

北斗全球卫星导航系统是我国迄今为止规模最大、覆盖范围最广、服务性能最高、与人民生活关联最紧密的巨型复杂航天系统。参研参建的 400 多家单位、30 余万名科研人员合奏了一曲大联合、大团结、大协作的交响曲,孕育了“自主创新、开放融合、万众一心、追求卓越”的新时代北斗精神。这是中国航天人在建设科技强国征程上立起的又一座精神丰碑,是与“两弹一星”精神、载人航天精神既血脉赓续、又具有鲜明时代特质的宝贵精神财富,激励着广大科研工作者继续勇攀科技高峰,激扬起亿万人民同心共筑中国梦的磅礴力量。

习近平总书记指出:“中国愿同各国共享北斗系统建设发展成果,共促全球卫星导航事业蓬勃发展。”如今的北斗,已经向“一带一路”国家和地区亿级以上用户提供服务,相关产品出口 120 余个国家和地区。仰望星空、北斗璀璨,脚踏实地、行稳致远。大力弘扬新时代北斗精神,不忘初心、牢记使命,不懈探索、砥砺前行,我们就一定能为实现“两个一百年”奋斗目标、实现中华民族伟大复兴的中国梦作出新的更大贡献,为全球卫星导航系统更好服务全球、造福人类贡献智慧和力量。

来源:《人民日报》,发布时间:2020-08-01

模块二 园林工程地形图测绘

项目六 地形图的认识与应用

地形图的认识与应用

项目情景

小王在准备某乡村振兴项目中,如何在图纸上体现出该项目所在地?可以从图纸上获取哪些信息?那么需要了解地形图的基本知识。

大比例尺地形图是测绘工作的主要成果之一,它具有丰富的信息量,在工程建设中有着广泛的应用。

学习目标

知识目标:

了解国家基本地形图的分类;了解国家基本地形图分幅与编号标准、方法;熟悉地形图的图外注记和作用;了解等高线的由来及等高线特性;熟悉地形图图式;掌握地形图比例尺。

技能目标:

能计算比例尺精度;能运用地形图在野外实地进行地物、地貌的判读。能熟练掌握地形图基本应用。

思政目标:

培养学生爱国情怀、强化版图意识,共同守护美丽中国。

任务一 地形图的识读

地形图的识图

【工作任务】

任务描述:如何体现出小王正在准备的某乡村振兴项目在图纸上的位置?可以从图纸上获取哪些信息?

任务分析:在识读地形图时,先了解地形图图外注记,分析注记与地形图之间的关联性;

再进行地物、地貌的判读,对它们之间的联系作详细的分析判断,尽可能多地得到本地区的地理信息。

工具材料:准备本地区 1:1万或 1:2.5 万地形图。

【知识准备】

一、地形图的比例尺

地面上有各种各样的天然的或人工的固定物体,通常我们称之为地物,如房屋、农田、道路等。地表面的高低起伏形态,如高山、丘陵、盆地等称为地貌。地物和地貌总称为地形。通过野外实地测绘,可将地面上的各种地物、地貌按铅垂方向投影到同一水平面上,再按一定的比例缩小绘制成图。若在图上仅表示地物平面位置的图,称为平面图;既表示地物的平面位置,又表示地貌的起伏形态的图,称为地形图。

为了测绘、管理和使用上的方便,地形图必须按照国家统一规定的图幅、编号、图式,并按一定的比例尺进行绘制。本任务主要介绍地形图的基本知识。

(一)比例尺

地形图上一段直线的长度与地面上相应线段的实际水平长度之比,称为地形图的比例尺。比例尺有数字比例尺、图示比例尺两类。

1. 数字比例尺

数字比例尺用分子为 1 的分数表达,分母为整数。设图中某一线段长度为 d,相应实地的水平长度为 D,则图的比例尺为:

$$\frac{d}{D}=\frac{1}{D/d}=\frac{1}{M}=1:M \tag{6-1}$$

比例尺分母 M 值愈大,比值愈小,比例尺就愈小。

通常称 1:100 万、1:50 万和 1:25 万比例尺为小比例尺;1:10 万、1:5万、1:2.5 万比例尺为中比例尺;1:1万、1:5 000、1:2 000、1:1 000 和 1:500 比例尺为大比例尺。

1:100 万、1:50 万、1:25 万、1:10 万、1:5万、1:2.5 万、1:1万七种比例尺的地形图为国家基本比例尺地形图。大比例尺地形图通常是直接为满足各种工程设计、施工而测绘的。不同比例尺的地形图一般有不同的用途。如 1:1万和 1:5 000 地形图为基本比例尺地形图,是国民经济建设部门进行总体规划、设计的一项重要依据,也是编制其他更小比例尺地形图的基础。1:2 000 比例尺地形图常用于城市详细规划及工程项目初步设计。1:1 000 和 1:500 比例尺地形图,主要供各种工程建设的技术设计、施工设计和工业企业的详细规划使用等。

如图 6-1 所示为 1:500 城区居民地形图,图 6-2 所示为某地区 1:5 000 地形图。

2. 图示比例尺

为了便于应用,以及减小由于图纸伸缩而引起的使用中的误差,通常在地形图上绘制图示比例尺。图 6-3 为 1:1 000 的图示比例尺,以 2 cm 为基本单位,最左端的一个基本单位分成 10 等份。从图示比例尺上可直接读得基本单位的 1/10,估读到 1/100。

(二)比例尺精度

人们用肉眼在图上能分辨的最小距离一般为 0.1 mm,因此在图上量度或者实地测图描绘时,就只能达到图上 0.1 mm 的精确性。所以我们把图上 0.1 mm 所表示的实地水平长度称为比例尺精度。各种比例尺的比例尺精度可表达为

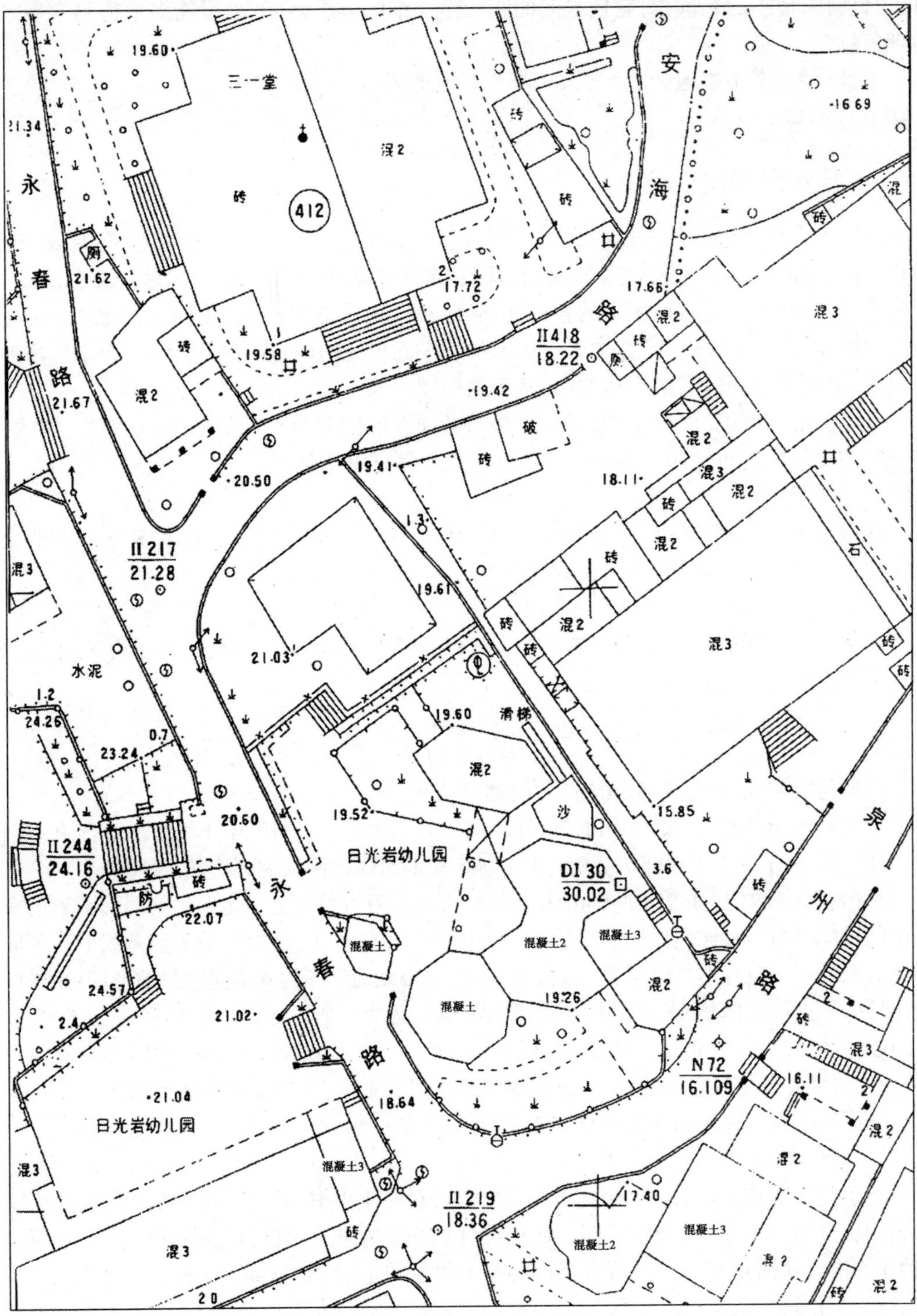

图 6-1 1:500 城区居民地形图

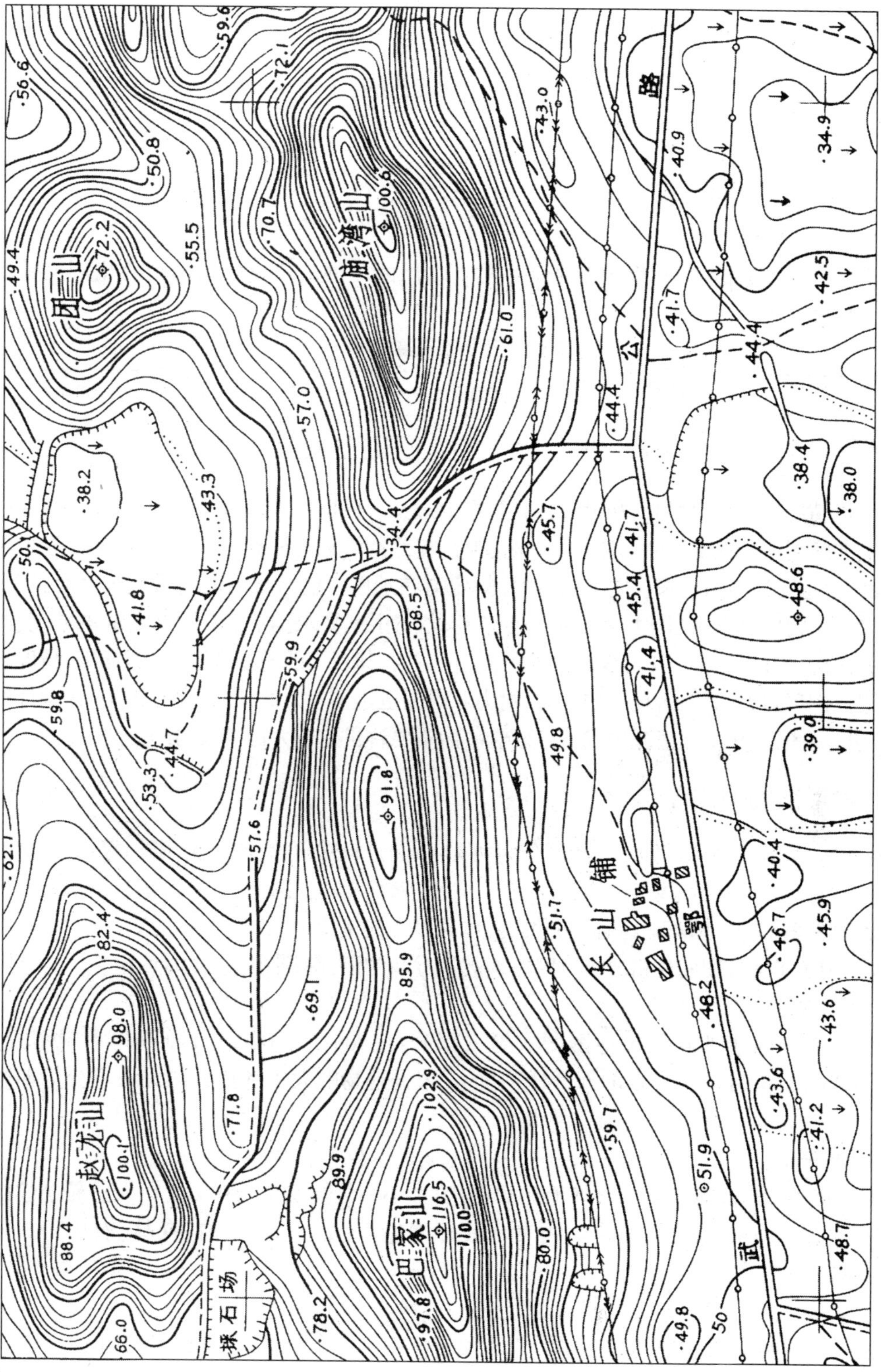

图 6-2　某地区 1:5 000 地形图

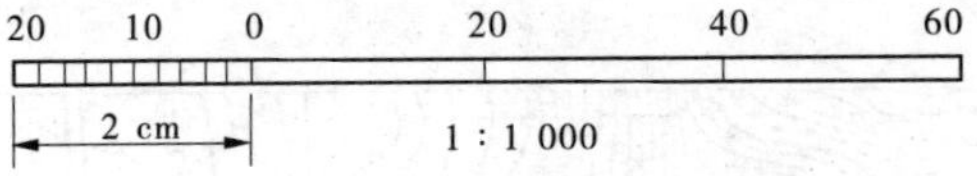

图 6-3　1:1 000 图示比例尺

$$\delta = 0.1\ \text{mm} \times M \qquad (6\text{-}2)$$

式中　δ——比例尺精度；

M——比例尺分母。

比例尺越大,其比例尺精度也越高。工程上常用的几种大比例尺地形图的比例尺精度如表 6-1 所示。

表 6-1　比例尺精度表

比例尺	1:500	1:1 000	1:2 000	1:5 000
比例尺精度/m	0.05	0.1	0.2	0.5

比例尺精度的概念,对测图和设计都有重要的意义。根据比例尺的精度,可以确定在测图时量距应准确到什么程度。例如测 1:1 000 图时,实地量距只需取到 10 cm,因为即使量得再精细,在图上也无法表示出来。同时,若设计规定需在地图上能量出的实地最短长度时,就可以根据比例尺精度定出测图比例尺。如一项工程设计用图,要求图上能反应 0.2 m 的精度,则所选图的比例尺就不能小于 1:2 000。图的比例尺越大,其表示的地物、地貌就越详细,精度也越高。但比例尺越大,测图所耗费的人力、财力和时间也越多。因此,在各类工程中,究竟选用何种比例尺测图,应从实际情况出发,合理选择,而不要盲目追求大比例尺的地形图。

二、地形图的图式

地物的种类繁多,形态复杂,一般可分为两类:一类是自然地物,如河流、湖泊等;另一类为人工地物,如房屋、道路、管线等。地物的类别、大小、形状及其在图上的位置,都是按规定的地物符号和要求表示的。国家测绘总局颁发的《国家基本比例尺地图图式》(GB/T 20257.1~4—2017)统一规定了地形图的规格要求、地物、地貌符号和注记,供测图和识图时使用。

(一)地物符号

表 6-2 是《国家基本比例尺地图图式第 1 部分:1:500 1:1 000 1:2 000 地形图图式》(GB/T 20257.1—2017)所规定的部分地物符号,根据地物的大小和描绘的方法可分为四种类型。

1. 比例符号

地物的轮廓较大,能按比例尺将地物的形状、大小和位置缩小绘在图上以表达轮廓性的符号。这类符号一般是用实线或点线表示其外围轮廓,如房屋、湖泊、森林、农田等。如表 6-2 中的 1~12 号。

2. 非比例符号

一些具有特殊意义的地物,轮廓较小,不能按比例尺缩小绘在图上时,就采用统一尺寸,用规定的符号来表示,如三角点、水准点、烟囱、消火栓等。这类符号在图上只能表示地物的中心位置,不能表示其形状和大小。如表 6-2 中的 27~40 号。

表 6-2 地形图图式(摘录)

编号	符号名称	图例
1	一般房屋 混—房屋 结构3—房 屋层数	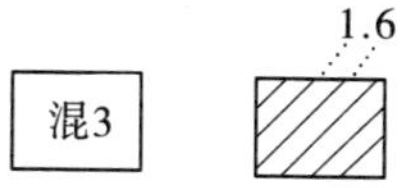
2	简单房屋	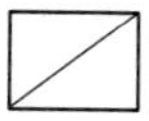
3	窑洞 1.依比例尺的 2.不依比例尺的 3.房屋式窑洞	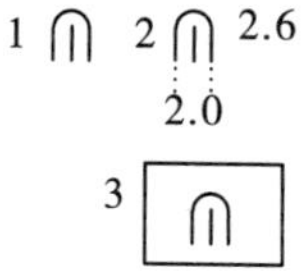
4	台阶	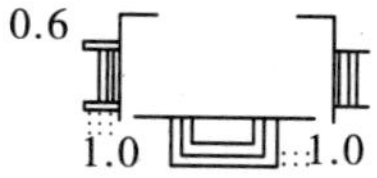
5	花圃	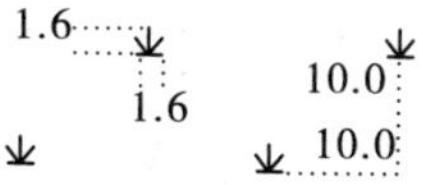
6	天然草地	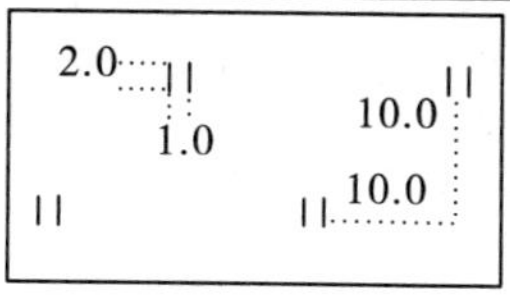
7	果园	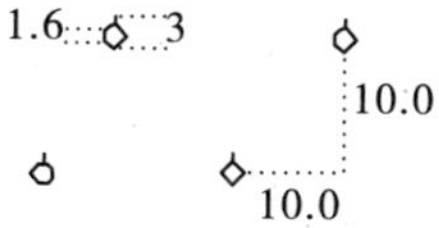
8	水生经济 作物地	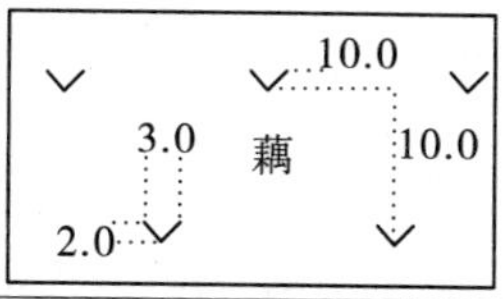
9	稻田	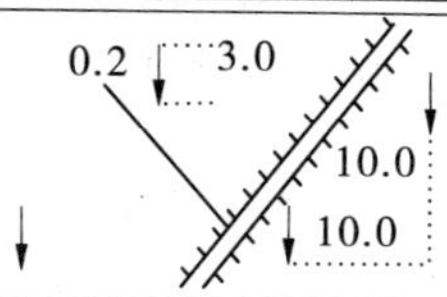
10	菜地	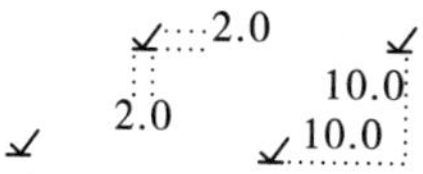
11	旱地	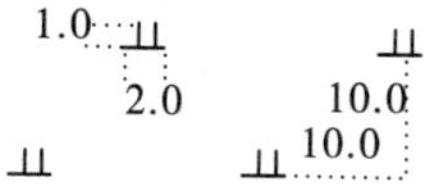
12	灌木林	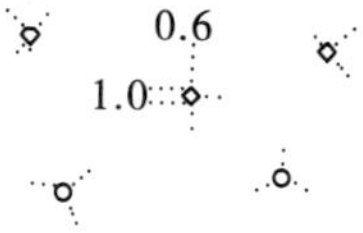
13	高压线	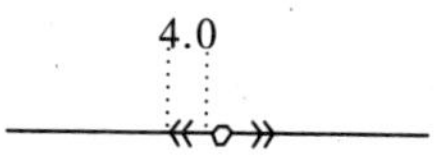
14	低压线	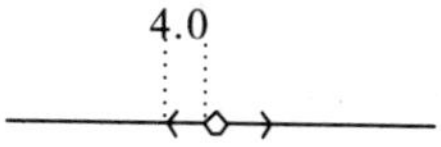
15	电杆	
16	电线架	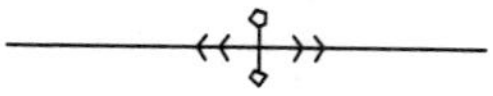
17	依比例尺的	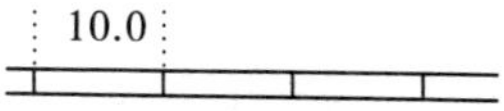
18	不依比例尺的	
19	栅栏、栏杆	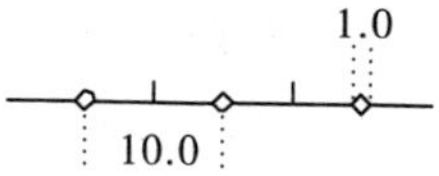
20	篱笆	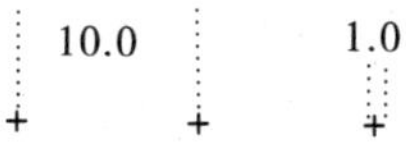

续表 6-2

编号	符号名称	图例
21	活树篱笆	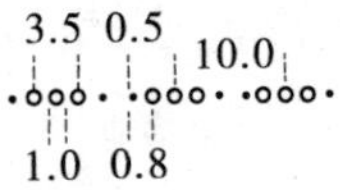
22	沟渠 1.有堤岸的 2.一般的 3.有沟壑的	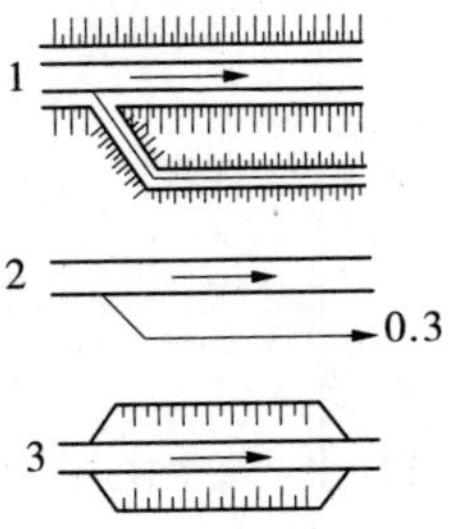
23	公路	
24	简易公路	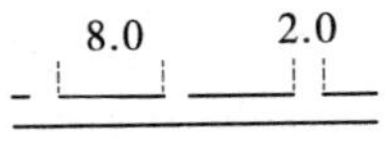
25	大车路	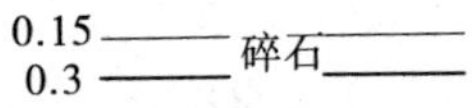
26	小路	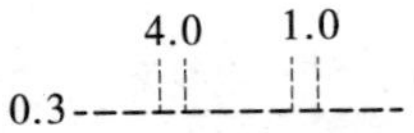
27	三角点 凤凰山—点名 394.468—高程	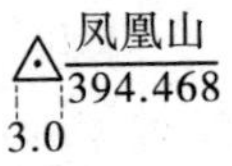
28	图根点 1.埋石的 2.不埋石的	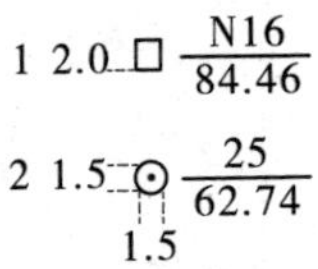
29	水准点	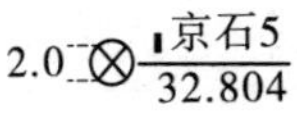
30	旗杆	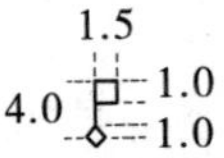

编号	符号名称	图例
31	水塔	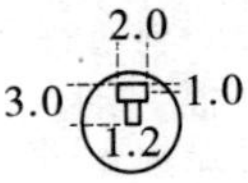
32	烟囱	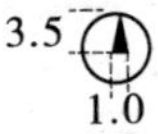
33	气象台(台)	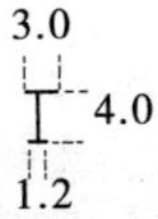
34	消火栓	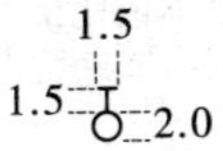
35	阀门	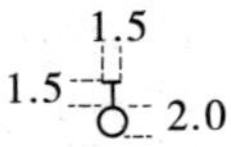
36	水龙头	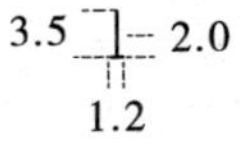
37	钻孔	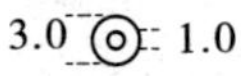
38	路灯	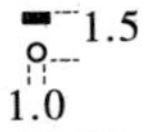
39	独立树 1.阔叶 2.针叶	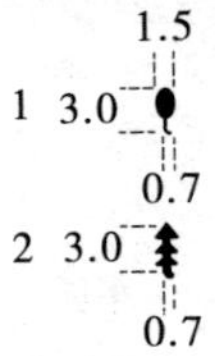
40	岗亭、岗楼	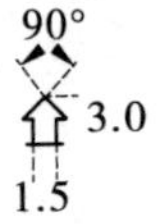
41	等高线 1.首曲线 2.计曲线 3.间曲线	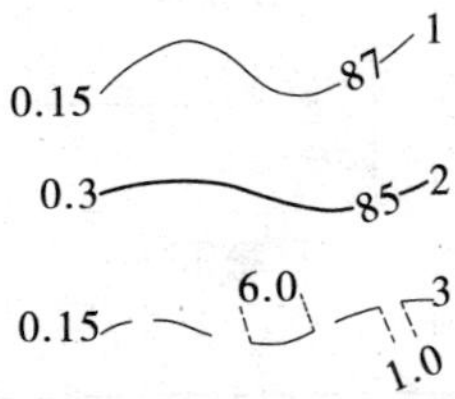

3. 半比例符号

一些呈线状延伸的地物,其长度能按比例缩绘,而宽度不能按比例缩绘,需用一定的符号表示的称为半比例符号,也称线状符号,如铁路、公路、围墙、通信线等。半比例符号只能表示地物的位置(符号的中心线)和长度,不能表示宽度。如表 6-2 中 26 号及 13~21 号。

4. 地物注记

地形图上对一些地物的性质、名称等加以注记和说明的文字、数字或特定的符号,称为地物注记,例如房屋的层数,河流的名称、流向、深度,工厂、村庄的名称,控制点的点号、高程,地面的植被种类等。

比例符号与半比例符号的使用界限并不是绝对的。如公路、铁路等地物,在 1∶500~1∶2 000 比例尺地形图上是用比例符号绘出的,但在 1∶5 000 比例尺以上的地形图上是按半比例符号绘出的。比例符号与非比例符号之间也是同样的情况。一般来说,测图比例尺越大,用比例符号描绘的地物越多。比例尺越小,用非比例符号表示的地物越多。

(二)地貌符号

地貌形态多种多样,可按其起伏的变化程度分为平地、丘陵地、山地、高山地,见表 6-3。

表 6-3 地貌分类

地貌形态	地面坡度
平地	2°以下
丘陵地	2°~ 6°
山地	6°~ 25°
高山地	25°以上

图上表示地貌的方法有多种,对于大、中比例尺主要采用等高线法,对于特殊地貌则采用特殊符号表示。

1. 等高线的定义

等高线是地面上高程相等的相邻点连成的闭合曲线。如图 6-4 所示,设想有一座高出平静水面的小山头,山顶被水淹没时的水面高程为 100 m,山头与水面相交形成的水涯线为一闭合曲线,曲线的形状随山头与水面相交的位置而定,曲线上各点的高程相等。例如,当水面高为 95 m 时,曲线上任一点的高程均为 95 m;若水位继续降低至 90 m、85 m,则水涯线的高程分别为 90 m、85 m。将这些水涯线垂直投影到水平面 H 上,并按一定的比例尺缩绘在图纸上,就将山头用等高线表示在地形图上。这些等高线的形状和高程,客观地显示了山头的空间形态。

2. 等高距与等高线平距

相邻两高程不同的等高线之间的高差称为等高距,常以 h 表示。如图 6-4 中的等高距是 5 m。在同一幅地形图上,等高距是相同的。

相邻两高程不同的等高线之间的水平距离称为等高线平距,常以 d 表示。等高线平距 d 的大小与地面坡度有关。等高线平距越小,地面坡度越大;等高线平距越大,地面坡度越小;地面坡度相等,等高线平距相等。因此,可根据地形图上等高线的疏、密判定地面坡度的缓、陡,如图 6-5 所示。

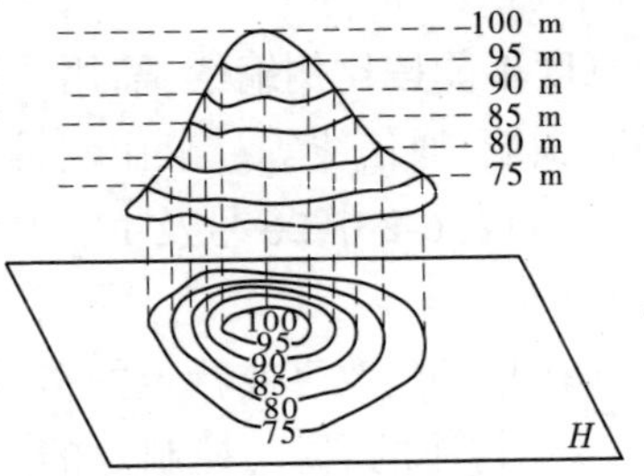

图 6-4　用等高线表示地貌的方法

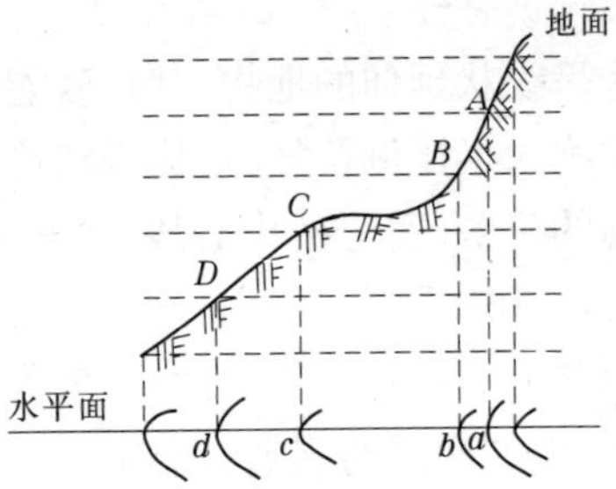

图 6-5　等高线平距

等高距选择过小,会成倍地增加测绘工作量。对于山区,有时会因等高线过密而影响地形图清晰。等高距的选择,应该根据地形类型和比例尺大小,并按照相应的规范执行。表6-4是大比例尺地形图基本等高距参考值。

表 6-4　大比例尺地形图的基本等高距

单位:m

地貌类别	比例尺			
	1:500	1:1 000	1:2 000	1:5 000
平坦地	0.5	0.5	1	2
丘陵地	0.5	1	2	5
山地	1	1	2	5
高山地	1	2	2	5

3. 等高线的分类

等高线可分为首曲线、计曲线、间曲线和助曲线。首曲线也称基本等高线,是指从高程基准面起算,按规定的基本等高距描绘的等高线,用宽度为0.1 mm的细实线表示,如图6-6(a)中的102 m、104 m、106 m、108 m等各条等高线,图6-6(b)中的42 m、44 m、46 m、48 m等高线。

计曲线是指从高程基准面起算,每隔4条基本等高线有一条加粗的等高线。为了读图方便,计曲线上也注出高程。如图6-6(a)中的100 m等高线,图6-6(b)中的30 m、40 m、50 m等高线。

间曲线是当基本等高线不足以显示局部地貌特征时,按二分之一基本等高距加绘的等高线,用长虚线表示。如图6-6(a)中的101 m、107 m等高线。按四分之一基本等高距加绘的等高线,称为助曲线,用短虚线表示。如图6-6(a)中的107.5 m等高线。间曲线和助曲线描绘时可以不闭合。

4. 典型地貌的等高线

地貌的形态虽然纷繁复杂,但通过仔细研究和分析就会发现它们是由几种典型的地貌综合而成的。了解和熟悉典型地貌的等高线特性,对于提高识读、应用和测绘地形图的能力很有帮助。

1) 山头和洼地

山头的等高线特征如图6-7所示,洼地的等高线特征如图6-8所示。山头和洼地的等

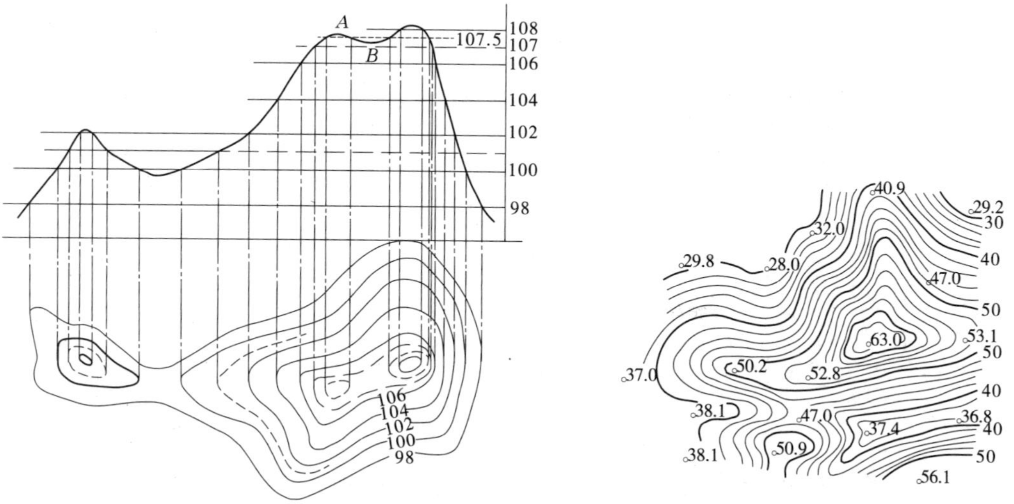

(a)　　(b)

图 6-6　等高线的分类

高线都是一组闭合曲线,但它们的高程注记不同。内圈等高线的高程注记大于外圈者为山头;反之,小于外圈者为洼地。也可以用示坡线表示山头或洼地。示坡线是垂直于等高线的短线,用以指示坡度下降的方向,如图 6-7、图 6-8 所示。

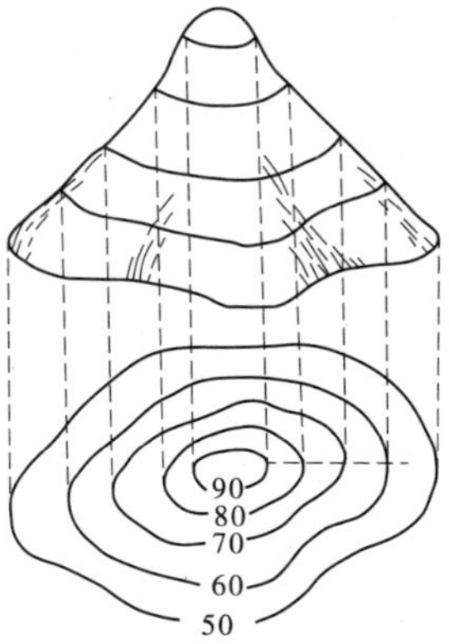

图 6-7　山头

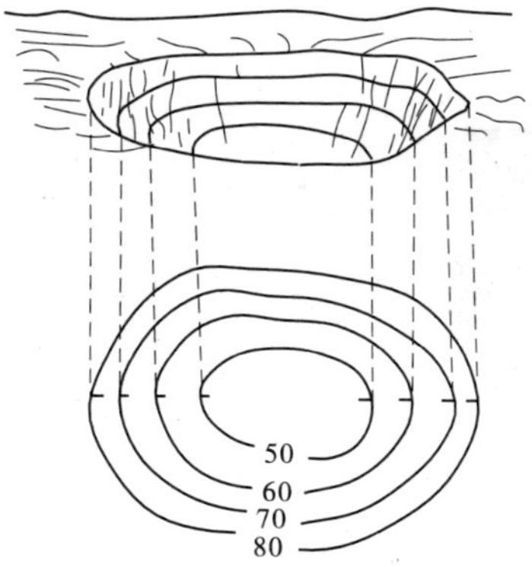

图 6-8　洼地

2) 山脊和山谷

山的最高部分为山顶,从山顶向某个方向延伸的高地称为山脊。山脊的最高点连线称为山脊线。山脊等高线的特征表现为一组凸向低处的曲线,如图 6-9 所示。

相邻山脊之间的凹部称为山谷,它是沿着某个方向延伸的洼地。山谷中最低点的连线称为山谷线,如图 6-10 所示,山谷等高线的特征表现为一组凸向高处的曲线。因山脊上的雨水会以山脊线为分界线而流出山脊的两侧,所以山脊线又称为分水线。在山谷中的雨水由两侧山坡汇集到谷底,然后沿山谷线流出,所以山谷线又称集水线。山脊线和山谷线合称为地性线。

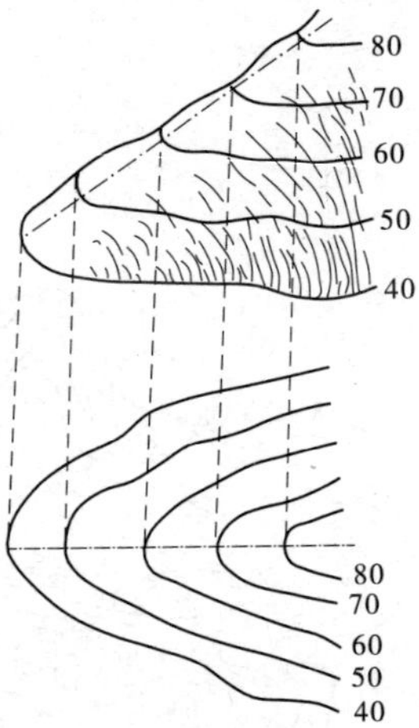

图 6-9　山脊等高线

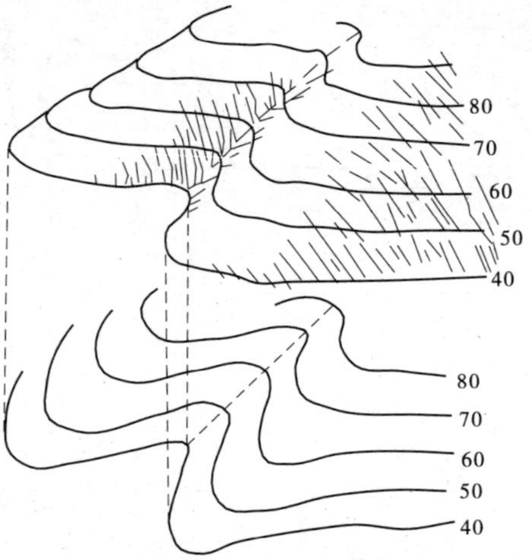

图 6-10　山谷等高线

3)鞍部

鞍部是相邻两山头之间呈马鞍形的低凹部位(如图 6-11 中的 S)。鞍部等高线的特征是对称的两组山脊线和两组山谷线,即在一圈大的闭合曲线内,套有两组小的闭合曲线。

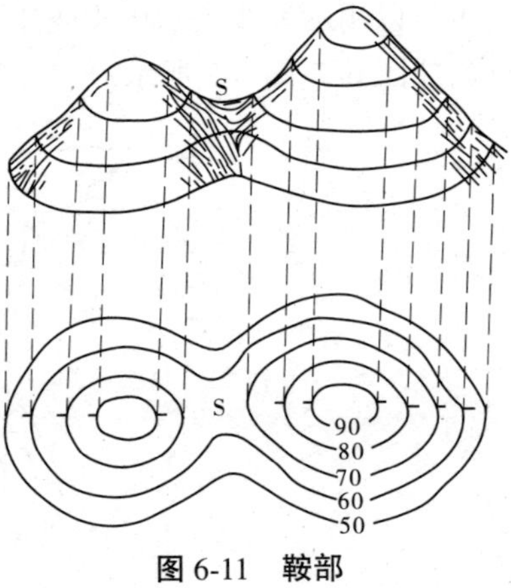

图 6-11　鞍部

4)陡崖和悬崖

陡崖是坡度在 70°以上或为 90°的陡峭崖壁,因用等高线表示将非常密集或重合为一条线,故采用陡崖符号来表示,如图 6-12(a)、(b)所示。

悬崖是上部突出、下部凹进的陡崖。上部的等高线投影到水平面时,与下部的等高线相交,下部凹进的等高线用虚线表示,如图 6-12(c)所示。

认识了典型地貌的等高线特征以后,进而就能够认识地形图上用等高线表示的各种复杂地貌。图 6-13 为某一地区综合地貌。

5. 等高线的特性

(1)同一条等高线上各点的高程相等。

(2)等高线是闭合曲线,不能中断,如果不在同一幅图内闭合,则必定在相邻的其他图幅内闭合。

(3)等高线只有在峭壁或悬崖处才会重合或相交。

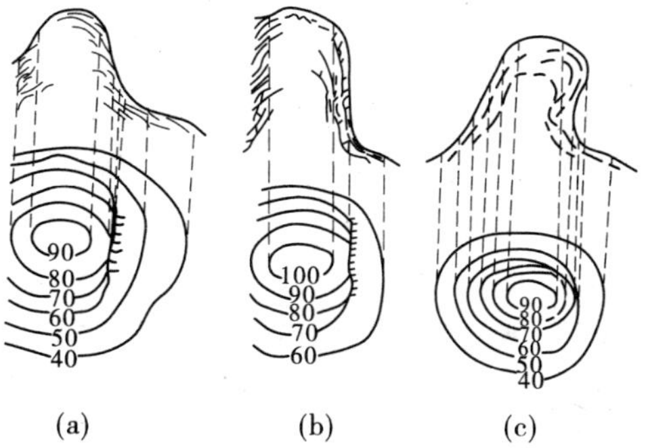

图 6-12 陡崖和悬崖

(4)同一幅地形图上等高距相等。等高线平距小,表示坡度陡;平距大,则坡度缓;平距相等,则坡度相同。

(5)等高线与山脊线、山谷线正交。

图 6-13 综合地貌等高线

三、地形图的分幅和编号

地形图的
分幅和编号

在园林绿化的规划与设计中,应尽可能地利用原有的控制点坐标、高程以及各种比例尺的地形图等测绘资料。为了掌握地形图的工程应用,必须了解各种比例尺地形图的分幅与编号方法。1993 年以前的国家基本地图采用旧分幅编号方法;1992 年 12 月,我国颁布了《国家基本比例尺地形图分幅和编号》(GB/T 13989—1992)新标准,1993 年 3 月开始实施。

地形图的分幅方法有两种:一种是按经纬线分幅的梯形分幅法,它一般用于 1∶5 000~1∶100 万的中、小比例尺地形图的分幅;另一种是按坐标格网分幅的矩形分幅法,它一般用于城市和工程建设 1∶500~1∶2 000 的大比例尺地形图的分幅。

地形图的梯形分幅又称国际分幅,由国际统一规定的经线为图的东西边界,统一规定的纬线为图的南北边界。由于子午线向南、北两极收敛,因此整个图幅呈梯形。

(一)旧的地形分幅与编号

1. 1∶100 万比例尺地形图的分幅和编号

1∶100 万比例尺地形图的分幅是从赤道(纬度 0°)起,分别向南北两极,每个纬差 4°为一横行,依次以拉丁字母 A,B,C,D,…,V 表示;由经度 180°起,自西向东每隔经差 6°为一纵列,依次用数字 1,2,3,…,60 表示。图 6-14 所示为东半球北纬 1∶100 万地图的国际分幅和编号,每幅图的编号,先写出横行的代号,中间绘一横线相隔,后面写出纵列的代号。如北京某处的地理位置为北纬 39°56′23″,东经 116°22′53″,则所在 1∶100 万比例尺图幅号是 J-50;广东某处的地理位置为北纬 22°36′10″,东经 113°04′45″,其所在 1∶100 万比例尺图的图幅号是 F-49。

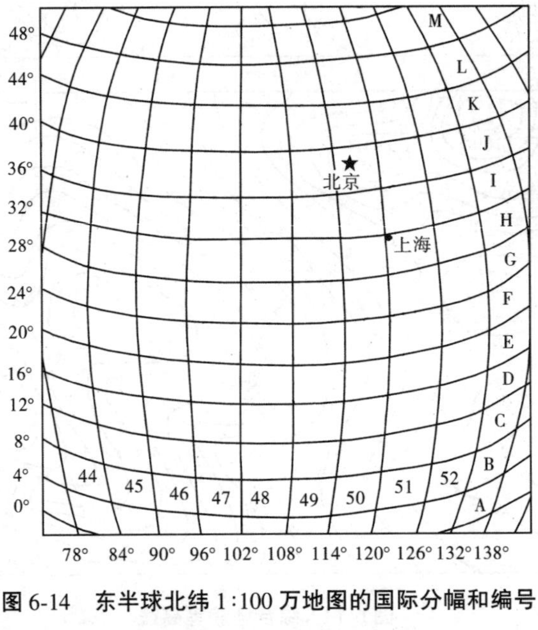

图 6-14 东半球北纬 1∶100 万地图的国际分幅和编号

2. 1∶50 万、1∶25 万、1∶10 万比例尺地图的分幅和编号

这三种比例尺地图的分幅和编号,都是在 1∶100 万比例尺地图分幅和编号的基础上,按表 7-2 中的相应纬差和经差划分。每幅 1∶100 万的图,按经差 3°、纬差 2°可划分成 4 幅

1∶50 万的图,分别以 A,B,C,D 表示。如北京某处所在的 1∶50 万的图的编号为 J-50-A,如图 6-15 所示。

每幅 1∶100 万的图又可按经差 1°30′、纬差 1°划分为 16 幅 1∶25 万的图,分别以[1],[2],…,[16]表示。如北京某处所在的 1∶25 万的图的编号为 J-50-[2],如图 6-15 中有阴影线的图幅。每幅 1∶100 万的图按经差 30′、纬差 20′划分为 144 幅 1∶10 万的图,分别以 1,2,3,…,144 表示。如北京某处所在的 1∶10 万的图幅的编号为 J-50-5,见图 6-16 中有阴影线的图幅。

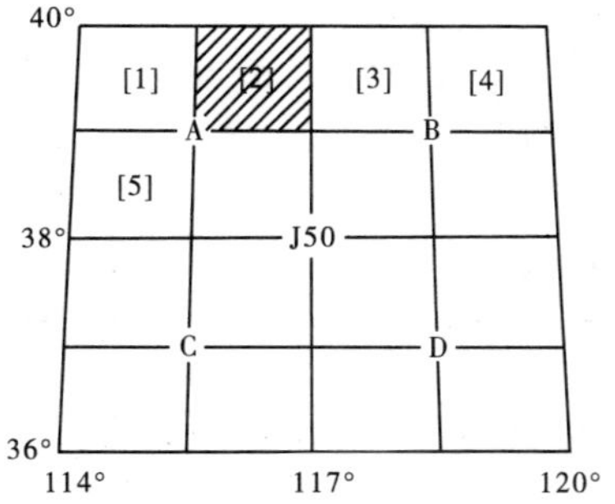

图 6-15　1∶50 万地图的分幅和编号

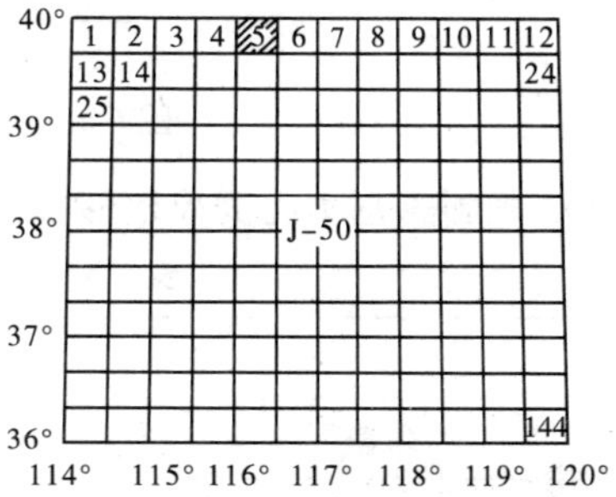

图 6-16　1∶10 万地图的分幅和编号

3. 1∶5万、1∶2. 5 万、1∶1万比例尺地图的分幅和编号

这三种比例尺地图的分幅和编号都是在 1∶10 万比例尺图的基础上进行的,其划分的经差和纬差见表 6-5。每幅 1∶10 万的图,可划分为 4 幅 1∶5万的图,分别在 1∶10 万的图号后面写上各自的代号 A,B,C,D。如北京某处所在 1∶5万的图幅为 J-50-5-B,如图 6-17 所示。再将每幅 1∶5万的图四等分,就得到 1∶2. 5 万的图,分别以 1,2,3,4 编号,如北京某处所在 1∶2. 5 的图幅编号为 J-50-5-B-2,见图 6-18 中有阴影线的图幅。

每幅 1∶10 万的图,按其经差和纬差作 8 等分,划分为 64 幅 1∶1万的图,以(1),(2),(3),…,(64)作编号,如北京某处所在的 1∶1万的图幅为 J-50-5-(15),如图 6-18 中有阴影线的图幅。

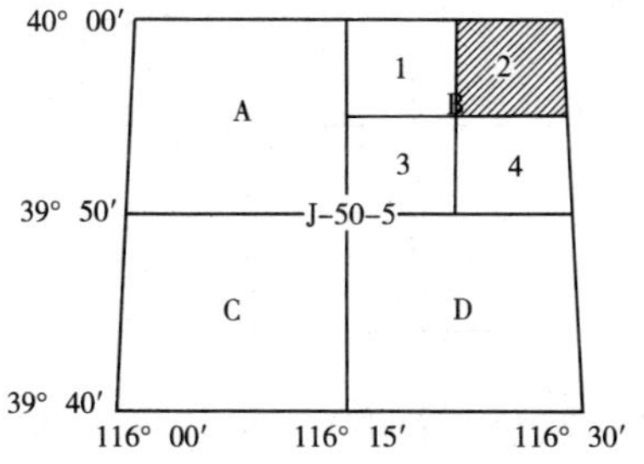

图 6-17　1∶5万和 1∶2. 5 万地图的分幅和编号

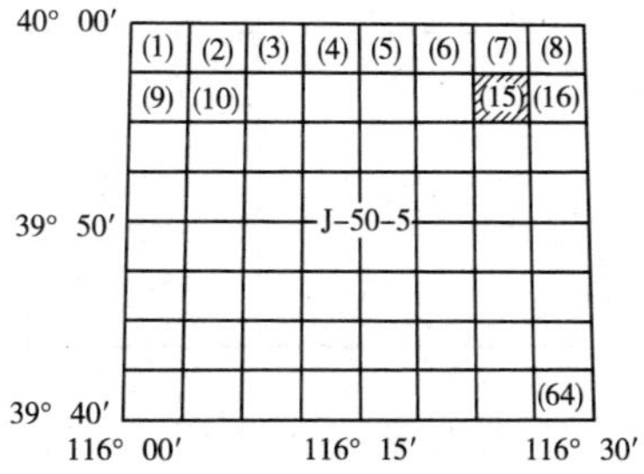

图 6-18　1∶5 000 地图的分幅和编号

4. 1∶5 000 比例尺地形图的分幅和编号

按经纬线分幅的 1∶5 000 比例尺地图,是在 1∶1万的图的基础上进行分幅和编号的,每幅 1∶1万的图分成 4 幅 1∶5 000 的图,并分别在 1∶1万图的图号后面写上各自的代号 a,b,c,d 作为编号。如北京某处所在的 1∶5 000 梯形分幅图号为 J-50-5-(15)-a,如图 6-19 中有阴影线的图幅。

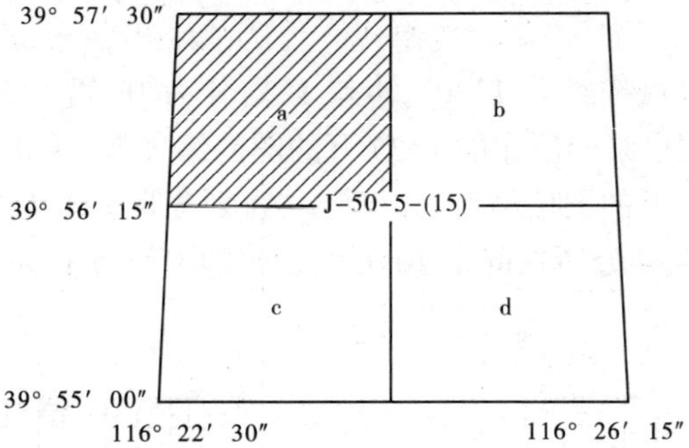

图 6-19　1:1万地图的分幅和标号

(二)92 版国家基本比例尺地形图分幅和编号

表 6-5　各种比例尺按经、纬度分幅

比例尺	图幅大小		1:100 万、1:10 万、1:5万、1:1万图幅内的分幅数	分幅代号
	纬差	经差		
1:100 万	4°	6°	1	行 A,B,C,…,V 列 1,2,3,…,60A,B,C,D [1],[2],[3],…,[16] 1,2,3,…,144
1:50 万	2°	3°	4	
1:25 万	1°	1°30′	16	
1:10 万	20′	30′	144	
1:10 万	20′	30′	1	A,B,C,D (1),(2),(3),…,(64)
1:5万	10′	15′	4	
1:1万	2′30″	3′45″	64	
1:5万	10′	15′	1	1,2,3,4
1:2.5 万	5′	7′30″	4	
1:1万	2′30″	3′45″	1	a,b,c,d
1:5 000	1′15″	1′52.5″	4	

为便于计算机管理和检索,1992 年国家技术监督局发布了新的《国家基本比例尺地形图分幅和编号》(GB/T 13989—1992)国家标准,自 1993 年 7 月 1 日起实施。

1. 1 : 100 万~1:5 000 比例尺地形图分幅和编号

新标准仍以 1:100 万比例尺地形图为基础,1:100 万比例尺地形图的分幅经、纬差不变,但由过去的纵行、横列改为横行、纵列,它们的编号由其所在的行号(字符码)与列号(数字码)组合而成,如北京所在的 1:100 万地形图的图号为 J50。

2. 1:50 万~1:5 000 地形图分幅和编号

1:50 万~1:5 000 地形图的分幅全部由 1:100 万地形图逐次加密划分而成,编号均以

1∶100 万比例尺地形图为基础，采用行列编号方法，由其所在 1∶100 万比例尺地形图的图号、比例尺代码和图幅的行列号共十位码组成。编码长度相同，编码系列统一为一个根部，便于计算机处理，如图 6-20 所示。

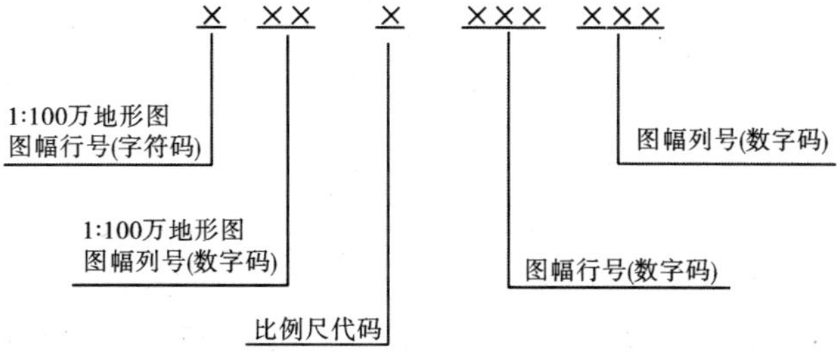

图 6-20　1∶50 万～1∶5 000 地形图图号的构成

各种比例尺代码见表 6-6。

表 6-6　比例尺代码

比例尺	1∶500 000	1∶250 000	1∶100 000	1∶50 000	1∶25 000	1∶10 000	1∶5 000
代码	B	C	D	E	F	G	H

现行的国家基本比例尺地形图分幅编号关系见表 6-7。

表 6-7　国家基本比例尺地形图分幅编号关系表

比例尺		1∶100 万	1∶50 万	1∶25 万	1∶10 万	1∶5万	1∶2.5 万	1∶1万	1∶5 000
图幅范围	经差	6°	3°	1°30′	30′	15′	7′30″	3′45″	1′52.5″
	纬差	4°	2°	1°	20′	10′	5′	2′30″	1′15″
行列数量关系	行数	1	2	4	12	24	48	96	192
	列数	1	2	4	12	24	48	96	192
图幅数量关系		1	4	16	144	576	2 304	9 216	36 864

图 6-21 所示为包含 1∶10 万、1∶5万、1∶2.5 万地形图的图幅编号。在图中，带单斜线的图幅为 1∶10 万的地形图，其图号为 J50D002011；带网格的图幅为 1∶5万的地形图，其图号为 J50E023003；带阴影的图幅为 1∶2.5 万的地形图，其图号为 J50F046046。

3. 1∶500～1∶2 000 大比例尺地形图的矩形分幅和编号

《国家基本比例尺地图图式　第 1 部分 1∶500　1∶1 000　1∶2 000 地形图图式》(GB/T 20257.1—2017)规定：1∶500～1∶2 000 比例尺地形图一般采用 50 cm×50 cm 正方形分幅或 50 cm×40 cm 矩形分幅；根据需要，也可以采用其他规格的分幅；1∶2 000 地形图也可以采用经纬度统一分幅。地形图编号一般采用图廓西南角坐标千米数编号法，也可选用流水编号法或行列编号法等，带状测区或小面积测区，可按测区统一顺序进行编号。采用图廓西南角坐标千米数编号法时，x 坐标在前，y 坐标在后，1∶500 地形图取至 0.01 km(如 10.40～

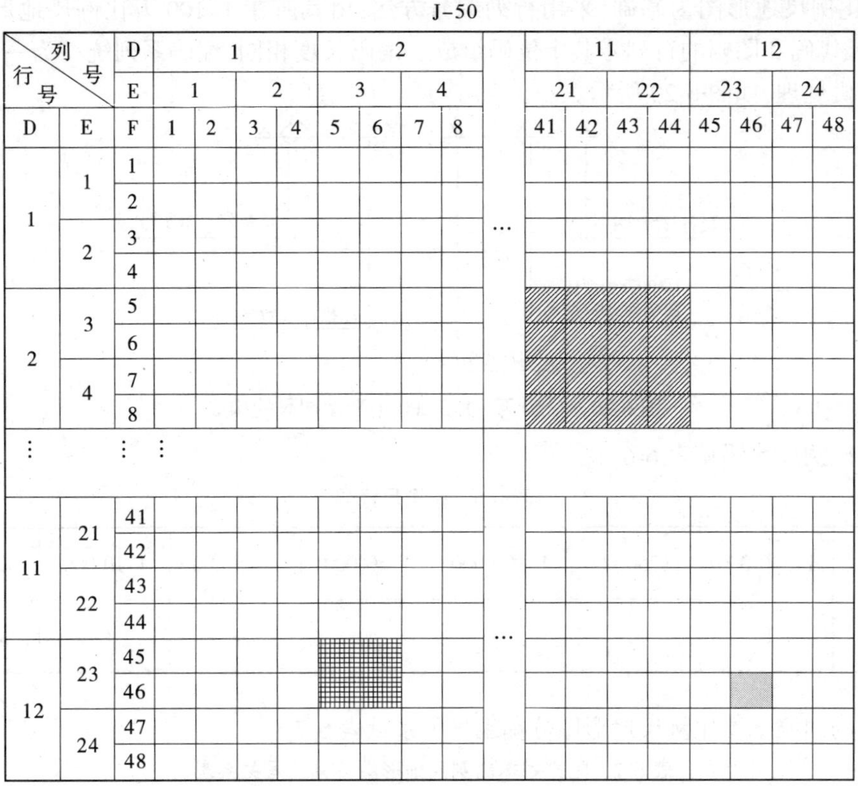

图 6-21　1∶100 万~1∶5 000 地形图的图幅编号

21.75),1∶1 000、1∶2 000 地形图取至 0.1 km(如 10.0~21.0)。

带状测区或小面积测区,可按测区统一顺序进行编号,一般从左到右,从上到下用数字 1,2,3,4…编定,如图 6-22(a)所示的“杜阮-7”其中“杜阮”为测区地名。

行列编号法一般以代号(如 A,B,C,D…)为横行,由上到下排列,以数字 1,2,3…为代号的纵列,从左到右排列来编定,先行后列,如图 6-22(b)中的 A-4。采用国家统一坐标系时,图廓间的千米数应根据需要加注带号和百千米数,如 X:^{43}27.8,Y:^{374}57.0。

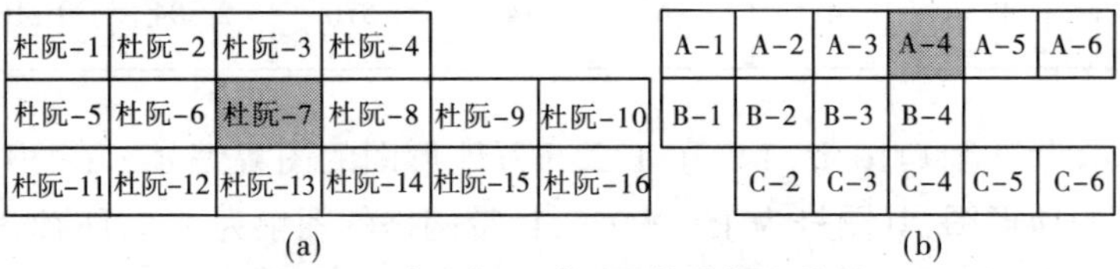

图 6-22　大比例尺地形图的分幅和编号

从 2012 年 10 月起我国实施《国家基本比例尺地形图分幅和编号》(GB/T 13989—2012)最新标准。经过对 92 版标准的修订、完善后,其内容范围完整涵盖了我国 1∶500 至 1∶1 000 000 大、中、小基本比例尺地形图分幅和编号的相关内容和要求,其应用范围更加全面、规范,具有科学性和适用性。本次修订一方面针对 1∶2 000、1∶1 000、1∶500 地形图的分幅提出了经、纬度分幅、编号和正方形、矩形分幅和编号两种方案,并且推荐使用经、纬度分幅、编号方案。采用 1∶2 000、1∶1 000、1∶500 地形图的经、纬度分幅,不仅使 1∶2 000、1∶1 000、1∶500 地形图的分幅和编号与 1∶5 000 至 1∶1 000 000 基本比例尺地形图的分幅、编号方式相统一,而且使得大比例地形图的编号具有唯一性，更加有利于数据的管理、共享和应用。

【任务实施】

完成一幅国家基本比例尺地形图的图外和图内信息的正确判读。为了图纸管理和使用的方便，在地形图的图框外有许多注记，如图号、图名、接图表、图廓、坐标格网、三北方向线和坡度尺等。

一、图名和图号

图名就是本幅图的名称，常用本图幅内最著名的地名、最大的村庄或厂矿企业的名称来命名。图号即图的编号。图名和图号标在北图廓上方的中央，如图 6-23 所示。

二、接图表

说明本图幅与相邻图幅的关系，供索取相邻图幅时使用。通常是中间一格画有斜线的代表本图幅，四邻分别注明相应的图号或图名，并绘注在北图廓的左上方，如图 6-23 所示。

三、图廓和坐标格网线

图廓是图幅四周的范围线。矩形图幅有内图廓和外图廓之分。内图廓是地形图分幅时的坐标格网线，也是图幅的边界线。外图廓是距内图廓以外一定距离绘制的加粗平行线，仅起装饰作用。在内图廓外四角处注有坐标值，并在内图廓线内侧，每隔 10 cm 绘有 5 mm 的短线，表示坐标格网线的位置。在图幅内每隔 10 cm 绘有坐标格网交叉点，如图 6-23 所示。

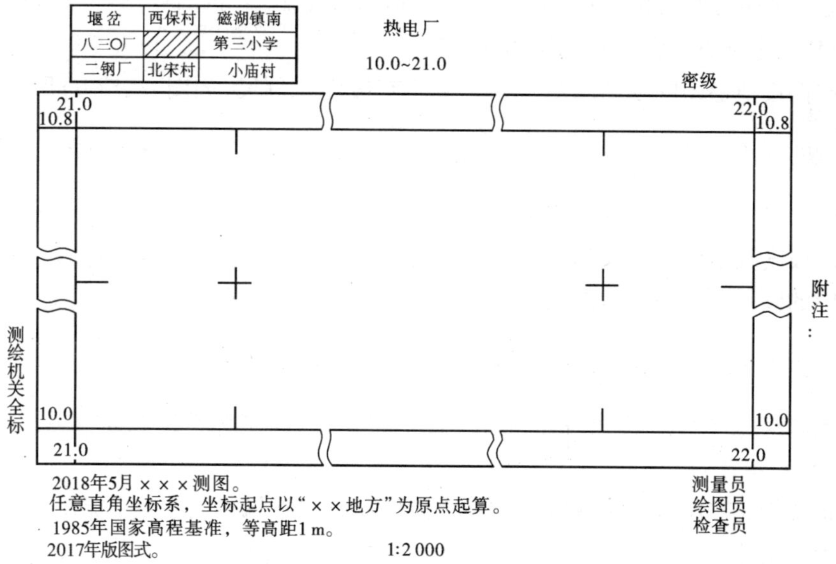

图 6-23　地形图图外注记

梯形图幅的图廓有三层：内图廓、分图廓和外图廓。内图廓是经纬线，也是该图幅的边界线。如图 6-24 中西图廓经线是东经 128°45′，南图廓是北纬 39°50′。内、外图廓之间的黑白相间的线条是分图廓，每段黑线或白线的长度，表示实地经差或纬差为 1′。分图廓与内图廓之间，注记了以千米为单位的平面直角坐标值，如图 6-24 中的 5189 表示纵坐标为 5 189 km（从赤道算起）。其余 90、91 等，其千米的千百位的数都是 51，故省略。横坐标为 22 482，22 为该图幅所在投影带的带号,482 表示该纵线的横千米数。外图廓以外还有图示比例尺、三北方向、坡度尺等,是为了便于在地形图上进行量算而设置的各种图解,称为量图图解。

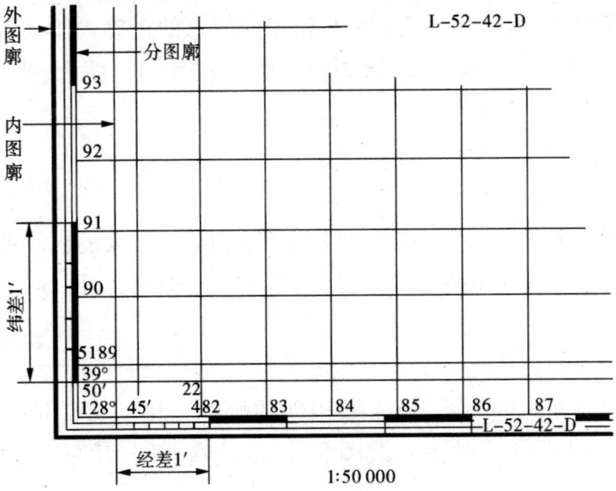

图 6-24　梯形图幅图廓

四、三北方向线及坡度尺

在许多中、小比例尺的南图廓线的右下方,还绘有真子午线、磁子午线和坐标纵轴(中央子午线)三者之间的角度关系,常称为三北方向线,如图 6-25(a)所示。该图中,磁偏角为 9°50′(西偏),子午线收敛角为 0°05′(西偏)。利用该关系图,可对图上任一方向的真方位角、磁方位角和坐标方位角三者间作相互换算。

在中比例尺地形图的南图廓左下方还常绘有坡度比例尺,如图 6-25(b)所示。它是一种量测坡度的图示尺,按以下原理制成:坡度 $i = \tan\alpha = \dfrac{h}{d \times M}$,$d$ 为图上等高线的平距,h 为等高距,M 为比例尺分母,在用分规卡出图上相邻等高线的平距后,可在坡度比例尺上读出相应的地面坡度数值。坡度尺的水平底线下边注有两行数字,上行是用坡度角表示的坡度,下行是对应的倾斜百分率表示的坡度。

五、投影方式、坐标系统、高程系统

地形图测绘完成后,都要在图上标注本图的投影方式、坐标系统和高程系统,以备日后使用时参考。

坐标系统指该图幅是采用哪种坐标系完成的,如 1980 年国家大地坐标系,城市坐标系,独立直角坐标系等。

高程系统指本图所采用的高程基准,如 1985 年国家高程基准或假定高程基准。

六、测图说明与注记等

测图说明注记一般有以下内容。

平面坐标系:是独立(假定)坐标系还是 1954 年北京坐标系或 1980 年大地坐标系。

高程系:是假定高程系还是“1956 年黄海高程系”或“1985 年国家高程基准”。高程系

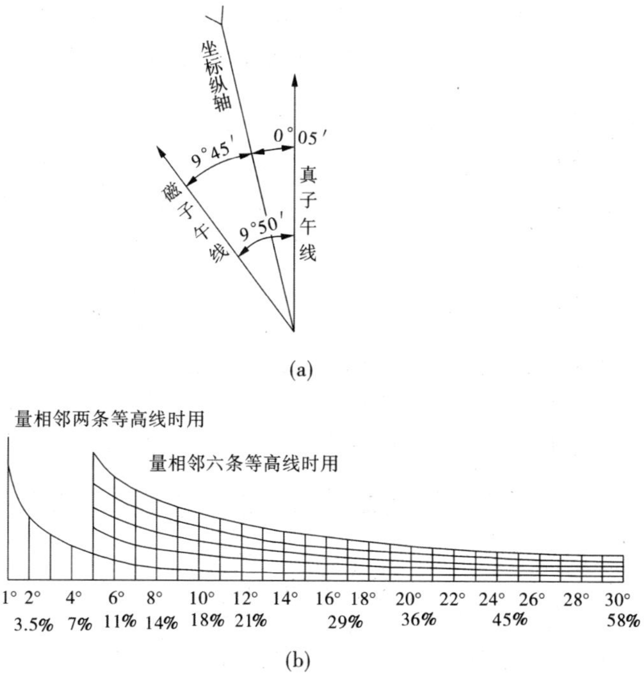

图 6-25　三北方向线及坡度尺

之后注明图幅内所采用的等高距。

测绘单位、测图方法和测图时间：不同的测绘单位，其用途、目的不同，地形图表现的重点内容会有所不同；测图方法不同，测图的精度也不同；测图时间（或调绘日期）可以判断地形图使用价值，离现在愈远，现状与地形图不相符的情况愈多，地形图的使用价值愈低。

图式和图例：注明图幅内采用的图式是什么年版的，便于用图者参阅，另外在东图廓线右侧，把一些不易识别的符号作为图例列出，便于用图者使用。

七、地物判读

进行地物判读，首先要求我们必须熟悉地形图图式，其次是仔细阅读地形图说明和注记等内容，特别是比例尺、等高距、注记的方式及含义等，这是判读地物的前提。

具体看时，我们首先要按地物的类别进行查看，例如分别按比例符号、半比例符号、非比例符号所表示的地物，它们实地位置的表达方式是不同的；所绘地物是否存在让位的问题；有的地物、比例尺不同，所用符号也不相同。其次，我们要根据用图的目的，对与其相关的地物进行重点查看。

八、地貌判读

进行地貌判读就是根据等高线来判断地表的高低起伏变化，这要求必须熟悉用等高线表示地貌的方法，特别是特殊地貌的表示方法。

具体看图时，首先要根据山脊线及山顶高程数据来确定整个山体的高低走势；其次是根据山谷线确定水系的流向以及汇水点或最终汇水点；再次是根据等高距平距的大小来确定山体的陡缓状态以及是否有悬崖、绝壁、易水土流失地、石块地等特殊地形；最后是根据用图的目的,仔细地分析和查看相应部位。

【实训成果】

根据配备的地形图完成表 6-8 的填写。

表 6-8　地形图识别记录表

<table>
<tr><td colspan="2">图外注记</td><td>作用或意义</td><td colspan="2">地理概况描述</td></tr>
<tr><td colspan="2">图名</td><td></td><td rowspan="3">地形</td><td rowspan="3"></td></tr>
<tr><td colspan="2">图号</td><td></td></tr>
<tr><td colspan="2">接图表</td><td></td></tr>
<tr><td colspan="2">比例尺</td><td></td><td rowspan="3">水系</td><td rowspan="3"></td></tr>
<tr><td colspan="2">坡度尺</td><td></td></tr>
<tr><td rowspan="3">图廓</td><td>外</td><td></td></tr>
<tr><td>中</td><td></td><td rowspan="2">交通</td><td rowspan="2"></td></tr>
<tr><td>内</td><td></td></tr>
<tr><td colspan="2">公里网</td><td></td><td>土地利用</td><td></td></tr>
<tr><td colspan="2">经纬网</td><td></td><td>居民点</td><td></td></tr>
<tr><td colspan="2">三北方向图</td><td></td><td>电力</td><td></td></tr>
</table>

【注意事项】

1. 在地物识读时要注意区分比例符号和非比例符号。
2. 在地形图识读时要注意地物与地貌之间的联系。
3. 地形图属于国家机密资料,用完必须如数归还,严禁损坏和丢失。

【考核评价】

学生姓名:　　　　　　　　日期:　　　　　　　　总分:

序号	考核项目	考核要求	分值	评分标准	得分
1	图外注记识别	各注记作用或意义正确	30 分	作用或意义错一项扣 3 分,扣完为止	
2	地理概况描述	地形描述准确; 水系描述准确; 交通描述准确; 土地利用描述准确; 居民点描述准确; 电力描述准确	60 分	地形描述不准确扣 5 分,描述错误扣 10 分; 水系描述不准确扣 5 分,描述错误扣 10 分; 交通描述不准确扣 5 分,描述错误扣 10 分; 土地利用描述不准确扣 5 分,描述错误扣 10 分; 居民点描述不准确扣 5 分,描述错误扣 10 分; 电力描述不准确扣 5 分,描述错误扣 10 分	

续表

序号	考核项目	考核要求	分值	评分标准	得分
3	团队协作	1. 小组成员间团结协作； 2. 学习、操作敬业精神； 3. 步骤和操作过程的规范性	6	根据学生表现，每小项 2 分	
4	方法能力	计划执行能力过程的熟练程度	4	根据学生表现，每小项 2 分	

【巩固训练】

一、名词解释

地形图　　地形图比例尺　　比例尺精度　　地物　　地貌

二、填空题

1. 地形图的分幅方法有两类，一种是__________，另一种是__________。

2. 由山顶向某个方向延伸的凸棱部分称为__________，几乎垂直的陡坡称为__________。垂直的陡坡称为__________。

3. 地形图上主要采用的等高线种类有__________、__________、__________和__________。

三、判断题

1. 在地形图中，山脊线为一组凹向高处的等高线。(　　)
2. 地形图比例尺愈大，反映的地物、地貌愈简单。(　　)
3. 同一幅地形图上，等高距是固定的。(　　)
4. 不同高程的等高线，不能相交或重合。(　　)
5. 测图比例尺愈大，图上表示的地物地貌愈详尽准确，精度愈高。(　　)

四、选择题

1. 在图上不但表示出地物的平面位置，而且表示地形高低起伏的变化，这种图称为(　　)。

A. 平面图　　B. 地图　　C. 地形图　　D. 断面图

2. 同一等高线上所有点的高程(　　)，但高程相等的地面点(　　)在同一条等高线上。

A. 相等，不一定　　B. 相等，一定　　C. 不等，不一定　　D. 不等，一定

3. 等高线通过(　　)才能相交。

A. 悬崖　　B. 雨裂　　C. 陡壁　　D. 陡坎

五、简答题

1. 等高线有哪些特性?
2. 地形图的图外注记包括哪些内容?

任务二　地形图的应用

【工作任务】

任务描述:小王在准备某乡村振兴项目中,需要在地形图上求算坐标、高程、距离、方位角以及坡度等基本数据。

任务分析:地形图上含有各项园林工程建设所需要的基础信息,在图上可准确、方便地确定地物的位置和相互关系以及地貌的起伏等情况。应用地形图求算各种基本数据,可以按照一定的顺序进行,例如,欲求算一线段(直线)的坡度,必须首先已知该线段两端点的高程大小,而高程则可由等高线的注记求得。

工具材料:准备本地区 1∶1万或 1∶2.5 万地形图。

【知识准备】

一、坐标正算

根据已知坐标、已知边长及该边的坐标方位角,计算未知点的坐标,称为坐标的正算。如图 6-26 所示,已知 A 点的坐标 X_A、Y_A 和 AB 边的边长 D_{AB} 及坐标方位 α_{AB},则边长 AB 的坐标增量为:

$$\left.\begin{aligned}\Delta X_{AB} &= D_{AB}\cos\alpha_{AB}\\ \Delta Y_{AB} &= D_{AB}\sin\alpha_{AB}\end{aligned}\right\} \tag{6-3}$$

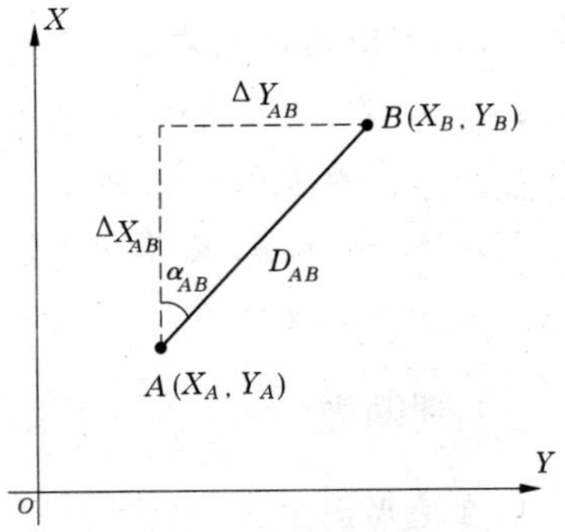

图 6-26　坐标计算图

B 点的平面坐标为:

$$\left.\begin{aligned}X_B &= X_A + \Delta X_{AB}\\ Y_B &= Y_A + \Delta Y_{AB}\end{aligned}\right\} \tag{6-4}$$

二、坐标反算

根据两个已知点的坐标,求算两点间的边长及其方位角,称为坐标反算。

直线 AB 的方位角为:

$$\alpha_{AB} = \arctan\frac{(Y_B - Y_A)}{(X_B - X_A)} = \arctan\frac{\Delta Y_{AB}}{\Delta X_{AB}} \tag{6-5}$$

直线 AB 的长度为:

$$D_{AB} = \sqrt{(X_B - X_A)^2 + (Y_B - Y_A)^2} \tag{6-6}$$

计算出的 α_{AB},应根据 ΔX、ΔY 的正负,判断其所在的象限。

【任务实施】

在地形图上完成小王实习所在公司，乡村振兴项目点的坐标等相关内容。

地形图的基本应用

一、求地形图上一点的坐标

（一）求图上一点的平面直角坐标

如图 6-27 所示，平面直角坐标格网的边长为 100 m，P 点位于 a、b、c、d 所组成的坐标格网中，欲求 P 点的直角坐标，可以通过 P 点作平行于直角坐标格网的直线，交格网线于 e、f、g、h 点。用比例尺（或直尺）量出 ae 和 ag 两段长度分别为 27 m、29 m，则 P 点的直角坐标为：

$$X_p = X_a + ae = 21\ 100\ \text{m} + 27\ \text{m} = 21\ 127\ \text{m}$$

$$Y_p = Y_a + ag = 32\ 100\ \text{m} + 29\ \text{m} = 32\ 129\ \text{m}$$

若图纸伸缩变形后坐标格网的边长为 99.9 m，为了消除误差，P 点的直角坐标为：

$$X'_p = X_a + \frac{ae}{ab} \cdot l = 21\ 100\ \text{m} + \frac{27\ \text{m}}{99.9\ \text{m}} \times 100\ \text{m} = 21\ 127.03\ \text{m}$$

$$Y'_p = Y_a + \frac{ag}{ad} \cdot l = 32\ 100\ \text{m} + \frac{29\ \text{m}}{99.9\ \text{m}} \times 100\ \text{m} = 32\ 129.03\ \text{m}$$

式中　l——相邻格网线间距。

（二）求图上一点的大地坐标

在求某点的大地坐标时，首先根据地形图内、外图廓中的分度带，绘出经纬度格网，接着作平行于该格网的纵、横直线，交于大地坐标格网，然后按照求算直角坐标的方法即可计算出点的大地坐标，具体可参考求平面直角坐标的算例。

二、求图上两点间的距离

（一）根据两点的平面直角坐标计算

欲求图 6-27 中 PQ 两点间的水平距离，可先求算出 P、Q 的平面直角坐标（X_P，Y_P）和（X_Q，Y_Q），然后利用下式计算：

$$D_{PQ} = \sqrt{(X_Q - X_P)^2 + (Y_Q - Y_P)^2} \tag{6-7}$$

（二）根据数字比例尺计算

当精度要求不高时，可使用直尺在图 6-27 上直接量取 PQ 两点的长度，再乘以地形图比例尺的分母，即得两点的水平距离。

（三）根据测图比例尺直接量取

为了消除图纸的伸缩变形给计算距离带来的误差，可以在图 6-27 上用两脚规量取 PQ 间的长度，然后与该图的直线比例尺进行比较，也可得出两点间的水平距离。

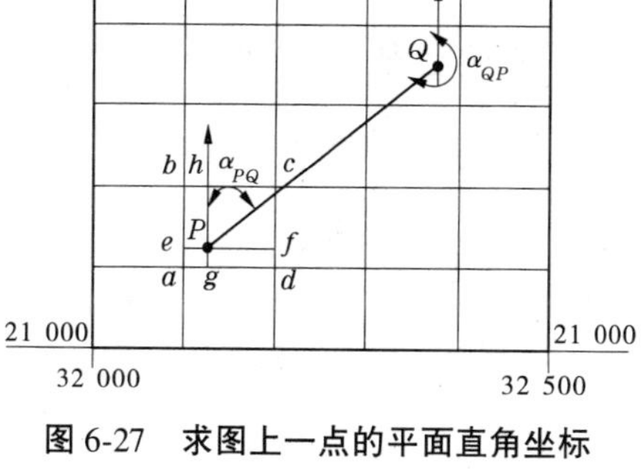

图 6-27　求图上一点的平面直角坐标

(四)量取折线和曲线的长度

地形图上的通信线、电力线、上下水管线等都为折线,它们的总长度可分段量取,各线段的长度相加便可求得。曲线的长度,可将曲线近似地看作折线,用量测折线长度的方法量取;或先用伸缩变形很小的细线与曲线重合,然后拉直该细线,用直尺量取长度并计算出其实际距离;使用曲线仪也可方便量出曲线长度。

三、求图上两点间的方位角

(一)根据两点的平面直角坐标计算

欲求图 6-27 中直线 PQ 的坐标方位角 α_{PQ},可由 P、Q 的平面直角坐标(X_P, Y_P)和(X_Q, Y_Q)得:

$$\alpha_{PQ} = \arctan \frac{Y_Q - Y_P}{X_Q - X_P} \tag{6-8}$$

求得的 α_{PQ} 在平面直角坐标系中的象限位置,将由($X_Q - X_P$)和($Y_Q - Y_P$)的正、负符号确定。

(二)用量角器直接量取

如图 6-27 所示,若求直线 PQ 的坐标方位角 α_{PQ},当精度要求不高时,可以先过 P 点作一条平行于坐标纵线的直线,然后用量角器直接量取坐标方位角 α_{PQ}。

四、求图上一点的高程

根据地形图上的等高线,可确定任一地面点的高程。如果地面点恰好位于某一等高线上,则根据等高线的高程注记或基本等高距,便可直接确定该点高程。如图 6-28 所示,P 点的高程为 20 m。

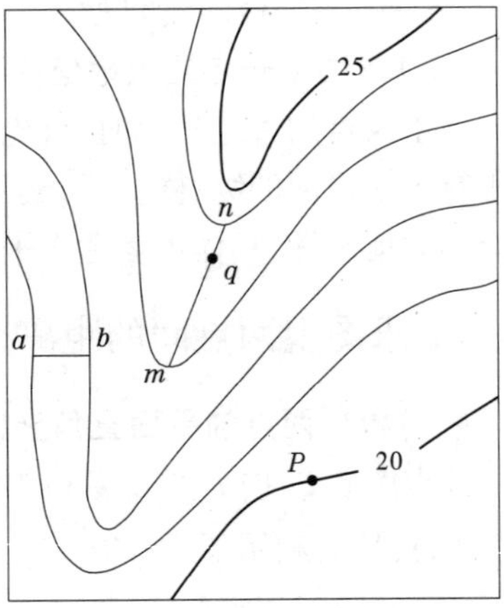

图 6-28　求图上一点的高程

在图 6-28 中,当确定位于相邻两等高线之间的地面点 q 的高程时,可用目估法;当精度要求较高时,也可采用内插法计算,即先过 q 点作一条直线,与相邻两等高线相交于 m、n 两点,再依高差和平距成比例的关系求解。若图 6-28 中的等高线基本等高距为 1 m,mn、mq 的长度分别为 20 mm 和 14 mm,则 q 点高程 H_q 为:

$$H_q = H_m + \frac{mq}{mn} \cdot h = 23 + \frac{14}{20} \times 1 = 23.7(\text{m})$$

如果要确定图上任意两点间的高差,则可采用该方法确定两点的高程后相减即得。

五、求直线的坡度

(一)利用高程计算

如图 6-28 所示,欲求 a、b 两点之间的地面坡度,可先求出两点的高程 H_a、H_b,计算出高差 $h_{ab} = H_b - H_a$,然后求出 a、b 两点的水平距离 D_{ab},按式(3-11)即可计算地面坡度:

$$i = \frac{h_{ab}}{D_{ab}} \times 100\% \tag{6-9}$$

或

$$\alpha_{ab} = \arctan \frac{h_{ab}}{D_{ab}} \tag{6-10}$$

(二)利用坡度尺量取

使用坡度尺,可在地形图上分别测定 2~6 条相邻等高线间任意方向线的坡度。量测时,先用两脚规量取图上 2~6 条等高线间的宽度,然后到坡度尺上比量,在相应垂线下面就可读出它的坡度值;如图 6-29 所示,所量两条等高线处地面的坡度为 2°。利用坡度尺量取,要求量测几条等高线就要在坡度尺上相应比对几条;当地面两点间穿过的等高线平距不等时,等高线间的坡度则为地面两点平均坡度。

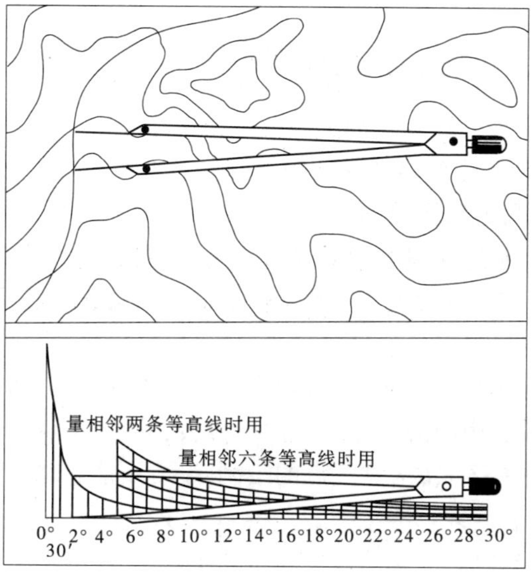

图 6-29　坡度尺的应用

六、按限制坡度在地形图上选定最短路线

在道路、管线等工程规划中,一般要求按限制坡度选定一条最短路线或等坡度线。其基本做法是:

如图 6-30 所示,设从公路旁 A 点到山头 B 点选定一条路线。限制坡度为 4%,地形图比例尺为 1∶2 000,等高距为 1 m。为了满足限制坡度的要求,可根据式(6-11)求出该线路通过相邻两等高线的最短平距,即求出相邻两等高线之间满足设计坡度的最短距离:

$$d = \frac{h}{i \times M} = \frac{1}{0.04 \times 2\ 000} = 12.5(\text{mm}) \tag{6-11}$$

于是,用脚规张开 12.5 mm,先以 A 点为圆心画圆弧交 81 m 等高线于 1、1′点;再以 1(1′)点画圆弧交 82 m 等高线于 2 点;依次类推直到 B 点。连接相邻点,便得同坡度路线 A—1—2—…—B。若所画弧不能与相邻等高线相交,则以最短平距直接连接相邻两等高线,这样,该线段为坡度小于 4% 的最短线路,符合设计要求。在图上尚可沿另一方向定出第二条 A—1′—2′—…—B,可以作为比较方案。其实,在图上满足设计要求的线路有多条,在实际工作中,还需在野外考虑工程上的其他因素,如少占或不占良田,避开不良地质地段、

工程费用最少等进行修改,最后确定一条既经济,又合理的路线。

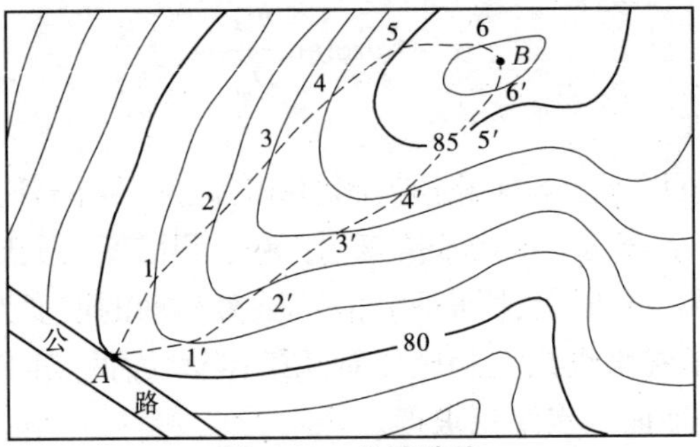

图 6-30　公路选线

七、根据地形图绘制一定方向的断面图

断面图是显示指定地面起伏变化的剖面图。在道路、管道等工程设计中,为进行填挖土(石)方量的概算或合理地确定线路的纵坡等,均需较详细地了解沿线路方向上的地面起伏情况,为此常根据大比例尺地形图绘制沿线方向的断面图。

如图 6-31 所示,欲绘制地形图上 *MN* 方向的断面图,首先在图纸上绘出两条互相垂直的坐标轴线,横坐标轴 *D* 表示水平距离,纵坐标轴 *H* 表示高程。然后,用脚规在地形图上自 *M* 点起沿 *MN* 方向依次量取相邻等高线的平距 *M*1、12、……,并以同一比例尺绘在横轴上,得 *M′*—1′—2′…—*N′*,再根据各点的高程按高程比例尺绘出各点,即得各点在断面图上的位置, *M*,1,2,3,……,*N*;最后用圆滑的曲线连接 *M*,1,2,3,…,*N* 点,即得直线 *MN* 的断面图。绘制纵断面图时,应特别注意 *a*、*b*、*c* 这三点的绘制,千万不能忽略。

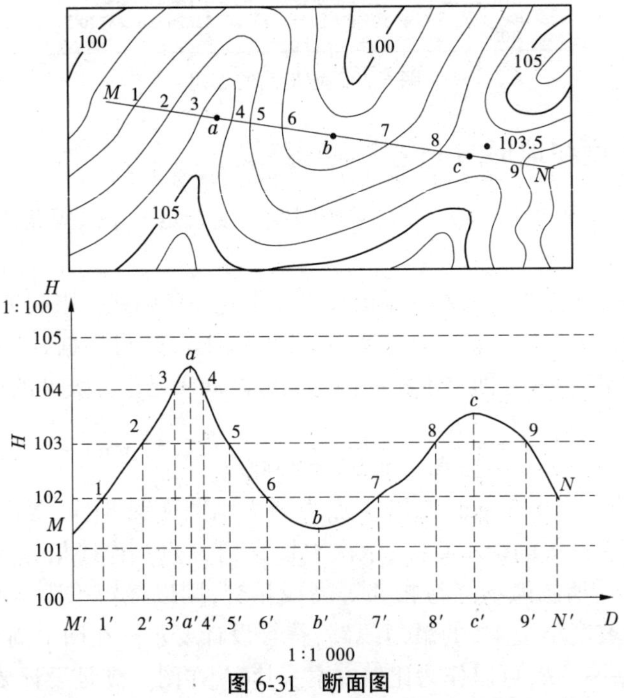

图 6-31　断面图

为了明显地表示地面起伏变化情况，断面图上的高程比例尺一般比水平距离比例尺大10倍或20倍。

八、确定汇水范围

在修筑桥涵和水库大坝等工程中，桥梁、涵洞孔径的大小，大坝的设计位置、高度、水库的库容量大小等，都需要了解这个区域水流量的大小，而水流量是根据汇水面积确定的。汇集水流量的面积称为汇水面积。汇水面积由相邻分水线连接而成。

由于地面上的雨水是沿山脊线向两侧分流，所以汇水范围的确定，就是在地形图上自选定的断面起，沿山脊线或其他分水线而求得。如图6-32所示，线路在 *M* 处要修建桥梁或涵洞，则由山脊线 *bcdefga* 所围成的闭合图形就是 *m* 上游的汇水范围的边界线。

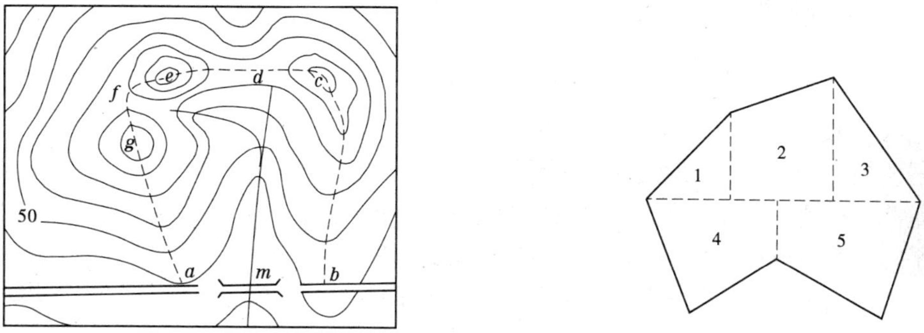

(a) (b)

图6-32 汇水范围

确定汇水范围时应该注意以下两点：

(1)边界线应与山脊线一致，且与等高线垂直；

(2)边界线是经过一系列山头和鞍部的曲线，并与河谷的指定断面如图6-32中 *m* 处的直线闭合。

图上汇水范围确定后，可用面积求算方法求得汇水面积，再根据当地的最大降雨量，来确定最大洪水流量，作为设计桥涵孔径及管径尺寸的参考。

九、确定区域面积

在园林规划设计中应用较多的面积计算，下面介绍几种常用的测定方法。求算面积采用透明方格纸、平行线法、几何图形法、电子求积仪法进行量算，每宗地面积至少量算两次以上，并且由两个人交换量算，取平均值。

(一)方格法

该方法特别适用于不规则的林地面积测算。求面积时，把印有(或画上)间隔为2 mm(4 mm或其他规格)的透明方格网随意盖在图形上，如图6-33所示，分别查数图形内不被图形分割的完整方格数和被图形分割的不完整方格数，完整方格数加上不完整方格数的一半，即为总方格数，则图形面积 *A* 为：

$$A=\left(\frac{d\times M}{1\ 000}\right)^2\times n\ (\mathrm{m}^2) \tag{6-12}$$

式中 d——方格的大小，mm；

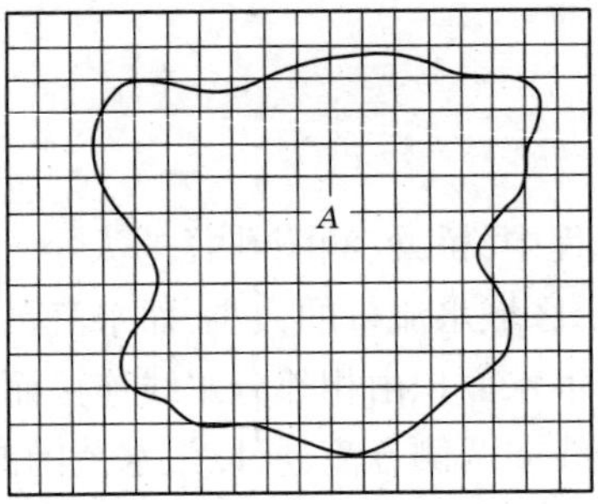

图 6-33　方格法

S——实地面积，m^2；

M——地形图比例尺分母；

d——小方格边长，mm。

(二)平行线法

在透明模片上制作相等间隔的平行线，如图 6-34 所示。量测时把透明模片放在欲量测的图形上，使整个图形被平行线分割成许多等高的梯形，设图中梯形的中线分别为 $L_1, L_2, \cdots, L_n$，量其长度大小，则所量测的面积为：

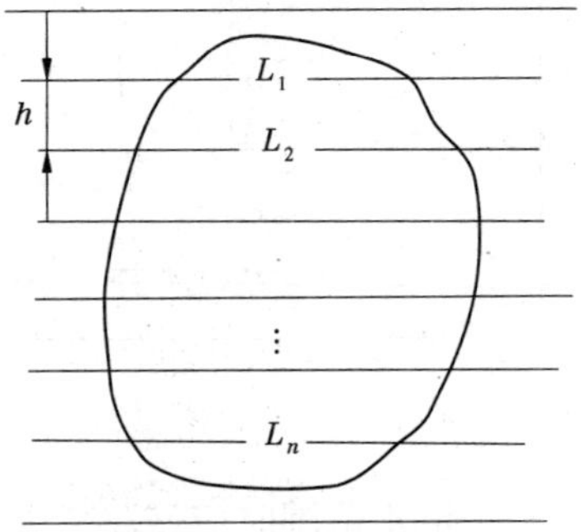

图 6-34　透明平行线法

$$S = h(L_1 + L_2 + \cdots + L_n) = h\sum_{i=1}^{n} L_i \qquad (6\text{-}13)$$

式中　L_i——被量测图形内平行线的线段长度($i=1, 2, \cdots, n$)；

h——制作模片时所用相邻平行线间的间隔，可根据被量测图形的大小而确定。

(三)几何图形法

(1)若图形是由直线连接的多边形，则可将图形划分为若干种简单的几何图形，如图 6-35 中的三角形、矩形、梯形等。然后用比例尺量取计算时所需的元素(长、宽、高)，应用面积计算公式求出各个简单几何图形的面积，再汇总出多边形的面积。

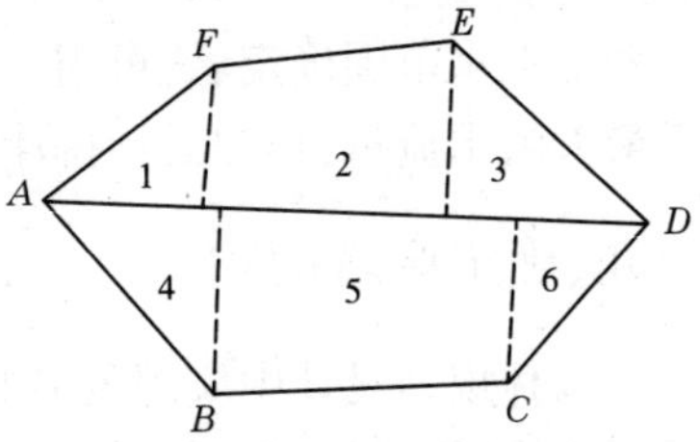

图 6-35　几何图形法

(2)图形面积如为曲线时，可以近似地用直线连接成多边形。再将多边形划分为若干种简单几何图形进行面积计算。

(3)当用几何图形法量算线状地物面积时，可将线状地物看作长方形，用分规量出其总长度，乘以实量宽度，即可得线状地物面积。

将多边形划分为简单几何图形时，需要注意以下几点：

①将多边形划分为三角形，面积量算的精度最高，其次为梯形、长方形。

②划分为三角形以外的几何图形时，尽量使它的图形个数最少，线段最长，以减小误差。

③划分几何图形时，尽量使底与高之比接近 1:1(使梯形的中位线接近于高)。

④如图形的某些线段有实量数据，则应首先利用实量数据。

⑤为了进行校核和提高面积量算的精度，要求对同一几何图形，量取另一组面积计算要素，量算两次面积，两次量算结果在容许范围内（见表 6-9），方可取其平均值。

表 6-9　两次量算面积之较差的容许范围

图上面积/mm^2	相对误差
<100	≤1/30
100~400	≤1/50
400~1 000	≤1/100
1 000~3 000	≤1/150
3 000~5 000	≤1/200
>5 000	≤1/250

（四）电子求积仪法

如图 6-36 所示为 KP-90N 型电子求积仪，主要部件为动极臂、跟踪臂和微型计算机；微型计算机表面的功能键如表 6-10 所示；各功能键显示的符号在显示屏上的位置，如图 6-37 所示。电子求积仪的操作步骤为：

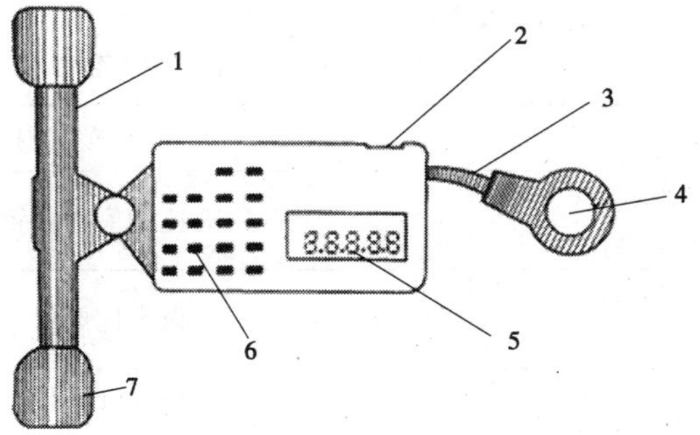

1—动极臂；2—交流转换器插座；3—跟踪臂；4—跟踪放大镜；5—显示屏；6—数字键和功能键；7—动极轮。

图 6-36　KP-90N 型电子求积仪

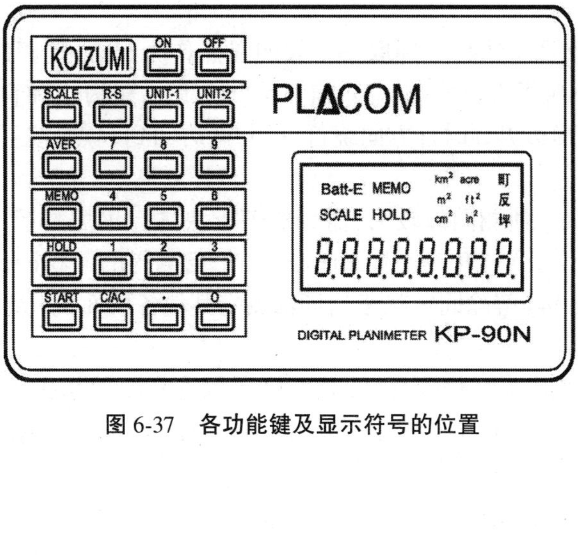

图 6-37　各功能键及显示符号的位置

表 6-10 KP-90N 型电子求积仪的功能键

符号	功能键	符号	功能键
ON	电源键(开)	OFF	电源键(关)
0~9	数字键	·	小数点键
START	启动键	HOLD	固定键
MEMO	存储键	AVER	结束及平均值键
UNIT	单位键	SCALE	比例尺键
R-S	比例尺确认键	C/AC	清除键

(1)准备工作。将图纸固定在平整的图板上,把跟踪放大镜大致放在图的中央,使动极臂与跟踪臂约成90°角;用跟踪放大镜沿图形轮廓线试绕行2~3周,检查动极臂是否平滑移动。如果转动中出现困难,可调整动极臂位置。

(2)打开电源。按下ON键,显示屏上显示"0"。

(3)设定面积单位。按UNIT键,选定面积单位;面积单位有米制、英制和日制。

(4)设定比例尺。设定比例尺主要使用数字键、SCALE键和R-S键。例如,当测图比例尺为1:10 000时,其设定的操作步骤见表6-11。

表 6-11 设定比例尺 1:10 000 的操作

键操作	符号显示	操作内容
10 000	cm^2 10 000	对比例尺进行置数10 000
SCALE	SCALE cm^2 0	设定比例尺1:10 000
R-S	SCALE cm^2 10 000 000	$10\ 000^2 = 100\ 000\ 000$ 确认比例尺1:10 000已设定,因为最高可显示8位数,故显示10 000 000而不是100 000 000
START	SCALE cm^2 0	比例尺1:10 000设定完毕,可开始测量

(5)跟踪图形。在图形边界上选取一个较明显点作为起点,使跟踪放大镜中心与之重合,按下START键,蜂鸣器发出声响,显示窗显示"0";用右手拇指和食指控制跟踪放大镜,使其中心准确地沿图形边界顺时针方向绕行一周,然后回到起点,按下AVER键,即显示所测图形的面积。

(6)累加测量。如果所测图形较大,需分成若干块进行累加测量。即第一块面积测量结束后(回到起点),不按AVER键而按HOLD键(把已测得的面积固定起来);当测定第二块图形时,再按HOLD键(解除固定状态),同法测定其他各块面积。结束后按AVER键,即显示所测大图形的面积。

(7)平均测量。为提高测量精度,可对一块面积重复测量几次,取平均值作为最后结果。即每次结束后,按MEMO键,数次测量全部结束时按AVER键,则显示这几次测量的平均值。

【实训成果】

根据配备的地形图和图上给定的四个点完成表 6-12。

表 6-12　地形图应用记录表

点、线、面	*A*	*B*	*C*	*D*
平面坐标				
地理坐标				
高程				
水平距离				
倾斜距离				
坐标方位角				
磁方位角				
坡度				
面积				

【注意事项】

（1）在地形图上，求算高程的点假如位于山顶或凹地上，处于同一等高线的包围中，那么该点的高程等于最近首曲线的高程加上或减去 1/2 基本等高距；若是山顶应加半个等高距，若是凹地应减去半个等高距。

（2）当求某地区的平均坡度时，首先按该区域地形图等高线的疏密情况，将其划分为若干同坡小区；然后在每个小区内绘一条最大坡度线，求出各线的坡度作为该小区的坡度；最后取各小区的平均值，即为该地区的平均坡度。

【考核评价】

学生姓名：　　　　　　　　　　　　日期：　　　　　　　　总分：

序号	考核项目	考核要求	分值	评分标准	得分
1	求图上两点的平面坐标	方法正确，计算过程清楚、整洁	20	计算错一个点扣 10 分	
2	求图上两点间的距离	方法正确，计算过程清楚、整洁	20	计算错一个点扣 10 分	
3	求图上两点间的方位角	方法正确，计算过程清楚、整洁	20	计算错一处扣 10 分	
4	求图上任意两点的高程	方法正确，计算过程清楚、整洁	14	计算错一个点扣 10 分	
5	求图上一直线的坡度	方法正确，计算过程清楚、整洁	10	计算错一处扣 5 分	

续表

序号	考核项目	考核要求	分值	评分标准	得分
6	面积计算	方法正确,计算过程清楚、整洁	10	计算错一处扣5分	
7	方法能力	计划执行能力,过程的熟练程度	6	根据学生表现,每小项3分	

【巩固训练】

一、判断题

1. 已知某一点 A 的高程是102 m,A 点恰好在某一条等高线上,则 A 点的高程与该等高线的高程不相同。(　　)

2. 几何图形法,坐标计算法,求积仪法都是地形图面积量算的方法。(　　)

二、选择题

1. 将多边形划分为若干个几何图形来计算图形面积的方法是(　　)。

A. 几何图形法　　B. 坐标计算法　　C. 图解法　　D. 求积仪法

2. 地形图图上面积化为实地面积时,应用图上面积乘以地形图比例尺的分母(　　)。

A. 正确　　B. 错误

3. 利用几何图形法求得地形图上某一多边形面积为8.4 cm^2,已知地形图比例尺为1:1 000,则该多边形的实地面积是(　　)m^2。

A. 840　　B. 0.84　　C. 8.4　　D. 84

三、简答题

1. 等高线平距与地面坡度之间有何关系?

2. 地形图应用的基本内容有哪些?

3. 在地形图上量算面积方法有哪些?

四、计算题

如图6-38所示,绘图比例尺为1:1 000,完成以下项目计算:

(1)求 A、B、C、D、E 点的坐标;

(2)计算 AB 的水平距离和方位角;

(3)求 A、C 两点的高程及其连线的坡度;

(4)分别用方格法和网点板法、平行线法,求算 A—B—D—E—C—A 所围的面积。

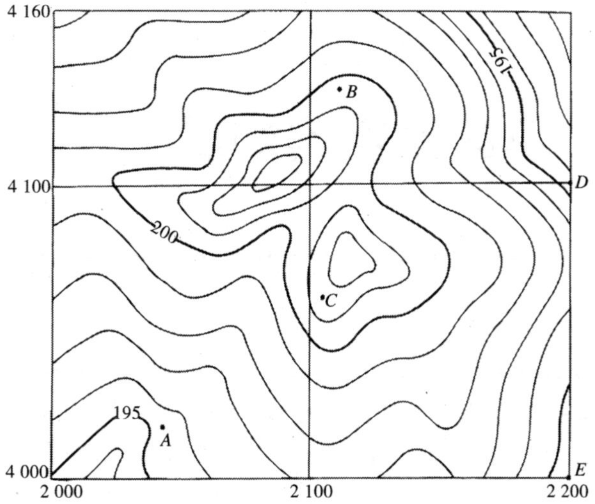

图 6-38　1∶1 000 比例尺地形图

【思政要点】

规范使用地图一点都不能错

国家版图是指一个国家行使主权和管辖权的疆域，包括领土和享有一定主权权力的国家管辖海域。正确的国家版图是国家主权和领土完整的象征，是国家主权的体现形式。在国际社会交往中，反映了一个国家的政治和外交立场。

互联网高速发展使得错绘国界线及漏绘重要岛屿等错误国家版图传播快、覆盖广、影响大，产生负面舆情造成我国外交被动，严重危害到国家主权和安全；登载有涉密、敏感信息如等高线、军事、大型水利电力设施等与国家经济命脉相关内容的“问题地图”，直接危害国家安全和利益。

国家版图中的每一点、每一线，都是不容抹去的疆域。祖国河山，一寸都不能丢！中国地图，一点都不能错！

标准地图这里下载：

1. 自然资源部网站-标准地图服务可下载中国和世界地图。
2. 自然资源部微信公众号：[关注]→[便民服务]→[地图下载]。

备注：资源来源于网络，仅用于教学。

项目七　小区域控制测量

小区域控制测量

项目情景

地形图的测量是以地面控制点为基础,测量出控制点至周围各地形特征点(碎部点)的距离、角度、高差以及测点与测点间的相互位置关系等数据,并按一定的比例将这些测点缩绘到图纸上,绘制成图。虽GNSS测量技术在工程测量中广泛应用,鉴于园林工程建设一般占地面积较少,在测区不便于卫星信号接收的局部范围,仍采用传统的常规定位方法建立低等级的平面控制网。平面控制测量的外业主要包括野外踏勘、选点、埋设点位标志,根据控制点构成网形与控制网等级按相应的规范要求测量边长和水平角。本项目要求能够完成导线测量外业、高程控制测量(三四等水准测量)外业,并对导线测量和高程控制测量进行内业数据处理与平差。

学习目标

知识目标:

(1)了解国家和城市平面控制网及高程控制网的布设情况。

(2)掌握图根导线测量布设方案、施测技术和数据处理的方法。

(3)掌握三、四等水准测量和三角高程测量实施的方法与技术。

技能目标:

(1)能用图根导线测量的方法进行小区域的平面控制测量。

(2)能利用三、四等水准测量,三角高程测量的方法进行小区域的高程控制测量。

思政目标:

培养学生在测量工作中一丝不苟、精益求精的"工匠精神"。

任务一　控制测量的基础知识

【工作任务】

在园林工程中,需要一定比例尺的地形图和其他测绘资料,在工程施工中也需要进行施工测量。为了防止误差的累积和传播,保证测图和施工精度和进度,园林测量工作必须遵循测量工作的原则。在进行园林要素测量或园林地形图测绘之前,首先要进行整体的控制测量,即在整个测区范围内测定一定数量的起控制作用的点精确位置,以统一全测区的测量工作。控制测量分为平面控制测量和高程控制测量。测定控制点平面位置的工作,称为平面控制测量;测量控制点高程的工作,称为高程控制测量。

【知识准备】

在全国范围内按统一的方案建立的控制网，称为国家控制网。它是采用精密的测量仪器和方法，依照国家统一的相应的测量规范施测，依其精度可分为一、二、三、四等四个等级。按照由高级到低级逐级加密的原则建立。

在城市范围内，在国家控制网的基础上，为满足城市建设工程的需要而建立的控制网称为城市控制网。为大中型工程建设而建立的控制网称为工程控制网。为满足不同目的的要求，城市和工程控制网也是分级建立。

面积一般在 15 km^2 以下的小范围内建立的控制网称为小区域控制网；直接以测图为目的建立的小区域控制网称为图根控制网。图根控制网应尽可能与附近的国家或城市控制网联测。

一、平面控制测量

建立平面控制网的方法有导线测量、GNSS 控制测量和三角测量等。

(一)导线测量

导线测量是将选定的控制点连成一条折线，依次观测各转折角和各边长，然后根据起始点坐标和起始边方位角，推算各导线点的坐标。其优点是导线测量灵活方便、测算简单，在工程测量中应用广泛。随着光电测距和全站仪的应用，量距有更高的精度、速度也更为方便。

(二)GNSS 控制测量

GNSS 测量是利用多台接收机同时接收多颗定位卫星信号，确定地面点三维坐标的方法。GNSS 定位技术以其精度高、速度快、全天候、操作简单而著称，目前已广泛应用于大地控制测量和大部分工程控制测量。

(三)三角测量

三角测量是按要求在地面上选择一系列具有控制作用的点，组成相互联结的三角形，用精密仪器观测所有三角形中的内角，并精确测定起始边的边长和方位角，按三角形的边角关系逐一推算其余边长和方位，最后解算出各控制点的坐标，如图 7-1 所示。

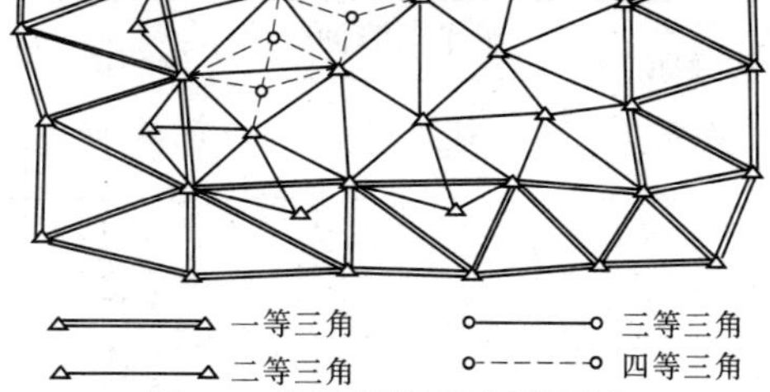

图 7-1　国家平面控制网示意

二、高程控制测量

高程控制测量的主要形式是水准测量。此外,也可采用三角高程测量和 GNSS 拟合高程测量。城市和工程水准测量精度等级的划分,依次为二、三、四等以及直接用于图根测量的水准测量。在一般情况下,对于小区域高程控制测量可以以国家和城市等级水准点为基础,建立四等水准网或水准路线,用图根水准测量或三角高程测量的方法测定图根点的高程。各等级水准测量主要技术要求见表 7-1。

表 7-1　各等级水准测量的主要技术指标

等级	每公里高差中数中误差/mm		附合导线长度/km	测段往、返测高差不符值/mm	附合导线或环线闭合差/mm
	偶然中误差	全中误差			
二等	≤±1	≤±2	400	$\leqslant \pm 4\sqrt{R}$	$\leqslant \pm 4\sqrt{L}$
三等	≤±3	≤±6	45	$\leqslant \pm 12\sqrt{R}$	$\leqslant \pm 12\sqrt{L}$
四等	≤±5	≤±10	15	$\leqslant \pm 20\sqrt{R}$	$\leqslant \pm 20\sqrt{L}$
图根	≤±10	≤±20	8		$\leqslant \pm 40\sqrt{L}$

注:R 为测段长度,L 为附合路线或环线的长度,均以"km"为单位。

三、图根控制测量

为了测绘大比例尺地形图,需要在测区布设大量的控制点作为测图而布设的控制点,称为图根控制点。图根平面控制可以根据测区内的已知高级控制点用三角锁、光电导线或交会测量的形式进行加密,其高程可以用等外水准测量或三角高程测量的方法测定。如果测区内没有已知点,则应布设独立的小三角测量或导线测量作为首级控制,其起始点坐标可以假定,起始边方位角用罗盘仪测定,或者测定其天文方位角,然后在此基础上按需要加密图根点。作为小范围地形控制的小三角测量和导线测量,小三角测量可根据边长情况分为一级小三角测量和二级小三角测量;导线测量则分为一、二、三级导线测量和图根导线测量。其主要技术要求见表 7-2、表 7-3。

表 7-2　小三角测量技术参数

等级	平均边长/km	测角中误差/(″)	起始边边长相对中误差	最弱边边长相对中误差	测回数		三角形最大闭合差/(″)
					DJ_6	DJ_2	
一级	1	≤5.0	1/40 000	1/20 000	6	2	15
二级	0.5	≤10.0	1/20 000	1/10 000	2	1	30

表 7-3　光电测距导线测量技术参数

等级	闭合环或附合导线长度/km	平均边长/m	测角中误差/(″)	水平角测回数		测距中误差/mm	方位角闭合差/(″)	导线全长相对大闭合差
				DJ_6	DJ_2			
一级	3.6	300	≤5.0	2	4	≤15	$10\sqrt{n}$	≤1/14 000
二级	2.4	200	≤8.0	1	3	≤15	$16\sqrt{n}$	≤1/10 000
三级	1.5	120	≤12.0	1	2	≤15	$24\sqrt{n}$	≤1/6 000
四级	0.9	80	≤20.0	1	1	≤15	$40\sqrt{n}$	≤1/4 000

【任务实施】

熟悉图根导线测量技术参数要求以及三四等水准测量技术参数要求。

【考核评价】

学生姓名： 日期： 总分：

序号	考核项目	考核要求	分值	评分标准	得分
1	图根导线测量技术要求	角度闭合差要求	10分	符合图根导线角度闭合差限差要求，不符合扣分	
2	图根导线测量技术要求	导线长度及边长测距误差	5分	符合图根导线长度要求及边长测距误差≤1/3 000，不符合扣分	
3	图根导线测量技术要求	测回数	5分	图根导线测回数应≥1，不符合扣分	
4	图根导线测量技术要求	导线全长相对闭合差	10分	图根导线全长相对闭合差不超过1/2 000，不符合扣分	
5	三、四等水准测量技术要求	高差闭合差限差	10	三等水准测量高差闭合差限差不超过$\pm12\sqrt{L}$(mm)，四等水准测量高差闭合差不超过$\pm20\sqrt{L}$(mm)，不符合扣分	
6	三、四等水准测量技术要求	视距差及累积视距差	15	三等水准测量视距差≤3 m，累积视距差≤6 m，四等水准测量视距差≤5 m，累积视距差≤10 m，不符合扣分	
7	三、四等水准测量技术要求	黑红双面读数差	15	三等水准测量黑红双面读数差≤2 mm，四等水准测量黑红双面读数差≤3 mm，不符合扣分	
8	三、四等水准测量技术要求	黑红双面高差较差	15	三等水准测量黑红双面高差较差≤3 mm，四等水准测量黑红双面高差较差≤5 mm，不符合扣分	
9	三、四等水准测量技术要求	视线离地面最低高度	15	三丝能读数，不符合扣分	

【巩固训练】

平面控制测量通常有哪些方法？各有什么特点？

任务二 导线测量

【工作任务】

导线测量是建立小区域平面控制网的常用方法之一。在测区范围进行踏勘、选点、设标志，构成附合导线或者闭合导线，完成导线测量外业测量，并对数据进行内业计算，成果分析并平差。

【知识准备】

一、导线测量的布设形式

将地面上相邻控制点用直线连接而形成的折线，称为导线；这些控制点称为导线点；每条直线称为导线边；相邻导线边之间的水平角称为转折角；通过观测导线边的边长和转折角，根据起算数据可计算出各导线点的平面坐标。

在小地区施测大比例尺地形图时，平面控制测量常采用导线测量，特别是在建筑物密集的建筑区和平坦而通视条件较差的隐蔽区，布设导线最为适宜。

(一)布设形式

根据测区的不同情况和要求，导线可以布设成闭合导线、附合导线和支导线。

1. 闭合导线

从一点出发，最后仍回到该点的导线，组成一闭合多边形，称为闭合导线。闭合导线多用在面积较宽阔的独立地区作测图控制。它主要有三种形式：

(1)具有两个已知点的闭合导线，如图 7-2 所示。

(2)具有一个已知点的闭合导线，如图 7-3 所示。

(3)无已知点的闭合导线，如图 7-4 所示。

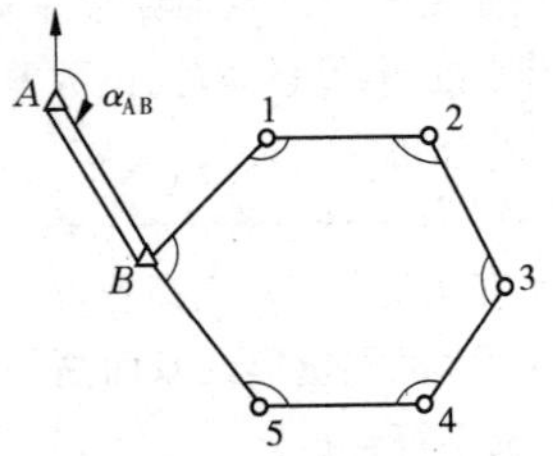

图 7-2 具有两个已知点的闭合导线

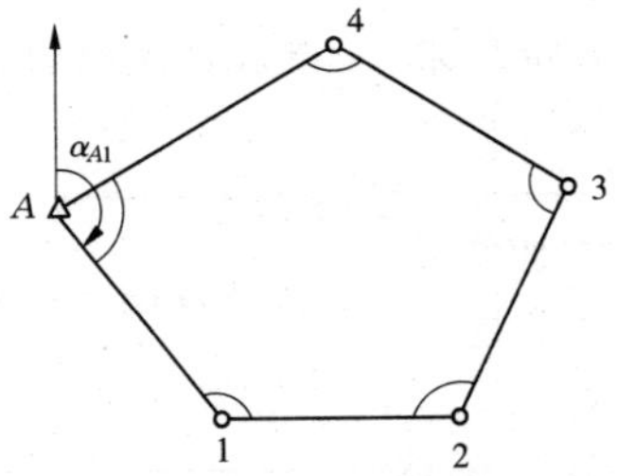

图 7-3 具有一个已知点的闭合导线

2. 附合导线

从一个已知点出发，最后附合到另一已知点上。附合导线多用在带状地区作测图控制。此外，也广泛用于公路、铁路、水利等工程的勘测与施工。它主要有三种形式：

(1)具有两个连接角的附合导线，如图 7-5 所示。

(2)具有一个连接角的附合导线，如图 7-6 所示。

(3)无连接角的附合导线,如图 7-7 所示。

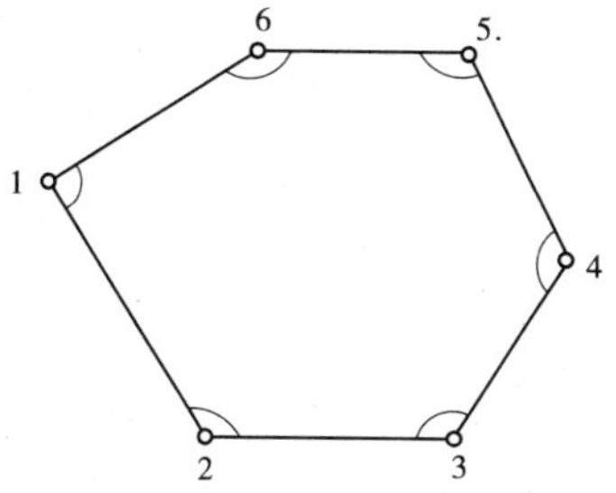

图 7-4　无已知点的闭合导线

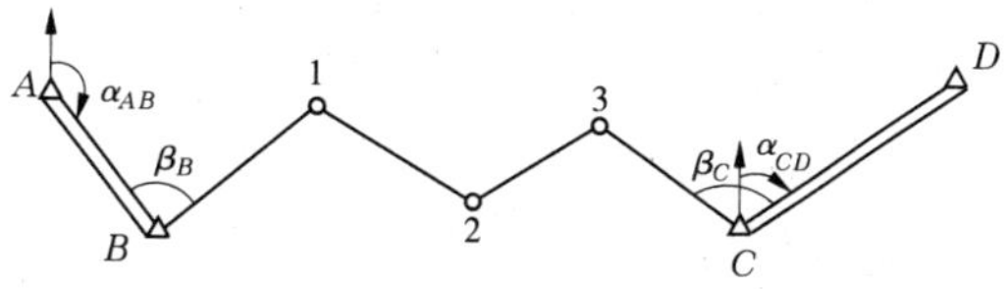

图 7-5　具有两个连接角的附合导线

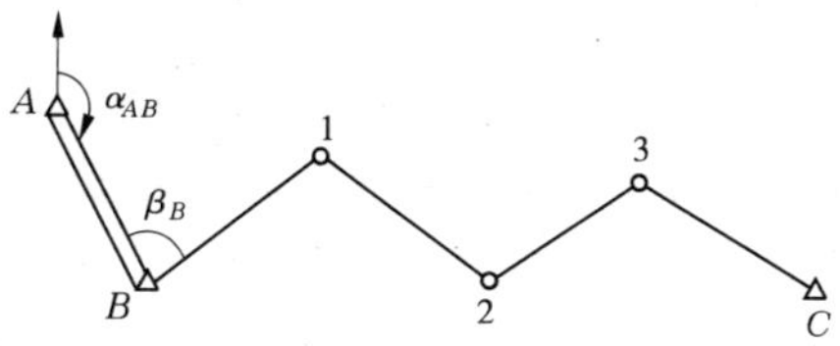

图 7-6　具有一个连接角的附合导线

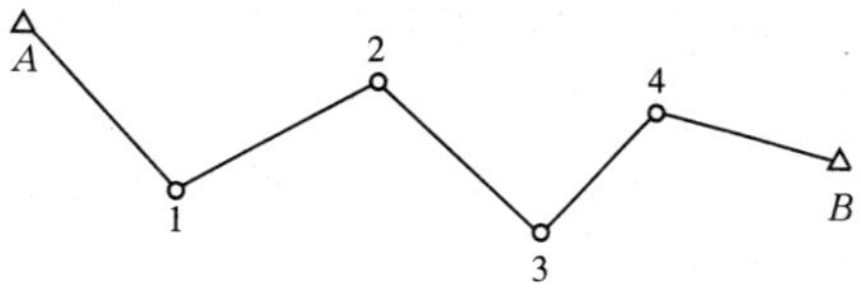

图 7-7　无连接角的附合导线

3. 支导线

支导线是指从一控制点出发,既不闭合也不附合于已知控制点,如图 7-8 所示。支导线没有校核条件,差错不易发现,故支导线的点数不宜超过两个,一般仅作补点使用。

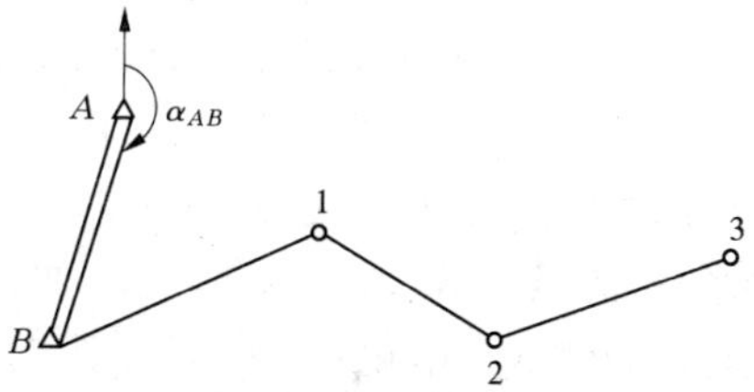

图 7-8　支导线

(二)导线等级

在局部地区的地形测量和一般工程测量中,根据测区范围及精度要求,导线测量分为一级导线、二级导线、三级导线和图根导线四个等级。它们可作为国家四等控制点或国家 E 级 GNSS 点的加密,也可以作为独立地区的首级控制。表 7-4 为各级导线测量的主要技术要求参考表。

表 7-4　导线测量技术指标表

等级	导线长度/km	平均边长/km	测角中误差/(″)	测回数		角度闭合差/(″)	相对闭合差
				DJ_6	DJ_2		
一级	4	0.5	5	4	2	$\pm10\sqrt{n}$	1/15 000
一级	2.4	0.25	8	3	1	$\pm16\sqrt{n}$	1/10 000
三级	1.2	0.1	12	2	1	$\pm24\sqrt{n}$	1/5 000
图根	≤1.0M	≤1.5 倍测图最大视距	20	1	—	$\pm40\sqrt{n}$(首级) $\pm60\sqrt{n}$(一般)	1/2 000

注:表中 n 为测站数,M 为测图比例尺的分母。

二、导线测量的外业工作

导线测量内业计算

导线测量的外业工作包括:踏勘选点、建立标志、量边、测角和联测。

(一)踏勘选点及建立标志

选点时应满足下列要求:

(1)相邻点间必须通视良好,地势较平坦,便于测角和量距;

(2)点位应选在土质坚实处,便于保存标志和安置仪器;

(3)视野开阔,便于测图或放样;

(4)导线各边的长度应大致相等,除特殊条件外,导线边长一般在50~350 m,平均边长符合规定;

(5)导线点应有足够的密度,分布较均匀,便于控制整个测区。

确定导线点位置后,应在地上打入木桩,桩顶钉一小钉作为导线点的标志。如导线点需长期保存,可埋设水泥桩或石桩,桩顶刻凿十字或嵌入锯有十字的钢筋作标志。导线点应按顺序编号,为便于寻找,可根据导线点与周围地物的相对关系绘制导线点点位略图。

(二)量边

(1)导线边长一般用检定过的钢尺进行往、返丈量。丈量的相对误差不应超过规定。满足要求时,取其平均值作为丈量的结果。

(2)电磁波测距仪(或全站仪)测定导线边长的中误差一般约为±1 cm。

(3)如果导线边遇障碍,不能直接丈量,可采用电磁波测距仪(全站仪)测定。无测距仪时,可采用间接方法测定(见图7-9),AB是跨越河流的导线边,在河岸边选定与A、B两点通视且便于丈量与B点距离的P_1、P_2两点,组成两个三角形AP_1B和AP_2B。丈量BP_1和BP_2的边长,观测α_1、β_1和α_2、β_2,则导线的长度为:

$$\left.\begin{aligned} AB &= \frac{BP_1}{\sin\alpha_1}\cdot\sin(\alpha_1+\beta_1) \\ AB &= \frac{BP_2}{\sin\alpha_2}\cdot\sin(\alpha_2+\beta_2) \end{aligned}\right\} \tag{7-1}$$

两次求得AB的长度,其相对误差如不超过规定的限差,取平均值作为结果。选定P_1、P_2两点时,应注意BP_1、BP_2量距方便,三角形各内角不小于30°和不大于150°。

(三)测角

(1)测角即测定导线两相邻边构成的转折角。转折角一般用β表示,导线的转折角有左、右之分,在导线前进方向左侧的称为左角,而右侧的称为右角,如图7-10所示。

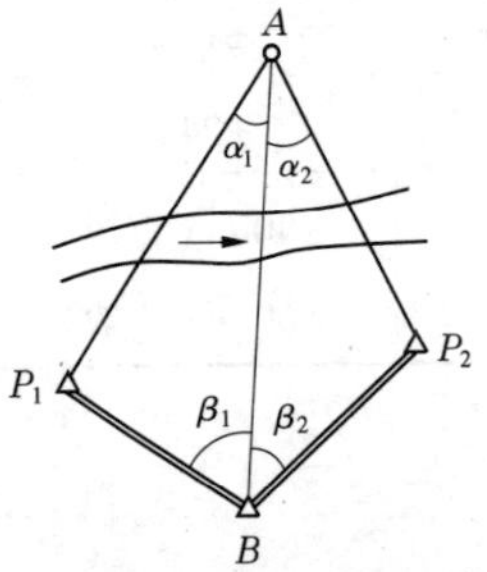

图7-9 间接测距

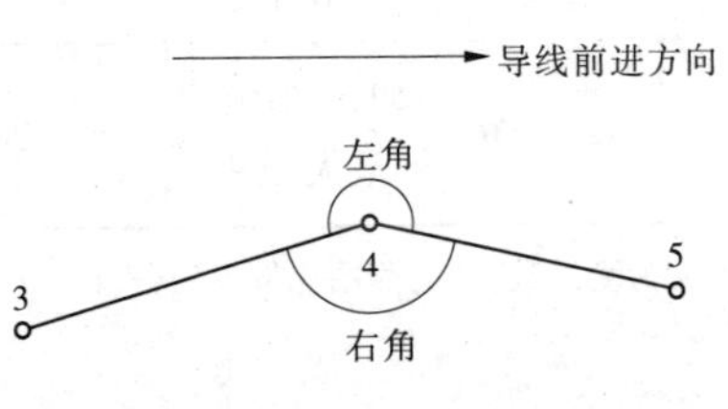

图7-10 导线左、右角示意图

(2)附合导线应统一观测左角或右角(在公路测量中,一般是观测右角);对于闭合导线,则观测内角(当采用顺时针向编号时,闭合导线的右角即为内角,逆时针方向编号时,则左角为内角)。

(3)导线的转折角通常采用测回法进行观测。

(4)当测角精度要求较高,而导线边长比较短,为了减少对中误差和目标偏心误差,可采用三联脚架法作业。

(四)联测

若所布设的导线附近有高级控制点,应与之联系起来,如图 7-11 所示,A、B、C、D 为已知高级控制点,1、2、3、4、5 为选定的导线点,导线联测必须观测连接角 β_1、β_2 和连接边 DB_1,起到传递坐标方位角和坐标的作用。若附近无高级控制点,可用罗盘仪观测导线起始边的磁方位角,并假定起始点的坐标作为起算数据。

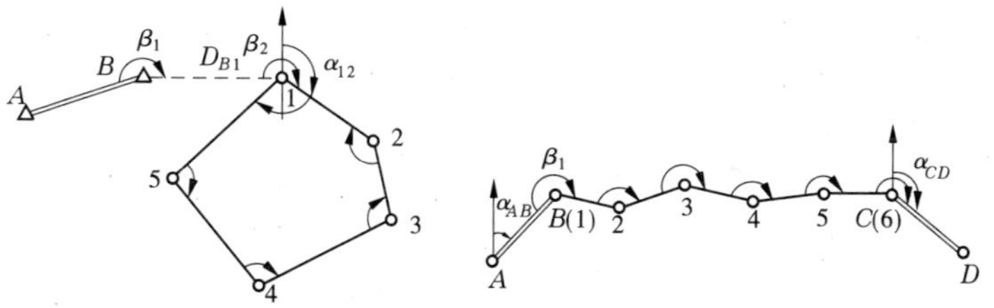

图 7-11　联测

三、导线测量的内业计算

为了确保测图精度,内业计算前应全面认真检查导线测量的外业记录,有无记错、遗漏或算错,是否符合精度要求,在确认外业工作成果合格后,绘出导线略图,在图上标注点号、转折角观测值、边长和已知数据,如图 7-12 所示。

闭合导线坐标计算有表算、程序计算,计算时还应绘制导线略图。

(一)坐标计算的基本公式

1. 坐标方位角的推算公式

由前面的内容可知,用右角推算方位角的一般公式为:

$$\alpha_{前} = \alpha_{后} + 180° - \beta_{右}$$

左角推算方位角的一般公式为:

$$\alpha_{前} = \alpha_{后} + \beta_{左} - 180°$$

2. 根据已知点坐标、已知边长和坐标方位角计算未知点坐标公式

设 A 为已知点:坐标(x_A、y_A);边长 D_{AB};坐标方位角 α_{AB}。

B 为未知点,求 B 点的坐标(x_B、y_B),称为坐标正算。

计算纵、横坐标增量 Δx_{AB} 和 Δy_{AB} :

$$\left.\begin{aligned}\Delta x_{AB} &= D_{AB} \cdot \cos\alpha_{AB}\\ \Delta y_{AB} &= D_{AB} \cdot \sin\alpha_{AB}\end{aligned}\right\}$$

B 点的坐标(x_B、y_B):

$$\left.\begin{aligned}x_B &= x_A + D_{AB} \cdot \cos\alpha_{AB}\\ y_B &= y_A + D_{AB} \cdot \sin\alpha_{AB}\end{aligned}\right\}$$

3. 由两个已知点的坐标反算坐标方位角和边长

导线边的坐标方位角可根据两端点的已知坐标反算出,这种计算称为坐标反算。

(1)由两两交点 $JD_i(x_i, y_i)$ 、$JD_{i+1}(x_{i+1}, y_{i+1})$ 坐标计算间距:

$$L = \sqrt{(x_{i+1} - x_i)^2 + (y_{i+1} - y_i)^2} = \sqrt{\Delta x^2 + \Delta y^2}$$

(2)导线各边的象限角计算:由坐标增量可计算象限角值并判别所属象限。象限角是指子午线北端或南端与直线所夹的锐角,常用 R 表示。在 0°~90°范围内变化。

$$R = \arctan \frac{\Delta y}{\Delta x}$$

(3)导线各边方位角计算:方位角是由子午线北端顺时针方向量测到某一边上的夹角,角值在 0°~360°范围,常用 θ 表示。方位角可由象限角推算出来。

【例 7-1】 已知交点坐标:JD_0(4 282.590,6 617.690)、JD_1(3 825.590,6 823.010)、JD_2(3 365.160,7 786.670),试计算导线各边方位角。

解:(1)坐标增量:$\Delta x_1 = -457.000$,$\Delta y_1 = 205.320$;$\Delta x_2 = -460.430$, $\Delta y_2 = 963.660$

(2)计算间距:$L_2 = \sqrt{\Delta x_2^2 + \Delta y_2^2} = 1\ 068.006$;$L_1 = \sqrt{\Delta x_1^2 + \Delta y_1^2} = 501.004$

(3)计算象限角、方位角:

$$R_1 = \arctan \frac{\Delta y_1}{\Delta x_1} = 24°11'36''(\text{第 Ⅱ 象限})$$

$$R_2 = \arctan \frac{\Delta y_2}{\Delta x_2} = 64°27'43''(\text{第 Ⅱ 象限})$$

$$\theta_1 = 180° - R_1 = 155°48'24'';\theta_2 = 180° - R_2 = 115°32'17''$$

(二)闭合导线坐标计算

现以闭合五边形导线(见图 7-12)为例,计算前,首先将导线略图中的点号、转折角观测值、起始边方位角及边长的数据填入"闭合导线坐标计算表"第 1、2、5、6 栏中,如表 7-5 所示,然后按以下步骤进行计算:说明闭合导线坐标计算的步骤。

1. 角度闭合差的计算与调整

1)检核

闭合导线组成一个闭合多边形,从平面几何学可知,n 边形闭合导线(n 个内角)角度闭合差:

$$f_\beta = \sum \beta_{测} - (n - 2) \cdot 180° \tag{7-2}$$

角度闭合差 f_β 的大小,说明测角精度。使用 DJ_6 级光学经纬仪,图根导线 $f_{\beta容}$ 的容许值为:

$$f_{\beta容} = \pm 40'' \sqrt{n} \tag{7-3}$$

式中　n——转折角(内角)的个数。

若 $f_\beta \leqslant f_{\beta容}$,则可进行角度闭合差的调整,否则,应分析情况进行重测。

2)调整

将 f_β 以相反的符合平均分配到各观测角中,即各角的改正数为:

$$v_\beta = -f_\beta / n \tag{7-4}$$

注意:计算时,根据角度取位的要求,改正数可凑整到 1″、6″或 10″。若不能均分,一般情况下,给短边的夹角多分配一点,使各角改正数的总和与反号的闭合差相等,即 $\sum V_\beta =$

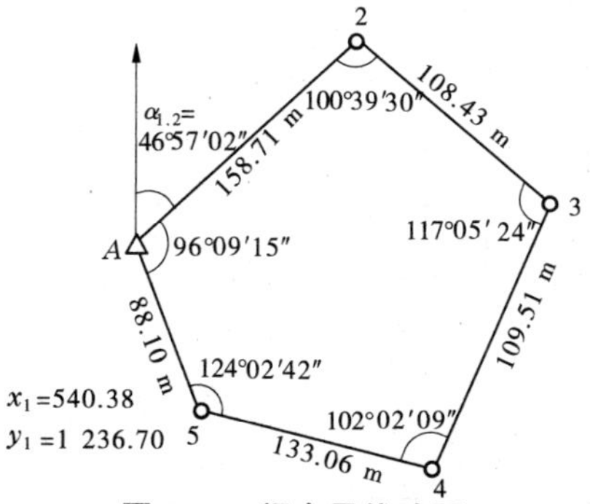

图 7-12　闭合导线略图

$-f_\beta$。$f_\beta=-1'$，因取位至 6″，故其中两个角分配+12″，其余两个角分配+18″。

校核：

$$\sum v_{\beta i}=-f_\beta \tag{7-5}$$

则改正后角值($\beta_{i改}$)等于观测值加上改正数，即

$$\beta_{i改}=\beta_i+v_{\beta i} \tag{7-6}$$

校核：

$$\sum \beta_{i改}=\sum \beta_{理} \tag{7-7}$$

以上计算在表 7-5 的第 2、3、4 栏及表下方进行。

2. 坐标方位角的计算

根据已知的起始边坐标方位角和改正后的转折角，逐次推算每一条边的坐标方位角。如图 7-13 所示，已知边的坐标方位角 α_{12} 和各个改正后的内角 $\beta_{i改}$($i=1,2,\cdots,5$)。

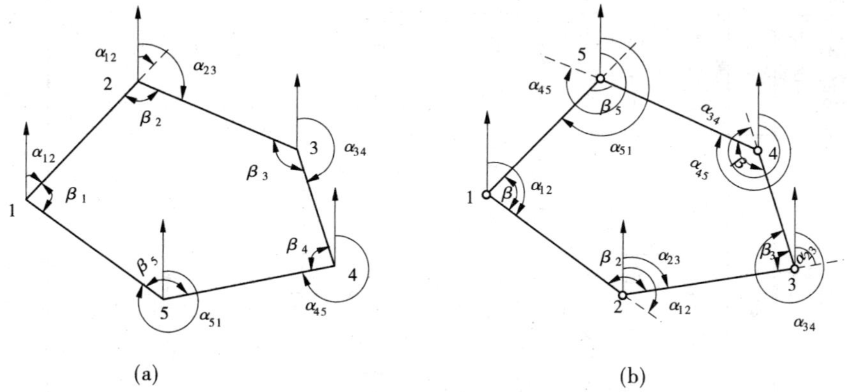

图 7-13　推算导线各边方位角

在图 7-13(a)中，导线点是按顺时针编号的，其内角为右角，可以看出

$$\alpha_{23}=\alpha_{12已知}-(180°-\beta_{2改})$$

同理可得

$$\alpha_{34}=\alpha_{23}-(180°-\beta_{3改})$$
$$\alpha_{45}=\alpha_{34}-(180°-\beta_{4改})$$
$$\vdots$$
$$\alpha_{12}=\alpha_{51}-(180°-\beta_{1改})$$

表 7-5　闭合导线坐标计算

点号	转折角 观测值 (° ′ ″)	转折角 改正数 (″)	转折角 改正后值 (° ′ ″)	方位角 α (° ′ ″)	边长 D/m	纵坐标增量 Δx 计算值/m	纵坐标增量 Δx 改正数/mm	纵坐标增量 Δx 改正后的值/m	横坐标增量 Δy 计算值/m	横坐标增量 Δy 改正数/mm	横坐标增量 Δy 改正后的值/m	纵坐标 x/m	横坐标 y/m
1	2	3	4	5	6	7	8	9	10	11	12	13	14
1				46 57 02	158.71	+108.34	+2	+108.36	+115.98	−2	+115.96	540.38	1 236.70
2	100 39 30	+12	100 39 42	126 17 20	108.43	−64.18	+1	−64.17	+87.40	−2	+87.38	648.74	1 352.66
3	117 05 24	+12	117 05 36	189 11 44	109.51	−108.10	+2	−108.08	−17.50	−2	−17.52	584.57	1 440.04
4	102 02 09	+12	102 02 21	267 00 23	133.06	−6.60	+2	−6.58	−132.90	−2	−132.92	476.49	1 422.52
5	124 02 42	+12	124 02 54	323 06 29	88.10	+70.46	+1	+70.47	−52.89	−1	−52.90	469.91	1 289.60
1	96 09 15	+12	96 09 27	46 57 02								540.38	1 236.70
2													
Σ	539 59 00	+60	540 00 00		597.81	−0.08	+8	0.00	+0.09	−9	0.00		

辅助计算：

$\sum\beta_{理}=(5-2)\times180°=540°$

$f_\beta=\sum\beta_{测}-\sum\beta_{理}=-60''$

$f_{\beta容}=\pm60''\sqrt{n}=\pm134''$

$|f_\beta|<|f_{\beta容}|$，说明符合要求

$f_x=\sum\Delta x_{计}=-0.08$ m

$f_y=\sum\Delta y_{计}=+0.09$ m

$f_D=\sqrt{f_x^2+f_y^2}=0.12$ m

$K=f_D/\sum D=1/4\ 982$

$K_{容}=1/2\ 000$

$K<K_{容}$，说明符合要求

略图见图 7-13

校核

$$\alpha_{12}=\alpha_{12已知}$$

由此可以归纳出按后面一边的已知方位角 $\alpha_{后}$ 和导线右角 $\beta_{右}$，推算前进方向一边的方位角 $\alpha_{前}$ 的一般公式：

$$\alpha_{前}=\alpha_{后}+180°-\beta_{右} \tag{7-8}$$

在图 7-13(b)中，导线点是按逆时针编号的，其内角为左角，可以看出：

$$\alpha_{23}=\alpha_{12已知}-(180°-\beta_{2改})$$

同理可得

$$\alpha_{34}=\alpha_{23}-(180°-\beta_{3改})$$
$$\alpha_{45}=\alpha_{34}-(180°-\beta_{4改})$$
$$\vdots$$
$$\alpha_{12}=\alpha_{51}-(180°-\beta_{1改})$$

校核

$$\alpha_{12}=\alpha_{12已知}$$

由此，可归纳出按后面一边的已知方位角 $\alpha_{后}$ 和导线左角 $\beta_{左}$，推算前进方向一边的方位角 $\alpha_{前}$ 的一般公式：

$$\alpha_{前}=\alpha_{后}-180°+\beta_{左} \tag{7-9}$$

因为方位角的取值范围是 0°～360°，因此若使用式(7-8)或式(7-9)推算出来的 $\alpha_{前}>360°$ 或 $\alpha_{前}<0°$ 时，则应对其减去 360°或加上 360°。

导线坐标方位角的计算在表 7-5 的第 5 栏中进行。

3. 坐标增量的计算

坐标增量是指导线边的终点和始点的坐标差，以 Δx 和 Δy 分别表示纵坐标增量和横坐标增量。从图 7-14 中可知，当知道导线的长度 D 和坐标方位角 α 后，可按下面公式计算坐标增量，称为坐标正算，即

$$\left.\begin{aligned}\Delta x&=D\cos\alpha\\\Delta y&=D\sin\alpha\end{aligned}\right\} \tag{7-10}$$

式中，坐标增量的正、负号与坐标方位角的余弦、正弦函数值的符号相一致。

根据两已知点的坐标计算两点间的坐标方位角和距离，称为坐标反算。如图 7-15 所示，A、B 为已知点，其坐标分别为(x_A、y_A)和(x_B、y_B)，则

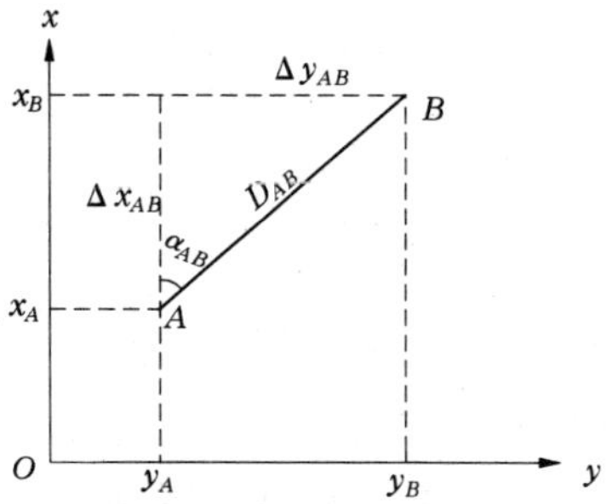

图 7-14　坐标正算

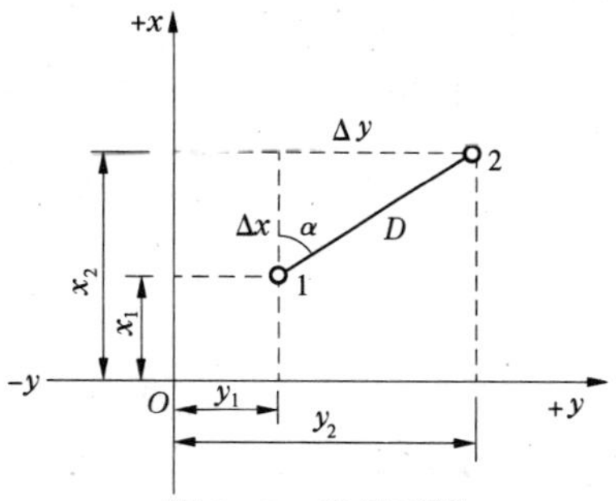

图 7-15　坐标反算

$$\Delta x_{AB} = x_B - x_A, \Delta y_{AB} = y_B - y_A, \tan\alpha_{AB} = \frac{\Delta y_{AB}}{\Delta x_{AB}}$$

故
$$\alpha_{AB} = \arctan\frac{\Delta y_{AB}}{\Delta x_{AB}} \tag{7-11}$$

因 Δx_{AB}、Δy_{AB} 有正、负号，因此在计算时应注意其所在的象限。

利用勾股定理可求出两点间的距离，即

$$D_{AB} = \sqrt{\Delta x_{AB}^2 + \Delta y_{AB}^2} \tag{7-12}$$

坐标增量具体的计算在表 7-5 中第 7、10 栏中进行。

4. 坐标增量闭合差的计算与调整

闭合导线各边纵、横坐标增量的代数和的理论值分别等于零，如图 7-16(a) 所示。即

$$\left.\begin{aligned}\sum \Delta y_{理} = 0\\ \sum \Delta x_{理} = 0\end{aligned}\right\} \tag{7-13}$$

由于测量的导线边长存在误差，坐标方位角虽然由改正后的转折角推算的，但转折角的改正不可能完全消除误差，所以坐标方位角中仍存在误差，从而导致坐标增量带有误差，因此坐标增量的计算值之和 $\sum \Delta x_{计}$ 和 $\sum \Delta y_{计}$ 一般不等于零，这就是坐标增量闭合差，如图 7-16(b) 中所示。纵、横坐标增量闭合差分别以 f_x 和 f_y 表示，即

$$\left.\begin{aligned}f_x = \sum \Delta x_{计}\\ f_y = \sum \Delta y_{计}\end{aligned}\right\} \tag{7-14}$$

由于纵、横坐标闭合差的存在，根据计算结果绘制出来的闭合导线图形不能闭合，如图 7-16(b) 所示，1′与 1 点不重合，线段 1′1 叫作导线全长闭合差，以 f_D 表示。由图 7-16 中可知：

$$f_D = \sqrt{f_x^2 + f_y^2} \tag{7-15}$$

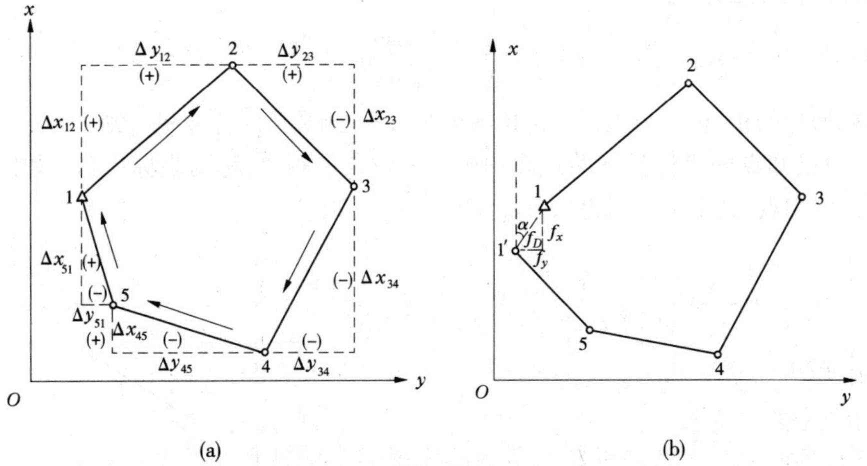

图 7-16 闭合导线增量及闭合差

导线全长闭合差的大小与导线长度成正比。因此，导线测量的精度是用导线全长相对闭合差 K（导线全长闭合差 f_D 与导线全长 $\sum D$ 之比值）来衡量的，即

$$K = \frac{f_D}{\sum D} = \frac{1}{\sum D/f_D} \tag{7-16}$$

不同等级的导线全长相对闭合差的容许值 $K_{容}$ 不一样，对于图根钢尺量距导线 $K_{容}=1/2\ 000$。

若 $K > K_{容}$，则说明导线测量结果不满足精度要求，应首先检查内业计算有无错误，若有错误，重新计算；若无错误，再检查外业观测数据，对错误或可疑数据重新观测。

若 $K \leqslant K_{容}$，则说明导线测量结果满足精度要求，可进行坐标增量闭合差调整。坐标增量闭合差的调整方法是：将坐标增量闭合差 f_x 和 f_y 分别以相反的符号，按与边长成正比例地分配到各坐标增量上，则各纵、横坐标增量的改正数 $v_{\Delta x_i}$、$v_{\Delta y_i}$ 分别为：

$$\left.\begin{aligned} v_{\Delta x_i} &= -\frac{D_i}{\sum D} f_x \\ v_{\Delta y_i} &= -\frac{D_i}{\sum D} f_y \end{aligned}\right\} \tag{7-17}$$

校核

$$\left.\begin{aligned} \sum v_{\Delta x_i} &= -f_x \\ \sum v_{\Delta y_i} &= -f_y \end{aligned}\right\} \tag{7-18}$$

由于凑整的原因，可能存在微小的不符值，此时应在适当的坐标增量上增加或减少一点，以满足式(7-18)的要求。则改正后的坐标增量 $\Delta x_{i改}$ 和 $\Delta y_{i改}$ 等于坐标增量计算值加上改正数，即

$$\left.\begin{aligned} \Delta x_{i改} &= \Delta x_i + v_{\Delta x_i} \\ \Delta y_{i改} &= \Delta y_i + v_{\Delta y_i} \end{aligned}\right\} \tag{7-19}$$

以上具体计算在表 7-5 的第 8、9、11、12 栏及表格下方进行。

5. 导线点坐标的计算

根据导线起始点的已知坐标及改正后的坐标增量，依次推算各导线点的坐标。

$$\left.\begin{aligned} &x_2 = x_{1已知} + \Delta x_{12} && y_2 = y_{1已知} + \Delta y_{12} \\ &x_3 = x_2 + \Delta x_{23} && y_3 = y_2 + \Delta y_{23} \\ &\quad\vdots && \quad\vdots \\ &x_n = x_{n-1} + \Delta x_{(n-1)n} && y_n = y_{n-1} + \Delta y_{(n-1)n} \\ &x_1 = x_n + \Delta x_{n-1} && y_1 = y_n + \Delta y_{n-1} \\ &校核\ x_1 = x_{1已知} && 校核\ y_1 = y_{1已知} \end{aligned}\right\} \tag{7-20}$$

以上计算在表 7-5 第 13、14 栏中进行。

(三) 支导线计算

由于电磁波测距仪和全站仪的发展和普及，测距和测角的精度大大提高，在测区内已有控制点的数量不能满足测图或施工放样的需要时，可用支导线的方法来代替交会法来加密控制点。

由于支导线既不回到原起始点上，又不附合到另一个已知点上，故支导线没有检核限制

条件,也就不需要计算角度闭合差和坐标增量闭合差,只要根据已知边的坐标方位角和已知点的坐标,由外业测定的转折角和转折边长,直接计算出各边方位角及各边坐标增量,最后推算出选定导线点的坐标。

支导线的内业计算与闭合导线、附合导线相比,不进行角度闭合差及坐标增量闭合差的计算与调整。计算步骤如下:

(1)根据观测的转折角采用式(7-8)或式(7-9)推算各边的方位角。

(2)根据各边的方位角和边长采用式(7-10)计算坐标增量。

(3)根据起点的已知坐标和各边的坐标增量计算各点的坐标。

【任务实施】

一、准备工作

建立学生实训小组,5~6 人为一组,做好人员分工,明确职责和任务。

每组准备完成任务需准备的测量仪器:全站仪 1 台,三角对中杆 1 套、棱镜 1 对。

二、实施步骤

(1)踏勘选点。

在指定的区域各组踏勘选点,确定导线布设形式,并做标记。

(2)导线转折角测量。

(3)导线边长测量。

(4)联测起始方位角。

(5)导线内业计算。

【考核评价】

学生姓名: 日期: 总分:

序号	考核项目	考核要求	分值	评分标准	得分
1	选线定点	合理选择和确定导线形式及控制点	5 分	符合选点原则与要求,不符合扣 5 分	
2	测量转角	正确测量转角	20 分	转角统一左角或者右角,不统一扣 5 分;转角测算错误扣 15 分	
3	测边长	正确测量往返边长	10 分	往返测边长,只测单一边长扣 5 分,边长精度不符合扣 5 分	
4	联测起始方位角	正确测定起始方位角或者通过高级控制点反推起始方位角	10 分	方位角测错扣 5 分,能反推方位角未计算或者计算错误扣 5 分	

续表

序号	考核项目	考核要求	分值	评分标准	得分
5	导线测量内业	导线测量数据计算与平差	50分	数据整理表格错误扣5分,方位角推算错误扣10分,坐标增量错误扣10分,角度闭合差计算错误扣5分,导线全长相对闭合差超限扣10分,坐标推算错误扣10分	
6	操作仪器工具	熟练操作仪器工具	5分	仪器操作不规范、测量结果超出误差允许范围均全扣	

【巩固训练】

根据表7-6中已知数据和观测数据,在导线计算表内计算附合导线各点的坐标值。

表7-6 附合导线坐标计算

点号	观测值(右转折角)(° ′ ″)	边长/m	坐标/m		备注
			x	y	
B			80.615	872.789	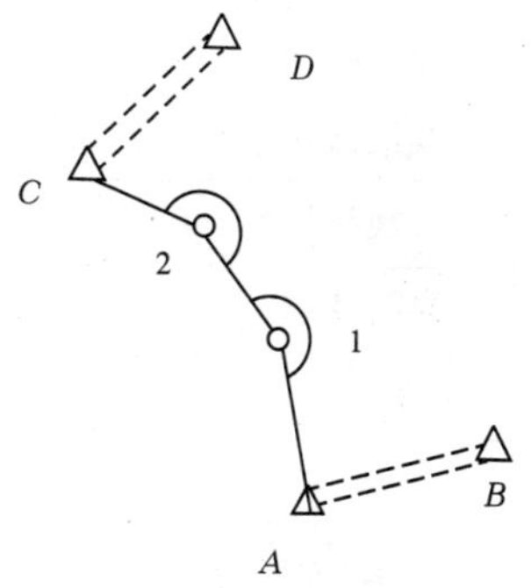
A	102 29 12		55.692	256.293	
		107.312			
1	190 12 06				
		81.460			
2	184 48 24				
		85.261			
C	79 12 30		307.220	152.028	
D			491.461	686.144	

任务三 高程控制测量

【工作任务】

目前测定控制点高程的方法有水准测量、三角高程测量及GNSS拟合高程测量三种。水准测量主要用于地势平坦地区,其优点是测量结果精度较高,缺点是工作量较大。三角高程测量主要适用于山区,布设方便,工作量小,其精度比精密水准测量的精度低。静态GNSS定位高程测量其拟合高程一般能满足图根控制点高程的精度要求。在园林工程中,通常采用三四等水准测量,基本能达到工程测量精度要求。

【知识准备】

一、四等水准测量

小区域的首级控制网和工程施工高程控制测量,一般先布设三等或四等水准网,再用图根水准测量和三角高程测量加密。

四等水准测量与普通水准测量进行的工作大体相同,都需要拟订水准路线,选点、埋石和观测等步骤,所不同的是四等水准测量必须使用双面尺观测,记录计算、观测顺序、精度要求不同等。三、四等水准观测的主要技术要求见表 7-7,仪器等级采用 DS_3 级水准仪,水准尺不同于普通水准尺,它是双面水准尺,每次观测使用两把尺子,称为一对,每根水准尺一面为红色,另一面为黑色。一对水准尺的黑面尺底刻划均为零,而红面尺一根尺底刻划为 4. 687 m,另一根尺底刻划为 4. 787 m,同一水准尺红、黑面常数差用 K 表示。下面以四等水准测量为例,介绍用双面水准尺法在一个测站的观测程序、记录与计算。

表 7-7 三、四等及普通水准测量技术要求

技术项目	等级		
	三等	四等	普通水准
仪器	DS_3 型水准仪 双面水准尺	DS_3 型水准仪 双面水准尺	DS_3 型水准仪 双面或单面水准尺
测站观测程序	后—前—前—后	后—后—前—前	后—后—前—前
视线最低高度	三丝能读数	三丝能读数	中丝读数>0. 3 m
最大视线长度	75 m	100 m	150 m
前后视距差	不超过±2. 0 m	不超过±3. 0 m	不超过±20 m
视距读数法	三丝读数(下-上)	直读视距	直读视距
K+黑-红	不超过±2. 0 mm	不超过±3. 0 mm	不超过±4. 0 mm
黑、红面高差之差	不超过±3. 0 mm	不超过±5. 0 mm	不超过±6. 0 mm
前后视距累计差	不超过±5. 0 m	不超过±10. 0 m	不超过±100 mm
高差闭合差	不超过$\pm12\sqrt{L}$ mm	不超过$\pm20\sqrt{L}$ mm	不超过$\pm40\sqrt{L}$ mm
其他			

注:L 为水准路线长度。

(一)观测方法与记录

四等水准测量一般采用双面水准标尺和中丝测高法进行观测,而且每站按后—后—前—前和黑—红—黑—红的顺序进行观测。每站的记簿格式如表 7-8 所示,括号中数字 1~8 号代表观测记录顺序,9~18 号为计算的顺序与记录位置。具体操作步骤如下:

(1)照准后视水准尺黑面,读取下、上、中三丝读数,填入编号(1)、(2)、(3)栏;

(2)将水准尺翻转为红面,后视水准尺红面,读取中丝读数,填入编号(4)栏;

(3)前视水准尺的黑面,读取下、上、中三丝读数,填入(5)、(6)、(7)栏;

(4)将水准尺翻转为红面,前视水准尺红面,读取中丝读数(8)栏。

这样的观测顺序简称为“后—后—前—前”。三等水准测量的顺序为“后—前—前—后”,观测顺序有所改变。

表 7-8 四等水准测量记录计算表

测站编号	后尺 下丝 / 上丝 后视 视距差 d/m	前尺 下丝 / 上丝 前视 Σd/m	方向及尺号	标尺读数 黑面	标尺读数 红面	K+黑-红	高差中数	备注
	(1)	(5)	后	(3)	(4)	(13)		
	(2)	(6)	前	(7)	(8)	(14)		
	(9)	(10)	后-前	(15)	(16)	(17)	(18)	
	(11)	(12)						
1	1571	0739	后 K_8	1384	6171	0		
	1197	0363	前 K_7	0551	5239	1		$K_8=4787$
	37.4	37.6	后-前	+0833	+0932	-1	0.8325	
	-0.2	-0.2						
2	2121	2196	后 K_8	1934	6621	0		
	1747	1821	前 K_7	2008	6796	-1		$K_7=4687$
	37.4	37.5	后-前	-0074	-0175	+1	-0.0745	
	-0.1	-0.3						
3	1914	2055	后 K_8	1726	6513	0		
	1539	1678	前 K_7	1866	6554	-1		
	37.5	37.7	后-前	-0140	-0041	+1	-0.1405	
	-0.2	-0.5						

(二)计算与检核

1. 测站上的计算与检核

(1)视距计算。

根据视线水平时的视距原理(下丝-上丝)×100 计算前、后视距离。

$$后视距离(9)=(1)-(2)$$

$$前视距离(10)=(5)-(6)$$

前后视距差(11)=(9)-(10),前后视距差不超过 3 m。

前后视距累计差(12)=上一个测站(12)+本测站(11),前后视距累计差不超过 10 m。

(2)同一水准尺黑、红面读数差计算($K_7=4\ 687$、$K_8=4\ 787$)。

$$(13)=(3)+K-(4)$$

$$(14)=(7)+K-(8)$$

同一水准尺黑、红面读数差不超过 3 mm。

(3)高差计算与检核。

$$黑面尺读数之高差(15)=(3)-(7)$$

$$红面尺读数之高差(16)=(4)-(8)$$

黑、红面所得高差之差检核计算。

$$(17)=(15)-(16)\pm0.100=(13)-(14)$$

式中，±0.100 为两水准尺常数 K 之差。

黑、红面所得高差之差不超过 5 mm。

(4)计算平均高差。

$$(18)=\frac{1}{2}\times[(15)+(16)\pm0.100]$$

2.每页的计算和检核

(1)总视距计算与检核。

本页末站　　$(12)=\sum(9)-\sum(10)$

本页总视距　　$=\sum(9)+\sum(10)$

(2)总高差的计算和检核。

当测站数为偶数时

$$总高差=\sum(18)=\frac{1}{2}\times[\sum(15)+\sum(16)]=\frac{1}{2}\times\{\sum[(3)+(4)]-\sum[(7)+(8)]\}$$

当测站为奇数时

$$总高差=\sum(18)=\frac{1}{2}\times[\sum(15)+\sum(16)\pm0.100]$$

二、三角高程测量

在山区或丘陵地区，由于地面高差较大，水准测量比较困难，可以采用三角高程测量的方法测定地面点的高程，这种方法速度快、效率高，特别适用于地形起伏大的山区。但是，三角高程测量的精度较水准测量的精度低，一般用于较低等级的高程控制中。

(一)三角高程测量的原理

三角高程测量是根据地面上两点间的水平距离和观测的竖直角来计算两点间的高差，然后根据其中已知点的高程推算未知点的高程。

如图 7-17 所示，已知 A 点高程为 H_A，欲求算 B 点的高程，必先测定 A、B 两点间的高差 h_{AB}。在 A 点安置仪器，量取仪器高 i，在 B 点立觇标，量取其高度 l，用望远镜的十字丝交点瞄准觇标顶端，测出竖角 α。

若用经纬仪视距出 A、B 两点间的水平距离 D_{AB}，则可求得 A、B 两点间的高差 h_{AB}，此为经纬仪三角高程测量，即

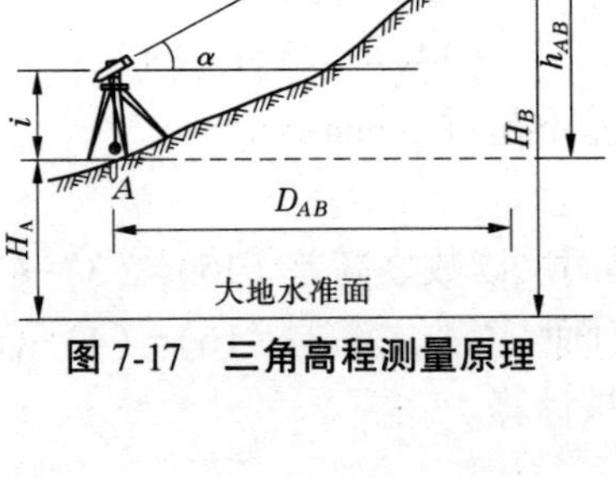

图 7-17　三角高程测量原理

$$h_{AB} = D_{AB}\tan\alpha + i - l \tag{7-21}$$

如果用电磁波测距仪测定两点间的斜距 D'，则也可求得 A、B 两点间的高差 h_{AB}，此为电磁波测距三角高程测量，即

$$h_{AB} = D'\sin\alpha + i - l \tag{7-22}$$

则由公式 $H_B = H_A + h_{AB}$ 可求得 B 的高程 H_B。

三角高程测量一般采取对向（往返）观测（又称直反觇观测）。即先在已知高程点 A 安置仪器，在未知高程点 B 立觇杆，测得高差 h_{AB}，称为直觇，然后在未知高程点 B 安置仪器，在已知高程点 A 立觇标，测得高差 h_{BA}，称为反觇。若直觇高差和反觇高差的较差不超过容许值，则取两者的平均值作为最后结果。

（二）三角高程测量外业和内业工作

1. 三角高程测量的外业工作

（1）安置仪器于测站上，量取仪器高 i，读至 mm。

（2）立觇标于测点上，量出觇标高 l，读至 mm。

（3）经纬仪观测竖角 α，进行一个测回，较差在 25″内取平均值作为最后结果。

（4）采用对向观测，方法同上。若使用测距仪，测出斜距 D'。

2. 三角高程测量内业工作

三角高程测量内业工作的目的是计算出未知点的高程。计算前，首先整理、检查外业观测数据，确认合格后方可进行计算。

1）高差的计算

根据公式计算直觇、反觇的高差，然后计算两者较差，若不超出容许值则取平均值，符号同直觇高差符号，如表 7-9 所示。

表 7-9　三角高程测量高差计算表

已知点	A	
未知点	B	
觇法	直	反
水平距离 D_{AB}/m	488.01	488.01
竖直角 α	+6°52′07″	−6°34′38″
$D\tan\alpha$	+58.78	−56.27
仪器高/m	1.49	1.50
觇标高/m	3.00	2.50
两标改正/m	0.02	0.02
高差/m	+57.29	−57.25
平均高差/m	+57.27	

2）高程的计算

首先计算高差闭合差：

$$f_h = \sum h - (H_B - H_A)$$

若 $|f_h| \leqslant |f_{h容}|$ 时，说明精度达到要求，可按距离成正比例进行高差闭合差的调整，求得改正后高差，就可根据已知的起点高程逐点推算未知点的高程。

【任务实施】

一、准备工作

建立学生实训小组,5~6 人为一组,做好人员分工,明确职责和任务。

每组准备完成任务需准备的测量仪器:DS_3 水准仪 1 台,红黑木尺 1 对。

二、实施步骤

(1)踏勘选点。

在指定的区域各组踏勘选点,确定单一水准路线布设形式,并做标记。

(2)采用"后—后—前—前"或者"后—前—前—后"的测量形式。

(3)导线内业计算。

【考核评价】

学生姓名:　　　　　　　　　　日期:　　　　　　　　总分:

序号	考核项目	考核要求	分值	评分标准	得分
1	选线定点	合理选择和确定水准路线形式及控制点	5 分	符合选点原则与要求,不符合扣 5 分	
2	水准外业施测	正确进行三、四等水准测量	35 分	未按照三、四等水准测量程序扣 10 分,红黑木尺放置错误扣 5 分,各项限差要求超出范围扣 20 分	
3	尺垫使用	正确使用尺垫	10 分	尺垫使用错误扣 10 分	
4	三、四等水准测量内业	水准成果校核	40 分	数据整理表格错误扣 5 分,方位角推算错误扣 10 分,坐标增量错误扣 10 分,角度闭合差计算错误扣 5 分,导线全长相对闭合差超限扣 10 分,坐标推算错误扣 10 分	
5	操作仪器工具	熟练操作仪器工具	10 分	仪器操作不规范、测量结果超出误差允许范围扣 10 分	

【知识拓展】

用平差易软件处理控制网

平差易 POWER ADJUST 2005,简称 PA2005,是南方测绘仪器公司开发的一款控制测量数据处理软件。平差易 2005 功能强大,实现了从数据采集、数据处理和成果打印的一体化,其操作简便,是控制测量理想数据处理工具。

(1)打开方式(直接打开)见图 7-18。

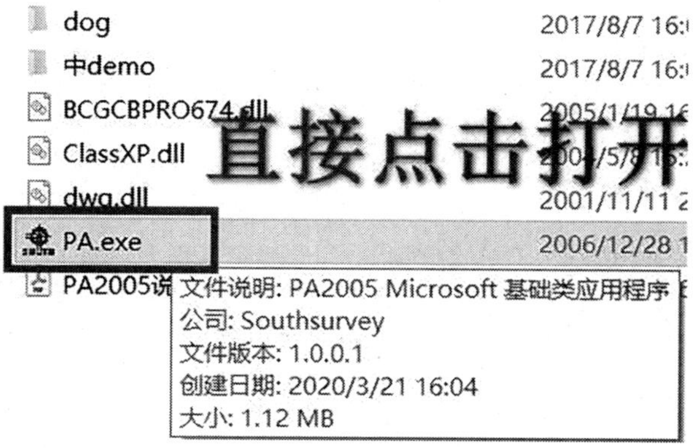

图 7-18　直接打开

(2)页面主要分区见图 7-19。

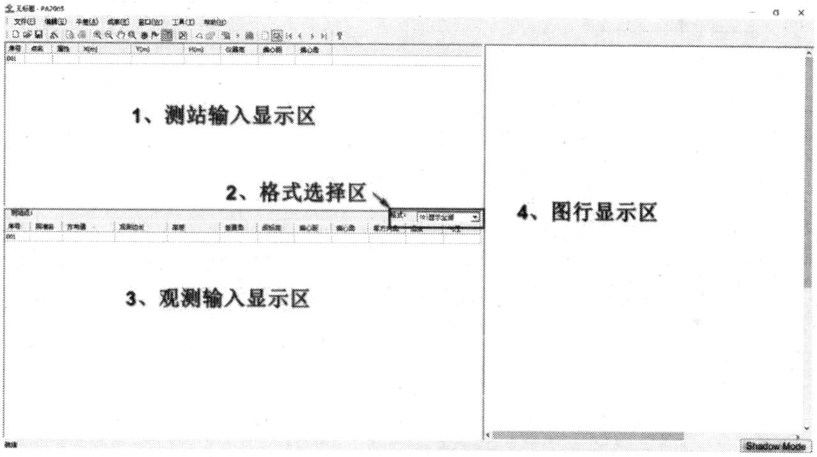

图 7-19　页面主要分区

使用方法:以图 7-20 一级导线为例;测角为:左角。

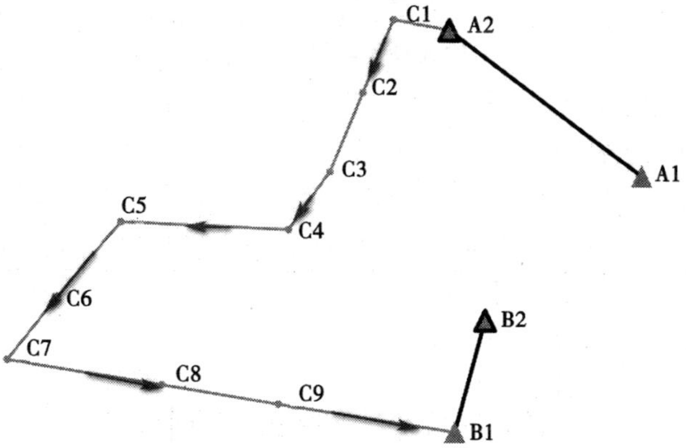

图 7-20　使用方法

操作流程如图 7-21 所示。

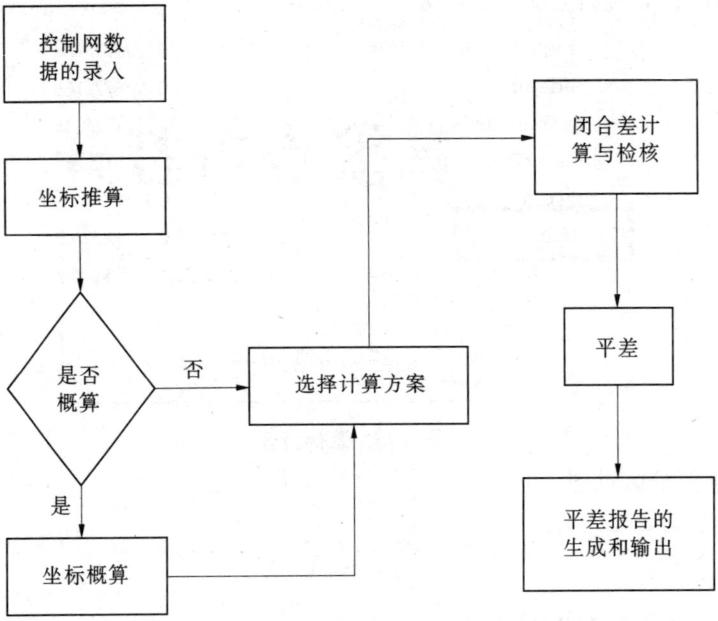

图 7-21　操作流程

在一区输入点号,点属性以及已知点数据等,见图 7-22。

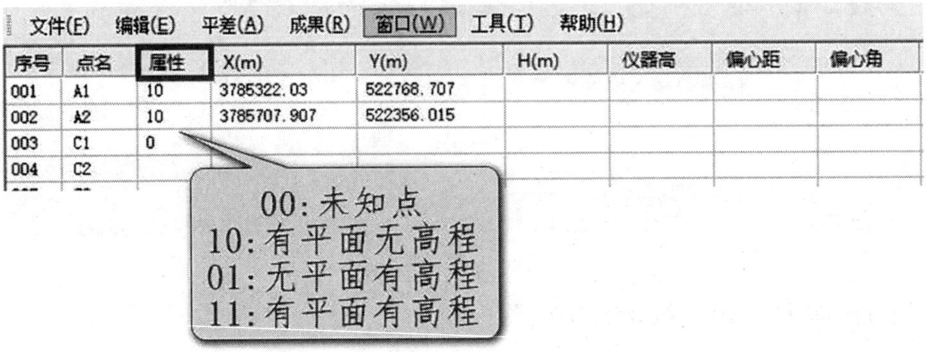

图 7-22　输入点号点属性及已知点数据

"属性":用以区别已知点与未知点:00:该点是未知点,10:该点是平面坐标无高程的已知点,01:该点是无平面坐标有高程的已知点,11:该已知点既有平面坐标也有高程。

如图 7-23 所示,在测站信息区中输入 A1、A2、B1、B2、C1、…、C9 点,其中 A1、A2、B1、B2 为已知坐标点,其属性为 10,其坐标如"原始数据表";C1、…、C9 为待测点,其属性为 00,其他信息为空。如果要考虑温度、气压对边长的影响,就需要在观测信息区中输入每条边的实际温度、气压值,然后通过概算来进行改正。

根据控制网的类型选择数据输入格式,此控制网为边角网,选择边角格式,如图 7-24 所示。

根据测量方法,A1、B2 作为定向点,它没有设站,所以无观测信息,以 A2 为测站点,A1 为定向点时(定向点的方向值必须为零),照准 2 号点的数据输入如图 7-25 所示。依次全部

图 7-23　在测区信息中输入点坐标

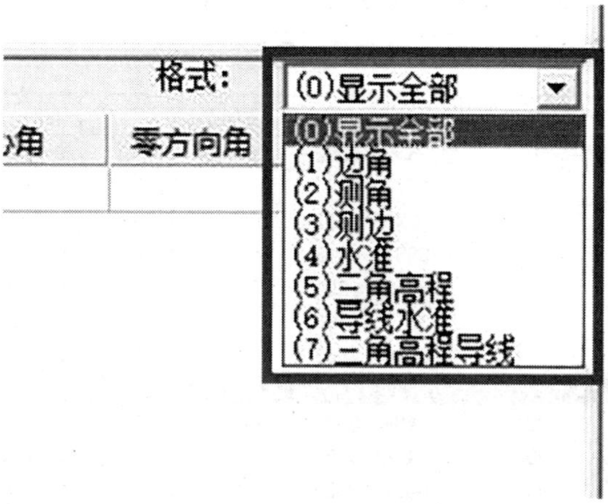

图 7-24　数据输入格式

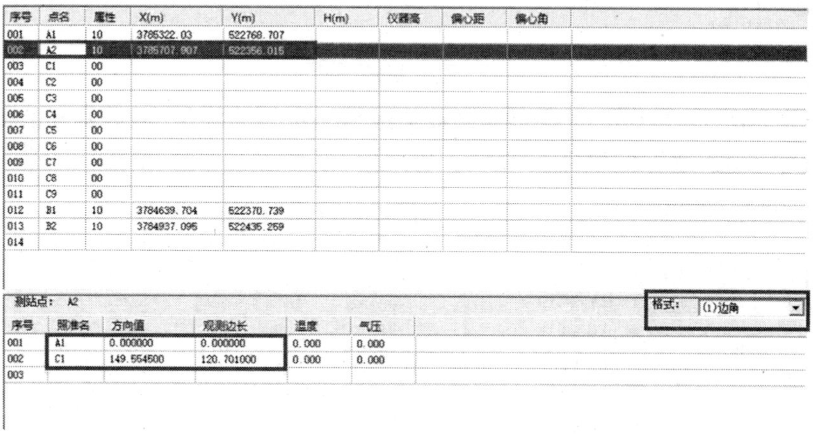

注:方向值为(0°.00′00″　度.分秒)不够位0补上

图 7-25　数据输入

输入完毕!

进行概算,主要对观测数据进行一系列的改化,根据实际的需要来选择其概算的内容并进行坐标的概算,如图 7-26 所示。

概算结果如图 7-27 所示。

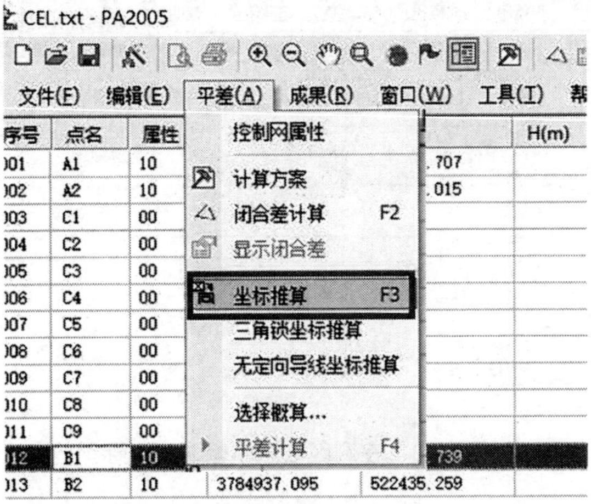

图 7-26　坐标概算

序号	点名	属性	X(m)	Y(m)	H(m)
001	A1	10	3785322.0300	522768.7070	0.0000
002	A2	10	3785707.9070	522356.0150	0.0000
003	C1	00	3785735.0711	522238.4104	0.0000
004	C2	00	3785541.4418	522174.4616	0.0000
005	C3	00	3785329.9222	522105.1124	0.0000
006	C4	00	3785175.3568	522017.6996	0.0000
007	C5	00	3785194.2503	521661.3692	0.0000
008	C6	00	3784996.8360	521527.1107	0.0000
009	C7	00	3784825.8317	521418.5584	0.0000
010	C8	00	3784761.0550	521749.5902	0.0000
011	C9	00	3784711.2689	521996.8823	0.0000
012	B1	10	3784639.7040	522370.7390	0.0000
013	B2	10	3784937.0950	522435.2590	0.0000
014					

图 7-27　概算结果

选择概算如图 7-28 所示，主要对观测数据进行一系列的改化，根据实际的需要来选择其概算的内容并进行坐标的概算。

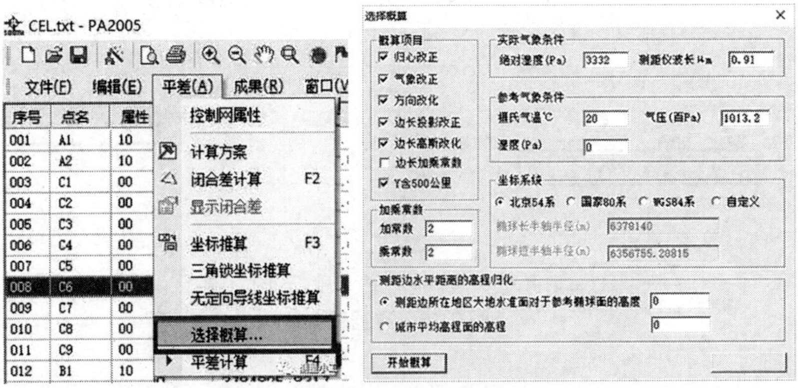

图 7-28　选择概算

设置平差参数，点击平差菜单，选择计算方案，如图 7-29 所示。

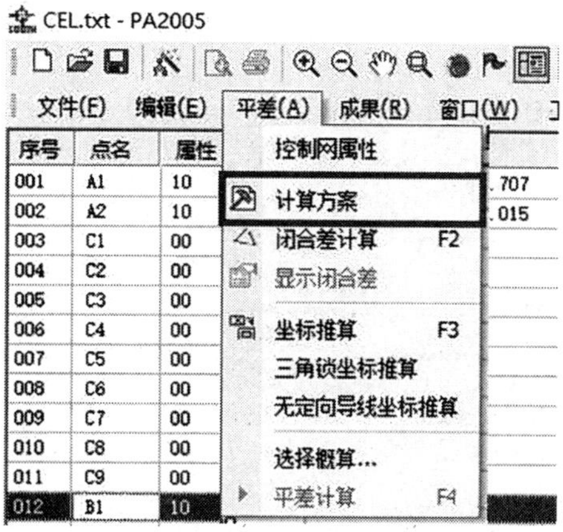

图 7-29 选择计算方案

设置控制网平差要求，如图 7-30 所示。

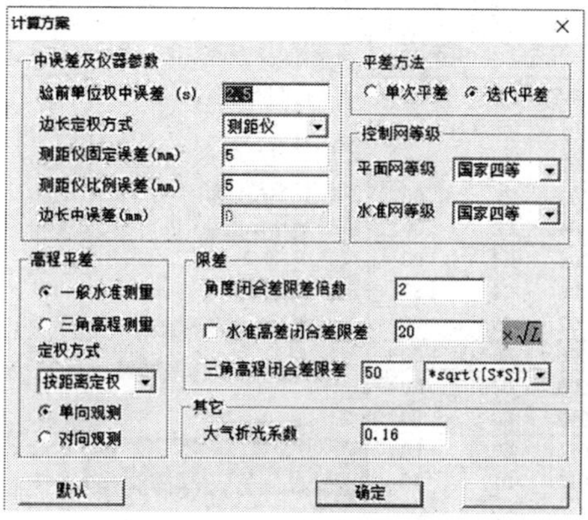

图 7-30 设置平差要求

开始闭合差计算(见图 7-31、图 7-32)，完成会生成平差报告。

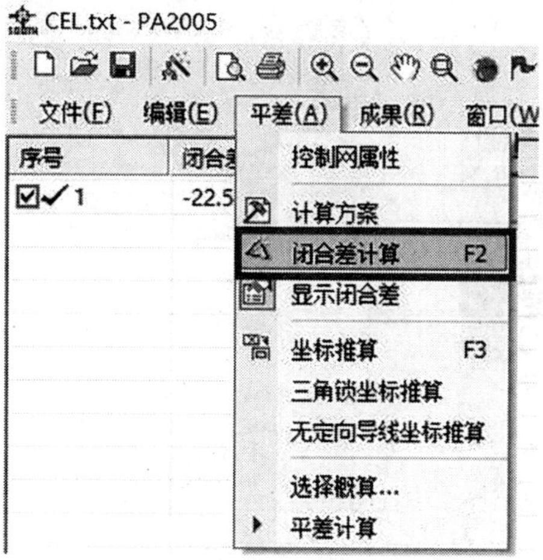

图 7-31 闭合差计算

平差计算如图 7-33 所示。

平差报告的生成见图 7-34。

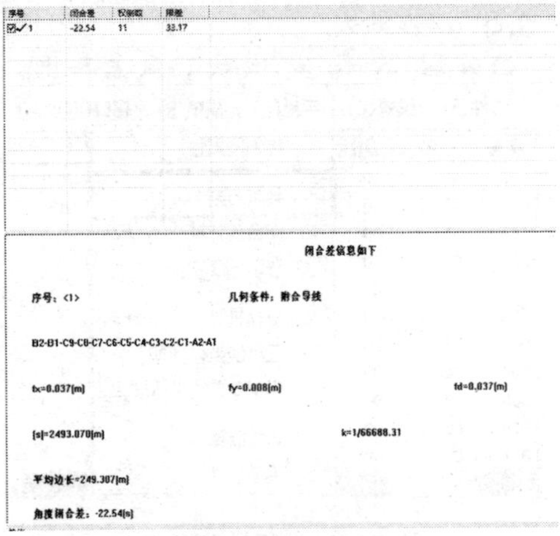

图 7-32　闭合差信息

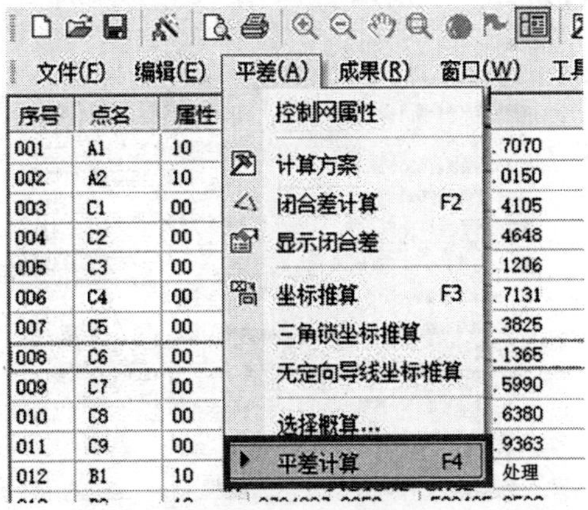

图 7-33　平差计算

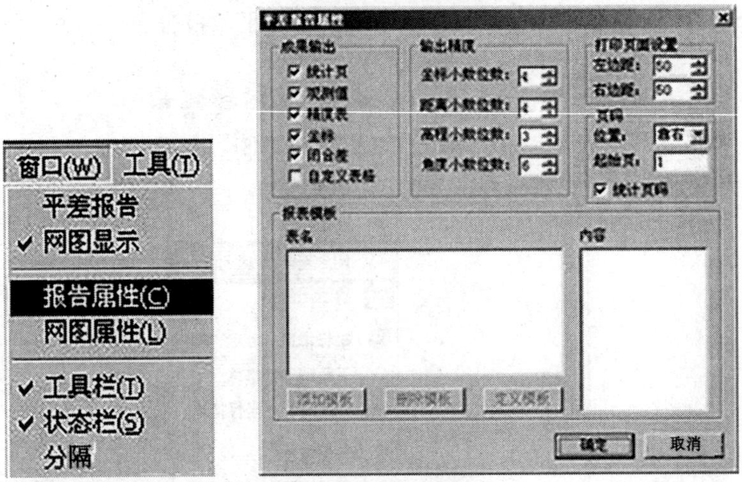

图 7-34　平差报告属性

报告输出：激活平差报告。在平差报告区中点击一下鼠标即可激活平差报告。设置好打印参数。报告如图 7-35 所示。

控制网平差报告

[控制网概况]

计算软件：南方平差易2005

网名：

计算日期：2020-03-28

观测人：

记录人：

计算者：

检查者：

测量单位：

备注：

平面控制网等级：城市一级，验前单位权中误差：5.00(s)

已知坐标点个数：4

未知坐标点个数：9

未知边数：10

最大点位误差[C7] = 0.0197 (m)

最小点位误差[C1] = 0.0066 (m)

平均点位误差 = 0.0137 (m)

最大点间误差 = 0.0155(m)

最大边长比例误差 = 20509

平面网验后单位权中误差 = 4.18 (s)

[边长统计]总边长：2493.070(m)，平均边长：249.307(m)，最小边长：120.701(m)，最大边长：380 (m)

点名	X(m)	Y(m)	H(m)	备注
A1	3785322.0300	522768.7070		已知点
A2	3785707.9070	522356.0150		已知点
C1	3785735.0705	522238.4105		
C2	3785541.4420	522174.4648		
C3	3785329.9225	522105.1206		
C4	3785175.3559	522017.7131		
C5	3785194.2362	521661.3825		
C6	3784996.8154	521527.1365		
C7	3784825.8035	521418.5990		
C8	3784761.0619	521749.6380		
C9	3784711.3049	521996.9363		
B1	3784639.7040	522370.7390		已知点
B2	3784937.0950	522435.2590		已知点

图 7-35 平差报告

【巩固训练】

采用三角高程测量的方法，从 A 点观测 B 点，测得竖角 $\theta=+14°06'30''$，A 站仪器高 $i=1.31$ m，B 点目标高 $v=3.80$ m；从 B 点观测 A 点，测得 $\theta=-13°19'00''$，B 站仪器高 $i=1.47$ m，A 点目标高 $v=4.03$ m，已知 AB 的水平距离 $D=341.23$ m。求 A、B 两点的平均高差。

项目八　大比例尺地形图测绘

大比例尺地形图测绘

项目情景

地形图数字测图是利用全站仪、GNSS 仪器等对地理空间的相关数据进行测量和采集，依据地形图图式规定的符号，按一定的比例尺在地形成图软件上准确绘制，服务城镇规划和经济建设等方面。

学习目标

知识目标：

掌握全站仪数字测图的作业方法；掌握 RTK 数字测图的作业方法；掌握地物和地貌的绘制方法；掌握地形图的整饰方法。

技能目标：

能完成全站仪地形测量工作；能完成 RTK 地形测量工作；能正确取舍地物；能熟练使用 CASS 软件绘制地形图。

思政目标：

培养学生的团队协作精神和精益求精的工匠精神。

任务一　全站仪数字测图

【工作任务】

任务描述：受甲方委托，现承接了某住宅小区工程建设项目绿地核实测量，该工程规划总用地面积 0.7 km^2。

任务分析：根据委托方要求、测区情况，为保证项目成果质量，采用全站仪进行外业数据采集。

工具材料：全站仪 1 台、脚架 1 个、棱镜 1 个、棱镜杆 1 根、小钢尺 1 把、草图纸 1 本、铅笔 1 支。

【知识准备】

一、碎部点的选择

(一) 地物点的选择

地物主要是测定其平面位置，对于依比例地物，主要选在地物轮廓线方向变化处或者转折处。如果地物形状不规则，一般地物凹凸长度在图上大于 0.4 mm 均应表示出来。若测绘 1∶500 地形图，实地地物凹凸长度大于 0.2 m 时要进行实测，小于 0.2 m 的可用直线连接。

对于面状地物，如进行测量房屋，轮廓的转折点即房角点应选为地物点，应用房屋的长边控制房屋边长误差，不宜采用短边两点和长边距离绘制房屋，容易造成房屋的测量误差较大。有些房屋密集处，GNSS 信号不佳时宜采用全站仪辅助测量，也可用钢尺丈量结合全站仪采集。测绘池塘时，弯曲点即为面状地物的特征点，连接这些特征点，可以得到与实地相似的地物形状。

点状地物是指不能在图上表示其轮廓或按常规无法测定其轮廓的地物，如路灯、雨水箅子、电线杆、独立树等。点状地物的中心位置即为其特征点，一般用不依比例尺符号表示。

线状地物是指宽度很小，不能在图上表示，只能用半依比例尺符号表示，用线条表示其长度和位置的地物，如小路、小溪等。

测绘地物时，既要注意显示和保持地物的分布特征，又要保证图面的清晰容易读取，对待不同的地物必然要有一定的取舍 。在地物取舍时要做到测量内容的“难与易”“主与次”的关系，做到既能真实准确地反映实际地物的情况又具有方便识图和便于使用的特点。

（二）地貌点的选择

地面起伏变化，实质上是不同坡度的地面相交而成。要正确描绘地貌就必须正确测定地面坡度变化线和地貌特征线（通常称为地性线），如山脊线、山谷线、变坡线等。地形测绘中测量特征线上若干特征点来定位特征线。由于地貌特征线不如地物特征线那样明显，在选择特征点方面存在一定的困难，因此正确选定地貌特征是正确描绘地貌的关键。

地貌特征点应选在山顶、鞍部；山脊、山谷、山脚等地性线上的变坡点；地性线的转折点、方向变化点、交点；平地的变坡线的起点、终点、变向点；特殊地貌的起点、终点等。

在地形起伏不明显测区，地形较单一，地形点可以稀一些。在起伏明显地区，采集高程点时注意按照一定的路线有序进行，如：高处应沿坡的走向采集高程点，坡下采集一排点，这样绘制的等高线才与实际地形相吻合。一般地形点间最大距离不宜超过图上 3 cm，如 1∶500 比例尺地形图为 15 m，地形点的最大间距不应大于表 8-1 的规定。

表 8-1　碎部点的选择

测图比例尺		1∶500	1∶1 000	1∶2 000	1∶5 000
一般地区		15	30	50	100
水域	断面间距/m	10	20	40	100
	断面上测点间距/m	5	10	20	50

二、全站仪数据采集

全站仪数据采集实质上是极坐标测量方法的应用，即通过测定出已知点与地面上任一待定点之间的相对关系，如角度、距离、高差。全站仪内部嵌套的计算程序计算出待定点的三维坐标。也可观测已知点，采用坐标交会的方法求得待定点的坐标。

（一）作业过程

1. 数据采集

采用全站仪进行数据采集时，全站仪能自动记录观测数据或经计算后的碎部点坐标，通常记录每个碎部点的点号、观测值或坐标、符号码以及点之间的连线关系码。

2. 数据处理

将野外采集的实测数据输入计算机后,成图系统首先将三维坐标和编码进行初处理,形成控制点数据、地物数据、地貌数据,然后分别对这些数据分类处理,形成图形数据文件,包括带有点号和编码的所有点的坐标文件和所有点的连接信息文件。绘图程序根据输入的比例尺、图廓坐标、已生成的坐标文件和连接信息文件,按编码分类,分层进入地物、地貌等各层进行绘图处理,生成绘图文件,并在屏幕上显示所绘图形。根据实际地形进行必要的编辑、修改,生成修改后的图形文件。

3. 地形图数据输出

经过修改后所形成的图形数据文件,其数据是以高斯直角坐标的形式存放的,而图形输出无论是在显示器上显示图形,还是在绘图仪上自动绘图,都存在一个坐标转换的问题。另外,还有图幅、绘图比例尺、图式符号注记及图廓注记整饰等,都是计算机绘图不可缺少的内容。完成上述工作后,将数字地形图存储在计算机内或其他介质上。

(二)数据采集步骤

1. 测站设置与检校

碎部测量时,首先需要进行测站的设置。将全站仪安置在测站上,经对中、整平后量取仪器高,启动野外数据采集软件,按菜单提示键输入测站信息。接着选择定向点,照准好后,输入定向点点号和水平度盘读数。然后选择一处测站点作为检核点,用全站仪瞄准检核点上的棱镜,测量水平角、竖直角及距高,输入棱镜高,即可自动计算出检核点的三维坐标,并与该点已知信息比较,若检核通,过则继续碎部测量,如果不通过,则不能继续碎部测量。

2. 野外数据采集

测站设置与检校完毕之后,就可以用全站仪进行碎部测量,即碎部点的数据采集。全站仪的数据采集功能,能直接将碎部点的观测数据存入全站仪内存,记录时的点号每次自动生成并顺序加1。进行碎部点数据采集时,可通过绘制草图来记录碎部点的位置信息,如点号、连接信息等,因此在采集碎部点时要及时绘制外业草图。

【任务实施】

全站仪数据采集的一般步骤如下。

一、安置仪器

在测站上安置仪器,对中,整平,量取仪器高,仪高量至毫米位,装上充好电的配套电池,打开电源,使全站仪进入观测状态。

二、设置参数

数据采集前进行系统设置,包括观测条件、仪器设置、仪器校正、通信设置以及日期和时间的设置。当选择棱镜时,设置配套的棱镜常数,并检查各基本量的单位设置。

三、建立项目

全站仪数据测量时能实时记录采集的数据,故需在全站仪内存中建立文件夹,便于后续数据处理,一般可以测绘小组名称或测绘日期命名。建好文件后,若有电子版的控制点坐标数据,可先存入该文件中。

四、设站定向

设置测站点即定出测量坐标系,将所有的测量成果归算至目标坐标系下,即建立相对关系。一般包括设置测站点、设置后视点和定向精度检查。

(1)设置测站点:输入测站名、测站坐标(X,Y,Z)和仪器高,并记录;

(2)设置后视点:输入后视点点名和后视点平面坐标(X,Y,Z),瞄准后视点,保存定向角度;

(3)定向精度检查:全站仪瞄准任一已知点,测量已知点坐标,检查定向精度。

五、碎部点测量

设站无误后,开始测量地物、地形点,领尺员指导跑尺员将棱镜放置在地物、地形特征点上,观测人员瞄准棱镜采集坐标数据,并按点号存储坐标、棱镜高等数据,画草图人员在草图上记录对应的点号。

重复上述过程依次采集,若单测站无法测量整个测区,需要迁站,迁站后重新定向设站,点号从上一测站点继续记录。

【注意事项】

(1)全站仪的操作应正确、规范,随时观察屏幕显示信息。

(2)外业数据采集前最好确定采集顺序,以免漏测。

(3)绘制草图人员应时刻与跑尺员保持沟通,确保点号的准确性。

【考核评价】

学生姓名:　　　　　　　　　日期:　　　　　　　　　总分:

序号	考核项目	考核要求	分值	评分标准	得分
1	全站仪安置	熟练进行对中整平	20 分	超时,扣 6 分;对中超限,扣 6 分;整平误差超过一格,扣 3 分;整平误差超过 2 格,扣 6 分	
2	设站定向	正确测量转角	20 分	超时,扣 6 分;测站点或后视点设置错误,一处扣 3 分;未完成设站定向或测站定向错误,扣 10 分	
3	碎部点测量	能正确、快速采集碎部点	20 分	超时,扣 6 分;碎部点坐标采集错误或超限,每个点扣 3 分。	
4	草图绘制	能正确绘制草图并标注	20 分	未绘制草图,扣 20 分;碎部点标注错误,一处扣 2 分	
5	仪器安全操作	能安全操作仪器	10 分	存在不安全操作仪器的行为,扣 10 分	
6	团队合作	能协作完成数据采集	10 分	小组间未正确分配观测、跑镜、草图绘制等工作,发现一次则扣 3 分	

任务二　GNSS-RTK 数字化测图

【工作任务】

任务描述:为满足某区商业综合体项目规划设计的需要,受甲方委托,现承担了该项目1∶500地形图测绘工作,该工程测量范围总面积3.7 km^2,测区场地内以道路、平整场地为主。

任务分析:根据委托方要求、测区范围大小等,为保证项目成果质量,采用GNSS仪器进行外业数据采集。

工具材料:GNSS仪器1台、对中杆1根、小钢尺1把、草图纸1本、铅笔1支。

【知识准备】

随着科学技术的发展,GNSS-RTK技术已非常成熟,相比常规测量技术,其技术优势明显,如工作效率高,正常情况下一次设站能完成4 km半径的测区,大大减少了传统测量所需的控制点数量和测量仪器的“搬站”次数,仅需1~2人即可完成外业作业,作业速度快,效率高,而且仪器的定位精度高,数据安全可靠,测量误差不会积累。最重要的是不要求通视,对能见度、天气等要求低,受的限制小。所以,在大面积数字测图中,GNSS-RTK技术应用越来越广泛。

一、GNSS-RTK 测量作业流程

首先架设基准站,在确保各部件连接正确后,开机并求取测区参数。求取参数后基准站要到其他控制点上去检核,满足相关精度要求后,方可开始作业。一般为1~2人一组,测量员到每个碎部点上立杆并记录数据,一般取几秒作为一个记录单元,在记录数器时要求测量人员立点要准确,稳住对中杆,使气泡居中。可以配合草图,也可使用编号法记录点位属性信息,以便内业整图时提供参考,采集数据点时,可以根据现场地形的实际情况进行测量设定,在测量特殊地物点时,可设定按距离进行采集,距离可以人为设定;在均匀运动测量的过程中,可以设定按时回进行采集,时间间隔也可人为设定。有些GNSS接收机提供隐蔽点测量功能,可以无须费时等待固定解,节省时间,提高效率。

外业测量存储的文件是专用的数据库文件,不可直接用来给成图软件调用,用“测点成果输出”功能可以把原数据文件转换为用户所需要的格式,转换后的格式与所用软件格式相一致,结合外业的草图,可快速完成数字化内业版图工作。

二、GNSS-RTK 碎部点测量要求

当GNSS-RTK碎部点测量因测区面积较大而采用分区求解转换参数时,相邻分区应不少于2个重合点。GNSS-RTK碎部点测量平面坐标转换残差应小于等于图上0.1 mm。GNSS-RTK碎部点测量高程拟合残差应小于等于等高距的1/10。GNSS-RTK碎部点测量流动站观测时可采用固定高度对中杆进行对中、整平,每次观测历元数应大于5个。连续采集一组地形碎部点数据超过50个点,应重新进行初始化,并检核一个重合点。当检核点位坐标较差不大于图上±0.3 mm时,方可继续测量。

GNSS-RTK 地形测量外业采集的数据应及时从数据记录器中导出,并进行数据备份,同时对数据记录器内存进行整理。

GNSS-RTK 地形测量外业观测记录采用仪器自带内存卡和测量手簿,记录项目及成果输出包括下列内容:

(1)转换基准点的点号残差、转换参数。

(2)基准站、流动站的天线高,观测时间。

(3)流动站的平面、高程收敛精度,流动站的 2000 中国大地坐标、平面和高程成果数据。

导出的成果数据在计算机中用相应的成图软件编辑成图。

三、GNSS-RTK 数据采集注意事项

(1)若需架设基准站,尽量设在测区中部,视野开阔,遮挡物少,远离高压线、无线电信号发射塔,避开大面积水域等。

(2)转换参数时,选择的控制点应最好覆盖整个测区,均匀分布。

(3)测量时,时刻注意观测时间,选择点位几何图形强度因子(PDOP)值小于 6 的时间段,可以提高观测速度和测量精度。

【任务实施】

RTK 数字测图作业流程如下。

目前基本上每个城市都覆盖了 CORS 信号,则可用 GNSS 仪器直接连接 CORS 站进行测量。若测区无 CORS 信号覆盖,则需架设基准站,首先连接各部件,连接正确后,接收机和手簿开机,求取当前测区的参数,若测图范围较大,应分区求取参数,相邻分区设置不少于两个重合点。

一、新建工程

输入工程名称,一般设置为当天的日期或者小组名,选择目标椭球,设置中央子午线,保存后确定。

二、求转换参数

由于 GNSS 平面使用的是 WGS-84 坐标系统,高程使用的是椭球高,而在实际工作中,坐标系统一般为 2000 中国大地坐标系,高程要求是水准高程,所以要进行平面和高程两部分的参数求取。在两个控制点上测量,并添加坐标后应用。

三、精度检核

求取参数后,需要测量其他已知点检核精度,满足相关精度要求后,即可开始作业。

四、数据采集

若采用草图法作业,测量员到每个碎部点上立杆并记录数据,草图员在图上标记相应点,也可以使用编号法记录点位属性信息,以便内业整图时提供参考。在采集过程中,要求测量人员立点要准确,尽量稳住对中杆,当气泡居中后才可采集并记录数据。在采集数据

时,若遇到树木茂密或建筑物密集的情况,可结合皮尺进行测量,节省时间,提高效率。

外业测量存储的文件是专用的数据库文件,不可直接用来给成图软件调用,用“测点成果输出”功能可以把原数据文件转换为用户所需要的格式,转换后的格式与所用软件格式相一致,结合外业的草图,可快速地完成数字化内业成图工作。

【注意事项】

(1)GNSS 仪器的操作应正确、规范,随时观察手簿显示信息。

(2)雷雨天气避免野外工作。

【考核评价】

学生姓名:　　　　　　　　日期:　　　　　　　　总分:

序号	考核项目	考核要求	分值	评分标准	得分
1	仪器连接	能正确连接仪器	20 分	在规定时间内正确配置仪器,正确连接网络等,不符合扣分	
2	求转换参数	能正确求转换参数	20 分	在规定时间内正确确定坐标系、采集控制点坐标、完成参数转换,不符合扣分	
3	碎部点测量	能正确、快速采集碎部点	20 分	在规定时间内完成一定数量的碎部点采集,不符合扣分	
4	仪器安全操作	能安全操作仪器	20 分	施测过程中安全操作仪器,保证仪器安全,不符合扣分	
5	团队合作	能协作完成数据采集	20 分	小组间能配合完成数据采集、草图绘制等工作,不符合扣分	

任务三　地形图绘制

【工作任务】

任务描述:在前面的任务中已完成野外数据的采集,那如何处理得到地形图呢?

任务分析:根据所采用的测图方法,结合编码或草图在南方 CASS 软件上进行内业数据的处理,得到相应的地形图。

工具材料:计算机 1 台、外业草图、铅笔等。

【知识准备】

一、内业成图过程

内业成图就是指在数据采集以后到图形输出之前对采集的数据进行各种处理,得出数字地图的过程。内业成图是数字测图的关键阶段,也是测绘成果的重要显示形式。近些年来,测绘软件迅猛发展,日渐成熟,软件功能强大,应用更加广泛,如南方 CASS 软件,本任务主要以南方 CASS 为例介绍内业成图的基本过程和方法。

内业成图过程主要包括数据传输、数据预处理、数据转换、数据计算、图形绘制、图形编辑与整饰、图形信息的管理与应用等几个方面。

(一)数据传输

数据传输是指将全站仪、GNSS 或其他设备采集的数据传输给计算机。

(二)数据预处理

数据预处理包括坐标变换、各种数据资料的匹配、图形比例尺的统一、不同结构数据的转换等。

(三)数据转换

数据转换内容很多,如将野外采集的带简码的数据文件或无码数据文件转换为带绘图编码的数据文件,供自动绘图使用,或将 AutoCAD 的图形数据文件转换为 GIS 的交换文件等。

(四)数据计算

数据计算主要是针对有关地貌关系的数据。当数据输入到计算机后,为建立数字地面模型绘制等高线时,需要进行插值模型建立、插值计算、等高线光滑处理 3 个过程的工作;在计算过程中,需要给计算机输入必要的数据,如插值等高距、光滑的拟和步距等,必要时还需对插值模型进行修改,其余的工作都由计算机自动完成计算。此外,数据计算还包括对房屋类呈直角拐弯的地物进行误差调整,消除非直角化误差等。

(五)图形绘制

图形绘制是指经过数据处理后,产生平面图形数据文件和数字地面模型文件,这就是数字地图的雏形。

(六)图形编辑与整饰

要想得到一幅规范的数字地形图,还要对数据处理后生成的“原始”图形进行修改、编辑、整饰;还需要加上文字注记、高程注记,并填充各种面状地物符号;还需要对整个测区图形进行拼接、分幅和图廓整饰等。

二、数据处理

数字测图系统的优劣取决于数据处理的能力,数据处理能力的关键是测图软件的功能。测图软件是一种大型综合应用软件,是当代软件工程学的最新技术手段与数字化成图系统特点结合的产物。它具有数据量大、算法复杂、涉及外部设备较多等特点。

在绘制地形图之前,首先对外业数据进行处理,提取对绘图有用的各种信息,进行计算和整理,再按照规定的数据结构存储,建立起适合绘图、编辑处理并与地理信息系统接轨的地形数据库。据此,可生成数字地图、进行地形图的绘制、向地理信息系统提供地形空间数据和属性数据等。

原始数据处理是指在数据传输完成后,根据不同内业处理软件的格式要求及内业作图方法的需要,对传输后数据进行处理的工作内容,通常情况下包括以下几方面内容。

(一)数据格式转换

传输后的数据文件是数字测图软件内业成图进行展点和绘图的基础,不同的内业软件对数据文件的格式有不同的要求。在通常情况下,如果外业数据采集仪器能被数字成图软件支持,数据传输时采用数字成图软件自身所提供的功能进行数据通信,所获得的数据文件可以直接进行成图。但由于各种原因,数据传输时常借用第三方软件来实现,这样获得的数据通常需要进行数据格式处理,使得数据在格式、分隔方式、坐标顺序等方面适应数字成图软件的需要。

(二)编码转换

在数字化测图中,通常采用内、外码结合方式进行,外业采集一般采用简单易记的编码,而在数字化成图时,为了适应计算机处理及数字地图应用的需要,通常采用按一定规则组成的、便于数据分类与处理的编码进行图形的绘制与符号表达。因此,在利用野外采集的数据成图之前,须根据制图软件的需要,采用一定的方式实现编码的转换。编码转换一般还伴随着数据文件格式的转换。

(三)数据合并与数据分幅

在数字化测图野外作业时,不同测量组之间主要以明显的线状地物为作业边界,不同的作业组在各自的区域内进行测量,不同作业组不同时间所采集的数据经数据传输后形成不同的数据文件,在图形绘制时需要进行数据合并,以便形成完整的测区数字地形图。在通常情况下,对于地物要素,通过对测区不同文件形成的图形进行接边处理,实现图形合并的目的,而对于等高线等地形要素,则需要先进行数据文件的合并,再整体进行等高线数据的生成与编辑,实现图数合并的功能。

同时,在后期的数字图形日常应用中,用户通常只会使用部分区域内的地图数据,内业工作中需要根据用户需求,按指定的边界进行图形分幅。在日常工作中,数字成图软件提供标准分幅方式和非标准分幅方式,标准分幅方式是根据国家地形图分幅的图框坐标要求,进行图形区域的设定和图形分割;非标准分幅是根据用户需要,指定图幅分割边界,再利用软件的剪切功能进行图形的分割。

(四)图形纠正

地表上的许多人工地物是具有一定的规则形状的,如房屋的角点一般为直角等。然而,测量误差或差错的影响,使得规则地物的形状不能满足有关要求,这里的图形纠正就是在数据文件级批量地对规则地物的形状变化进行改正。图形纠正也可以放在图形编辑阶段在图形界面下交互进行。在图形纠正过程中,一般要求设置好允许误差等纠正参数。

(五)坐标转换

为了将图形或数据从一个坐标系转到另外一个坐标系,成图软件一般均有坐标转换功能,拾取两个或两个以上公共点即可进行转换。

三、图形绘制

经过外业测量和相关数据处理,便可建立起测区的地形数据库。地形数据库中保存有全部地物、地貌特征的准确描述数据,但提交给最终用户应用的测量成果,一般还是采取可视的地形图的形式。因为只有通过图形才能使人快速地认识测区整体地形的形象特征,单纯靠一些数据是很难建立实体地形的概念的。

图形绘制是依据外业采集并转换生成的数据文件,利用数字测图软件功能生成数字图形的工作,不同的作业模式,图形绘制的方法有一定的差别,但基本作业方式都是采用将平面图形和地貌数据分开生成的方式,先对地形图的平面部分进行处理,并在屏幕上显示相应的图形,然后利用地形点生成等高线,最后对所生成的图形进行合并处理来实现整个数字地图的生成工作。

(一)平面图生成

在生成图形之前,需要先设置好制图的比例尺、图幅原点、是否符号化等参数。如果是进行过编码处理后的数据,一般可直接利用软件自动生成平面图形;对于未进行编码处理的数据,通常采用先图面展点,再根据外业绘制的草图或简编码,在数字测图软件界面下进行地物的绘制。

(二)等高线生成

等高线生成是利用外业测量的离散型地形高程点,通过数字地面模型(DTM)建立与编辑、等高线生成等工作,形成反映地面起伏状态的地貌数据。

1. 构建 DTM

构建 DTM 就是将离散的地形点按 DTM 数据要求进行数据组织。在数字测图系统中,通常采用不规则三角网(TIN)的方法建立 DTM。在构建 DTM 过程中,一般要求用户设置 DTM 三角形最大边长、是否考虑地性线等参数,最终生成 DTM 数据文件和 DTM 图形。

2. DTM 编辑

因地表形态的复杂性、算法的适应性、外业测量可能存在的差错以及建模参数设置方面的原因,自动建立的 DTM 不是十分合理,需要结合平面图形、实际地形情况,对初始的 DTM 图形进行编辑。DTM 编辑是一个在图形界面下的交互编辑过程,有的数字化成图软件具有良好的三维 DTM 显示功能,能在屏幕上显示出立体感很强的三维 DTM,能发现 DTM 模型的错误。将 DTM 图形修改后,进行数据存盘,并写入 DTM 数据,使修改的内容在等高线生成时产生作用。

3. 等高线生成

在建立好 DTM 后,即可利用它生成等高线,数字化成图软件一般将等高线的内插、跟踪、平滑等环节集成在一起,能自动完成从 DTM 到平滑等高线的全过程。在等高线生成过程中,系统一般要求设置等高距、是否平滑等参数。等高线生成与 DTM 编辑是一个循环过程,用户可以利用等高线的生成结果进一步检查 DTM 的正确性,反过来再对 DTM 进行编辑后,直到生成合理、正确的等高线。

(三)平面图形与等高线的合并

在平面图形与等高线都处理好以后,应该将它们合并在一起。它包括屏幕图形的叠加和数据文件的合并两个方面的含义。数字化成图软件一般都能自动同时完成这项工作。

四、图形整饰

图形整饰是在图形界面下将生成好的图形按规范和制图要求,编辑成符合要求的成品地形图。同时,确保地物与地物、地物与地貌之间相对关系的正确性,确保成品地图的质量和美观性,所以必须将各类要素合并在一起进行查看和编辑。图形整饰的主要工作内容包括以下几方面。

(一)地图注记

在外业记录的坐标数据文件中,不包含各类文字注记内容,各类注记说明的获取方式有两种;一种是在外业数据采集的同时,测绘人员通过调查,将地图注记的内容记录在草图上作为内业地图注记工作的依据;另一种是将基本编辑好的图形输出到白纸上,再回到野外采集注记内容。在数字测图内业工作中,操作人员先根据注记的类型、级别等特征,设置好字体、字号、注记走向、字间隔等注记参数,再在地图上完成相应文字的注记工作。

(二)地图实体关系的处理

地图实体关系的处理主要是指根据制图学的要求,在图面上处理好地物、地形以及注记之间的关系。

(三)图廓生成

图廓生成是指在图形界面内利用图幅信息生成完整的图廓。图廓生成之前一般要输入图幅名、图幅范围、相邻图幅、坐标系、责任人员姓名等图幅信息。

(四)图形输出

图形输出是将地形图按要求的数据格式输出。经过图形编辑得到符合要求的屏幕图形后,利用数字化成图软件提供的保存功能将当前图形存盘,以备图形输出时使用。

【任务实施】

一、数据传输

(1)将采集完外业数据的全站仪通过专用的数据线与计算机相连接,若是GNSS采集的,则可通过蓝牙将数据传输到计算机或手机。

(2)打开全站仪,将仪器调置到输出参数设置状态,对其进行设置;再调置全站仪到数据输出状态,直至最后一步的前一项时进行等待。

(3)点击南方CASS软件“数据”中的“读取全站仪数据”,对照仪器型号,使各个项目的配置选择与仪器的输出参数相一致。

(4)点击数据存放的文件夹,选择、编辑文件名并点击“转换”,随即点击一直处于等待状态的全站仪的输出确认键;直至数据全部传输到计算机后,即可关闭全站仪。

二、地物的绘制

(一)定显示区

定显示区就是通过坐标文件中的最大坐标、最小坐标,定出屏幕窗口的显示范围,以保证所有碎部点都能显示在屏幕上。进入CASS主界面,用鼠标点击“绘图处理”项,选择下拉菜单“定显示区”项,通过输入坐标数据文件名,系统就会自动检索所有点的坐标,并在屏幕命令区显示坐标范围。

(二)选择测点点号定位成图法

选择屏幕右侧菜单区的“测点点号”项,通过点号坐标数据文件名的输入,即可完成所有点的读入。

(三)展点

选择屏幕顶端菜单的“绘图处理”项并点击,接着选择下拉菜单“展野外测点点号”项点击,再输入对应的坐标数据文件名,便可在屏幕上展出野外测点的点号。

(四)绘制平面图

根据外业草图,使用屏幕右侧的菜单将所有地物分为13类,如文字注记、控制点、界址点、居民地等,按照分类即可绘制各种地物。

三、等高线的绘制

(一)展绘高程点

选择“绘图处理”菜单下的“展高程点”,通过输入数据文件的名称,即可展出所有高程点。

(二)建立数字地面模型

选择“等高线”菜单下的“用数据文件生成 DTM”,然后输入数据文件名称。

(三)绘制等高线

选择“等高线”菜单下的“绘等高线”,即可完成等高线的绘制;最后应选择“等高线”菜单下的“删三角网”,可将三角网除去。

(四)等高线的修饰

选择“等高线”菜单下的“等高线修剪”,面对多种可供选择的情况,即可进行相应的修剪。

四、地形图的整饰

(一)图框参数设置

单击“文件”菜单→“CASS 参数配置”,在弹出的“CASS 参数配置”对话框的“图框设置”选项卡中,设置如下参数:

(1)测绘单位:江西环境工程职业学院;

(2)成图日期:2022 年 10 月数字化成图;

(3)坐标系:2000 中国大地坐标系;

(4)高程基准:1985 年国家高程基准,等高距为 0.5 m;

(5)图式:2017 年版图式;

(6)密级:秘密。

(二)绘制图框

(1)单击“绘图处理”菜单→“任意分幅”,在弹出的“图幅整饰”对话框中,做如下设置:

①图名:江西环境工程职业学院;

②图幅尺寸:横向 10 分米;纵向:10 分米;

③选择“取整到十米”后,使用拾取坐标按钮点击测区左下角,并设置左下角坐标:东 516 000,北 2 864 000;

④复选“删除图框外实体”。

(2)单击“确认”按钮,添加非标准分幅图幅。

提示:通常比例尺为 1:500 的非标准任意图幅大小的地形图,左下角坐标须为 50 m 的整数倍。而 1:500 标准 50 cm×50 cm 图幅大小的地形图,即左下角坐标须为 250 m 的整数倍。图幅整饰的具体要求请参照《国家基本比例尺地图图式 第 1 部分 1:500 1:1 000 1:2 000 地形图图式》(GB/T 20257.1—2017)规范。

【注意事项】

(1)根据草图正确绘制地物和地貌。

(2)操作时随时观察命令行提示信息。

（3）绘制图形中注意随时保存。

【考核评价】

学生姓名：　　　　　　　日期：　　　　　　　总分：

序号	考核项目	考核要求	分值	评分标准	得分
1	数据传输	完成外业数据下载	10分	在规定时间内未完成数据的传输，扣5分；数据传输格式错误，扣5分	
2	点的展绘	能正确展绘控制点和碎部点	10分	未完成控制点的展绘，扣5分；未完成碎部点的展绘，或展绘错误，扣5分	
3	地物绘制	能正确绘制地物	20分	漏绘主要地物或绘制错误，一处扣5分；漏绘次要地物或绘制错误，一处扣3分	
4	地貌绘制	能正确绘制等高线	20分	等高线绘制错误，一处扣3分	
5	地形图注记	能完成地形图的注记	20分	地物注记错误，一处扣2分；等高线注记错误，一处扣2分	
6	地形图整饰	能完成地形图的整饰	20分	未正确设置图框参数，扣10分；图框绘制错误，扣10分	

【巩固训练】

1. 野外数据采集包括哪些内容？
2. 简述全站仪数据采集的操作步骤和要求。
3. 简述RTK数据采集的操作步骤和要求。
4. 简述CASS软件绘制等高线的主要操作步骤。

【思政要点】

全国首批"工程测量工匠"获得者张胜良：站在测量一线的人

在虎年的春天里，全国首批"工程测量工匠"的评选终于开花结果了。

近20多年来，伴随着我国经济腾飞的，还有众多拔地而起的地标建筑、大国工程，在这些工程建设背后，总有一个个测量人在披星戴月、宵衣旰食。步入"十四五"，新发展格局呼之欲出，新发展理念深入人心，时代呼唤工匠精神，发展急需大国工匠，因此"工程测量工匠"评选就应运而生。

张胜良是首批"工程测量工匠"称号获得者之一，从业近30年来，他的名字就和工程测量、建筑测量项目"捆绑"在一起。

1994年，从原武汉测绘科技大学工程测量专业毕业后，张胜良就进入建设部中国建筑工程总公司，担任测量技术员，从此，他就开始了"锱铢必较"的测量历程，用张胜良的话说，此后他的主要“办公地点”就被定格在了每一个测量一线。

一、地标建筑和工程项目是测量人的名片

和张胜良的交谈是从一栋栋建筑开始的。甫一见面，没有太多寒暄，张胜良就聊起了自己和建筑测量的故事，从“水立方”、中央电视台新台址再到中国尊、平安金融中心……故事的背景总是在一个个建筑施工现场。

2004 年，张胜良接到了一个“老大难”项目——国家游泳中心“水立方”（如今改称“冰立方”）的工程建设。“水立方”内外立面是由 3 000 多个“小水泡”组成，而每一个小水泡的内部是由钢质球体和杆件构成的多面体。

作为该项目的测量技术负责人，摆在张胜良面前的一大难题就是如何确定钢球的精确坐标。一个钢球的直径通常为 600~800 mm，而在施工现场，钢球由吊塔车悬挂在几十米的高空，要实现几毫米的精准定位谈何容易。而不精准定位钢球的位置，就无法完成球杆组装，“水立方”的其他精妙设计都将成为“空中楼阁”。

“那时候，我每天就围着这个钢球转，最后想出了个方法：既然测量悬空球体的难度很大，那不如化繁为简，把三维坐标分解为平面二维坐标+高程。将平面坐标投影在地面上，采用高精度全站仪放样其投影中心位置，依据球半径在地面上刻画出球的投影轮廓线。采用水准仪和钢尺准确测定球体的标高控制。”回望当年，张胜良不无感慨地说道，这是个“逼出来”的想法。

此外，在“水立方”的工程测量中，张胜良还自主设计了专用工具来测定球体高程，解决了 10 000 多个球体的精准定位和杆件对接等难题，并将测量工期从预计的 2~3 年压缩至 7~8 个月。通过该项目，张胜良领衔设计的《空间钢结构节点平面自动测量快速定位施工工法》也成功获评国家级工法。

2006 年，在央视新台址的测量项目中，张胜良通过采用 GNSS 测量与测量机器人实时监测相互验证的技术，完成了被许多国外专家声称“以中国现有的测量技术水平根本无法完成”的世界级技术课题。基于该项目的测量实践，他总结的《特大异型工程精密测量与重构技术研究及应用》获得国家科技进步二等奖。

在张胜良的记忆中，每一次项目总是能遇到各种新的难题。2009 年面对大型高科技电子厂房中的测量难题，他提出高科技厂房高效率多点同时设站快速测量技术，平面放样精度优于 3 mm，发明了超大洁净板面平整度测量控制技术，平整度控制达到 1 mm。2011 年，他在参与深圳平安金融中心和中国尊建设项目中又遇到超高层建筑施工测量中平面控制点竖向传递精度低，传输距离短，高程分段传递累计误差随高度增加而增加，基准点稳定性差等问题和难题，于是他在超高建筑物的平面轴线传递、高程竖向传递、垂直度控制、建筑物摆动等多项关键技术上开展了研发，相关成果在北京、深圳、广州、天津、莫斯科、巴哈马、埃及等地 20 多座 300 m 以上的建筑施工测量中得到直接应用。

“解决这一个个看似细小且具体的工程难题可能不足以助推基础科技向前发展，但它解决了实际问题，为国家和社会单位节省了大量的资金和时间。所以，在我看来，工程测量人最好的名片不是各种头衔，而是一栋栋拔地而起的标志性建筑和重大工程项目。”张胜良如是说道。

二、测量工匠要站在测量一线，面对实际问题

在张胜良的记忆中，最清晰的部分永远是测量施工现场的每一个技术难题。用他的话说："测量工匠一定要站在测量一线，面对实际问题。"即使如今，他已经不仅仅是一名技术负责人，还身兼管理职责，但他始终自视为一名技术工匠，且以身为一名工匠为荣。

"如今获评'工程测量工匠'，我发自内心地感到骄傲，不仅仅是因为一张证书，更重要的是，这是对我几十年工程测量工作的认可，甚至这不仅仅是对我个人的认可，还是对工程测量人和建筑测量人这个工种的认可，对于搞测量的技术人员来说，没有什么比获得大家的认可更值得自豪的了。"张胜良坦言。

对于测量工匠和工匠精神，张胜良也有自己的理解。他说，科研院所的科研人员聚焦的是理论科学或各种学术难题，而测量工匠一定是站在测量一线的人，也必须是能够解决实际工程技术难题的人。和工程实践紧密相连是测量工匠区别于其他科技工作者的重要特征。

首先，测量工匠必须是个有责任心的人，工程测量员是一项关乎生产安全、关乎财产安全、更关乎生命安全的职业，如果没有足够的责任心，那么承担的项目越大，可能带给国家和社会的损失就越大。

其次，测量工匠一定是精雕细琢，甚至"吹毛求疵"的人，可以说没有什么比测量更注重精准，而且在实际工程建设中，失之毫厘往往谬以千里。

最后，测量工匠还应该是能够耐得住寂寞，坐得了冷板凳的人。因为一项工程的工期，短则数月，多则数年，不可能一蹴而就；而且，工程测量只是大的工程建设项目中的一环，其付出往往并不容易被大家注意到。所以，测量工匠要耐得住寂寞，明白守得云开见月明的道理。

"于我个人而言，我觉得既然能够称得上工匠二字，还应该在自己的岗位上和团队中起到表率的作用，并乐于去帮助和提携新的技术人员，让工匠精神薪火相传。"张胜良最后如此补充道。

张胜良不仅是这样说的，更是这样做的，他在总结近 30 年来的工程测量实践基础上形成的《国家游泳中心"新型多面体空间刚架结构"快速精确定位测量技术》被收入《中国测绘发展蓝皮书》，得到了行业肯定。他和国家科技攻关组、高校合作，参与了"863 计划"。根据建筑施工企业管理人员岗位情况，组织编写了 5 部工程测量行业专著。他先后培养了超高、异型、超长等复杂结构测量技术人员 100 多名。

2017 年，张胜良还作为主要起草人，编撰起草了我国第一部建筑施工测量标准。他还积极参与编写《大国工程测量技术创新与发展》一书，并主动承担了其中 3 个章节的内容编写，将自己在重大工程项目中的技术经验分享出来，以资后来者学习借鉴。

大国崛起的重要助力是大国工程，而大国工程的背后离不开工程测量工匠的身影。工匠精神的发扬光大和薪火相传，正是中国梦的重要基石。

来源：中国测绘学会(原内容摘自《中国测绘》2022 年第 3 期)

模块三　园林工程项目施工测量

项目九　平整土地测量

平整土地测量

项目情景

在园林建设过程中，有许多各种用途的地块需要平整，如用于绿化的草坪、广场、停车场、游乐场、运动场等。平整场地就是将原来高低不平、比较破碎的地形通过测量，按照设计要求，整理成平坦的或带有一定坡度的场地。场地平整前要对平整地区进行地面点高程测量，若有大比例尺地形图，应尽可能先在地形图上进行平整土地的设计与计算，然后进行实地测设，以便施工。

学习目标

知识目标：

了解地面平整常用的方法，理解和掌握地面平整原理和计算公式。

技能目标：

1. 能用地形图或水准仪测算地面点高程测量；
2. 能运用方格法等方法进行地面平整测量。

思政目标：

培养学生严谨求实、精益求精的精神。

任务一　平整土地测量

【工作任务】

任务描述：在实训场所选择一块地面高低起伏不平的地段，要求同学们设计一个 2 500 m^2 的篮球场地，先进行高程测量，然后根据实地情况做一个土地平整设计。

任务分析：根据任务，先进行高程测量，根据高程测量数据进行土地平整设计并求出填挖土石方量，求出设计标高，画出开挖线。

【知识准备】

在各种工程建设中,除对建筑物要作合理的平面布置外,往往还要对原地貌作必要的改造,以便适于布置各类建筑物,排除地面水以及满足交通运输和敷设地下管线等要求。这种地貌改造称为平整土地。

在平整土地工作中,常需预算土、石方的工程量,即利用地形图进行填挖土(石)方量的概算。其方法有多种,其中方格网法(或设计等高线法)是应用最广泛的一种。下面分两种情况介绍该方法。

方格网法适用于地形起伏不大或地形变化比较规律的地区。一般要求在满足填挖方平衡的条件下把划定范围平整为同一高程的平地。

一、平整为水平场地

其步骤如下所述。

(一)在地形图上绘制方格网

在地形图上对拟建场地绘制方格网,方格网的大小取决于地形复杂程度,地形图比例尺大小,以及土石方概算的精度要求。例如,在设计阶段采用 1:500 的地形图时,根据地形复杂情况,一般边长为 10 m 或 20 m。方格网绘制完后,对方格进行编号,横向(东西方向)用 1,2,3,…进行编号,纵向(南北方向)用 $A,B,C,\cdots$,各方格顶点的编号由纵横编号组成,例如本图北边 $A_1,A_2,\cdots$。

(二)计算设计高程

根据地形图上的等高线,用内插法求出每一方格顶点的地面高程,并注记在相应方格顶点的右上方,如图 9-1 所示。然后将每一方格顶点的高程加起来除以 4,得到的各方格的平均高程,再将每个方格的平均高程相加除以方格总数,就得到拟建场地设计高程 H_0。

$$H_0=(H_1+H_2+\cdots+H_n)/n$$

式中　H_i——每一方格的平均高程;

n——方格总数。

从设计高程 H_0 的计算方法和图 9-1 可以看出:方格网的角点 A_1,A_4,B_5,B_4,C_1,C_3 的高程只用了一次,边点 $A_2,A_3,B_1,C_2,\cdots$ 的高程都用了 2 次,拐点 B_3 的高程用了 3 次,而中间点 B_2 的高程点用了 4 次。因此,设计高程的计算公式可写为:

$$H_0=(\sum H_{角}+2\sum H_{边}+3\sum H_{拐}+4\sum H_{中})/4n \tag{9-1}$$

将方格顶点的高程(见图 9-1)代入式(9-1)中,即可计算出设计高程为 26.2 m,在图上内插出 26.2 m 等高线(图中虚线),称为填挖边界线。

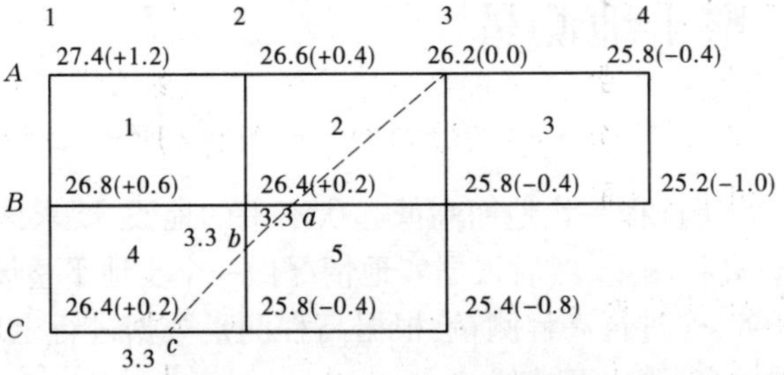

图 9-1　场地平整的土方量估算

(三)计算挖、填高度

根据设计高程和方格顶点的高程,可以计算出每一方格顶点的挖、填高度,即:

$$挖、填高度 = 地面高度 - 设计高程 \tag{9-2}$$

将图中各方格顶点的挖、填高度写于相应方格顶点的左上方。正号为挖深,负号为填高。

(四)计算挖、填土方量

挖、填土方量可按角点、边点、拐点和中点分别按下式列表计算。

$$\left.\begin{array}{ll}\text{角点:} & 挖(填)高\times 1/4\ 方格面积 \\ \text{边点:} & 挖(填)高\times 1/2\ 方格面积 \\ \text{拐点:} & 挖(填)高\times 3/4\ 方格面积 \\ \text{中点:} & 挖(填)高\times 1\ 方格面积\end{array}\right\} \tag{9-3}$$

如图 9-1 所示,设每一方格面积为 100 m^2,计算的设计高程是 26.2 m,每一个方格的挖深或填高数据已分别按式(9-1)计算出,并已注记在相应方格顶点的左上方。于是,可按式(9-3)分别计算出挖方量和填方量。从计算结果可以看出,挖方量和填方量是相等的,满足"挖、填平衡"。这种方法计算挖填土方量简单,但精度较低。

下面介绍另一种方法,精度较高。以图 9-1 为例:

该方法特点是逐格计算挖方与填方量,遇到某方格内在填挖分界线时,说明该方格既有挖方,又有填方,此时要求分别计算,最后计算总挖方量与总填方量。本例第 1 方格全为挖方,其数值可用下式计算:

$$V_{1W} = \frac{1}{4} \times (1.2 + 0.4 + 0.6 + 0.2) \times 100 = 60(m^3)$$

第 2 方格既有挖方,又有填方,因此

$$V_{2W} = \frac{1}{4} \times (0.4 + 0 + 0 + 0.2) \times \frac{3.3 + 10}{2} \times 10 = 0.15 \times 66.5 = 9.98(m^3)$$

$$V_{2T} = \frac{1}{3} \times (0.4 + 0 + 0) \times \frac{6.7 \times 10}{2} = 0.13 \times 33.5 = 4.36(m^3)$$

第 3 方格只有填方,可求得:$V_{3T} = 45\ m^3$。

第 4 方格既有挖方,又有填方可求得:$V_{4W} = 15.51\ m^3$,$V_{4T} = 2.92\ m^3$。

第 5 方格既有挖方,又有填方可求得:$V_{5W} = 0.38\ m^3$,$V_{4T} = 30.26\ m^3$。

因此,$\sum V_W = 85.87\ m^3$,$\sum V_T = 82.54\ m^3$。

二、设计成一定坡度的倾斜场地

有时为了充分利用自然地势,减少土石方工程量,以及场地排水的需要,在填、挖平衡的原则下,可将场地平整成具有一定坡度的倾斜面。如图 9-2 所示,欲将 40 m×40 m 的 *ABCD* 场地平整成坡度为 10%的倾斜面。

其步骤如下:

(1)绘制方格网方法同平整为水平场地方格网法,如图 9-1 所示。

(2)计算场地平均高度,经计算场地平均高程为 $H_{平} = 71.9$ m。

(3)计算倾斜场地最高边线和最低边线高程。如图9-2所示,在$ABCD$地块上,AB线上各点为最高点,DC线上各点为最低点。当AB线和DC线之间中点位置的设计高程为$H_{平}$时,方可使场地的填、挖土方量平衡。设AD边长为D_{AD},由此得:

$$H_A = H_B = H_{平} + 1/2D_{AD}i = 71.9 + 1/2 \times (40 \times 10\%) = 73.9(\mathrm{m})$$

$$H_C = H_D = H_{平} - 1/2D_{AD}i = 71.9 - 1/2 \times (40 \times 10\%) = 69.9(\mathrm{m})$$

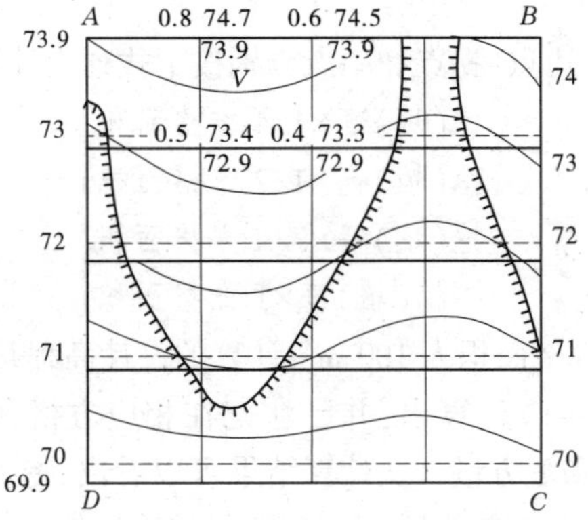

图 9-2 平整倾斜场地的土方量估算

(4)确定倾斜场地的等高线,根据A、D两点的设计高程,在AD直线上用内插法定出70 m、71 m、72 m、73 m各设计等高线的点位,过这些点作AB的平行线(图9-2中以虚线表示),就是倾斜场地等高线。

(5)确定填、挖边界线,倾斜场地的等高线与原地形图上与其同高程等高线的交点刚好位于倾斜面上,连接这些点既为填、挖边界线。填、挖边界线上有短线的一侧为填方区,另一侧为挖方区。

(6)计算方格顶点的设计高程。根据倾斜场地等高线用内插法确定各方格顶点的设计高程,注于方格顶点的右下方。

(7)计算填、挖方量,计算方法同前平整为水平场地方格网法。

【任务实施】

一、工作准备

(1)提前测绘好的地形图、铅笔、橡皮、尺子、草稿纸等。

(2)制订工作计划:时间,2学时。

(3)地点:教师指定一个区域。

二、方法提示

(一)在地形图上绘制方格网

在地形图上对拟建场地绘制方格网,在设计阶段采用1:500的地形图时,根据地形复杂情况,一般边长为10 m或20 m。方格网绘制完后,对方格进行编号,横向(东西方向)用1,2,3,…进行编号,纵向(南北方向)用$A,B,C,\cdots$各方格顶点的编号由纵横编号组成。

(二)计算设计高程

根据地形图上的等高线,用内插法求出每一方格顶点的地面高程,并注记在相应方格顶点的右上方。计算出各方格的平均高程,再将每个方格的平均高程相加除以方格总数,求出拟建场地设计高程 H_0。在图上内插出填挖边界线。

(三)计算挖、填高度

根据前面所学内容计算挖、填高度。

【考核评价】

学生姓名:　　　　　　　　日期:　　　　　　　　总分:

序号	考核项目	考核要求	分值	评分标准	得分
1	方格网的绘制	是否按要求绘制	10 分	没有按要求绘制酌情扣分	
2	是否进行编号	按照一定顺序进行编号	20 分	漏掉一处扣 2 分,扣完为止	
3	计算设计高程	计算方法是否正确	20 分	酌情扣分	
4	是否绘制开挖线	开挖线是否绘制是否虚线	20 分	未绘制扣 20 分,非虚线扣 5 分	
5	填挖高度计算	是否计算填挖高度	20 分	未计算扣 20 分	
6	纸上整洁	整洁度	10 分	根据整洁度进行适当扣分	

【知识拓展】

断面法平整土地

断面法适用于场地较为窄长的带状地区,其基本测量方法与道路工程中的横断面图测法相同,即沿场地纵向中线每隔一定距离测一横断面图,然后将横断面围上的地形点转绘到场地平面图中线的两侧,根据横断面图上的地形点勾绘出等高线,这样就可以按等高线法平整场地,也可以直接根据中线上各点高程和横断面图设计地面坡度和高程平整场地。

【巩固训练】

如图 9-3 所示一缓坡地,按填、挖基本平衡的原则平整为水平场地。首先在该图上用铅笔打方格,方格边长为 10 m。其次,由等高线内插求出各方格顶点的高程。以上两项工作已完成,现要求完成以下内容:

(1)求出平整场地的设计高程(计算至 0.1 m);

(2)计算各方格顶点的填高或挖深量(计算至 0.1 m);

(3)计算填挖分界线的位置,并在图上画出填挖分界线并注明零点距方格顶点的距离;

(4)分别计算各方格的填挖方以及总挖方量和总填方量(计算取位至 0.1 m^3)。

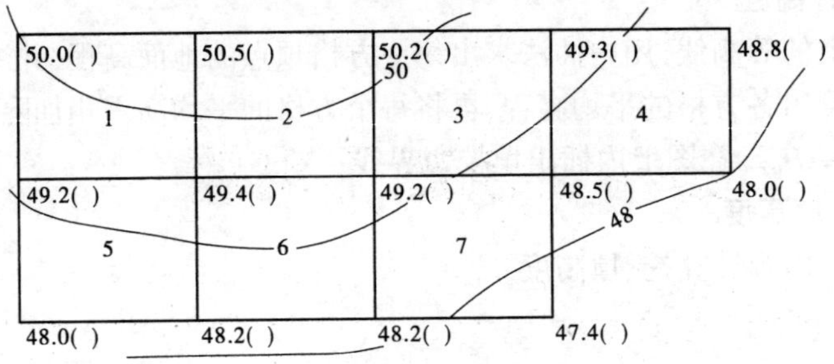
50.0( )
50.5( )
50.2( )
49.3( )
48.8( )
50
1
2
3
4
49.2( )
49.4( )
49.2( )
48.5( )
48.0( )
48
5
6
7
48.0( )
48.2( )
48.2( )
47.4( )

图 9-3 场地平整

项目十　园林建筑施工测量

园林建筑施工测量

项目情景

园林建筑物主要有亭、廊、台、榭等，以及给水排水、电信气热等管线。园林建筑施工中的放样与测设以及人们常说的放线含义都是一样的，就是将规划设计图上的各类图形按比例放大到施工现场，而地形图测绘是将实物地物、地貌等按比例缩小绘于图上，因此说测绘与测设为一互逆过程。园林建筑的施工测量主要有建筑物主轴线测设、园林建筑定位、基础放样和施工放样等。

学习目标

知识目标：

理解园林建筑主轴线测设、园林建筑物及其基础放样的方法，熟悉点位测设常用的基本方法。

技能目标：

掌握园林建筑施工控制测量、园林建筑物定位、园林建筑的详细放样过程。

思政目标：

培养学生工匠精神、协作精神；同时具有劳动教育、安全意识、求真务实、专业伦理等相关知识。

任务一　园林建筑主轴线测设

【工作任务】

如图 10-1 所示为某公园的设计平面图，该地区原为一片较平坦的荒地，其北面有东纬公路，西面有北经公路，挖人工湖堆假山，公园内有各种建筑，包括办公楼、展馆、餐厅、敞厅、儿童游乐场、亭、曲桥、雕塑、温室等。

任务分析：对这些建筑物进行施工放样，首先应布设施工控制网，根据这里的实际地形，布设建筑方格网最为方便。设计方格网的东西向主轴线平行于东纬公路，第 1 行方格点编号 A、B、C、D、E、F 等。方格网的南北向主轴线平行于北经公路，第 1 列方格点编号 1、2、3、4 等。按建筑方格网测设方法进行测设，一般建筑方格网的主轴线应设置在场区的中央，但应从实际情况出发，该公园北面建筑物多，可以考虑把建筑方格网的主轴线设置在公园的北边，以提高建筑物的定位精度。

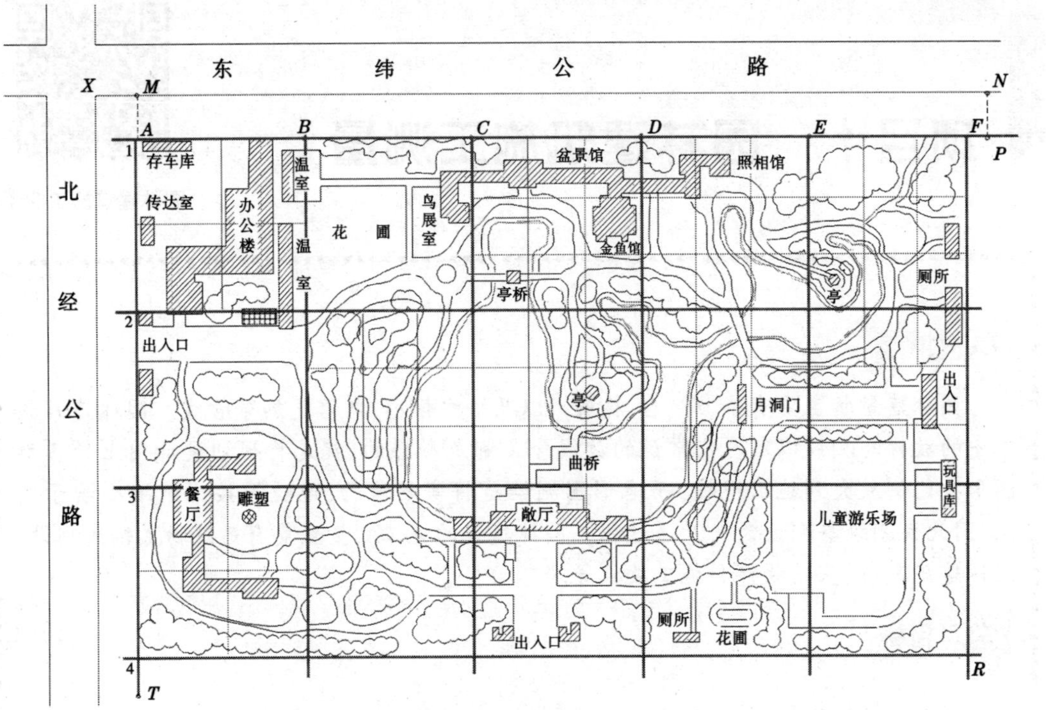

图10-1 某公园的设计平面图

【知识准备】

园林建筑主轴线的测设视工程项目的情况不同可分别选用如下几种方法。

一、已建方格网的情况

在工程现场,若事先已建立了方格网,即可根据建筑物折点坐标来测设主轴线。图10-2中的建筑折点 A、B、C、D 的坐标值设计已给定,见表10-1。据表10-1可求出此建筑的长度及宽度。即 $AB=CD=408.000-332.000=76$(m),$AC=BD=238.000-220.000=18$(m)。

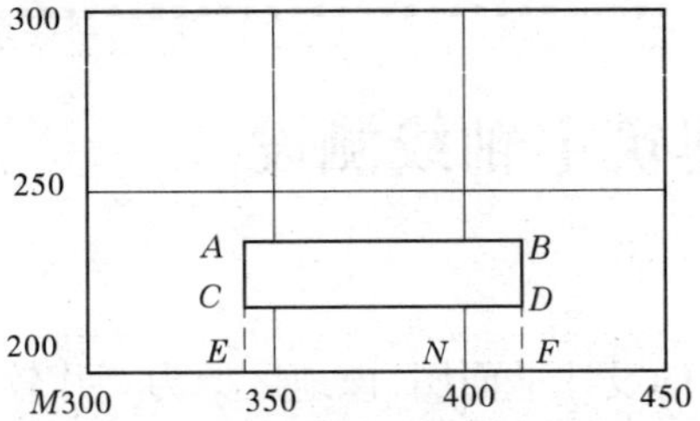

图10-2 园林建筑主轴线测设示意图

表10-1 折点坐标值

点位	纵坐标 x/m	横坐标 y/m
A	238.000	332.000
B	238.000	408.000
C	220.000	332.000
D	220.000	408.000

利用此方格网测设出主轴线 AB 和 CD，其施测方法为，先将经纬仪安置于 M 点，照准 N 点。然后在此方向上量取 332－300＝32(m)得 E 点，再在此方向上自 N 点量取 408－400＝8(m)得 F 点。然后迁移经纬仪至 E 点，照准 M 点，采用测回法顺时针测设 90°角方向，在此方向上量取 220－200＝20(m)即 EC 的纵坐标差得出 C 点。在此方向上继续量取 AC 长度 18 m，得出 A 点。再将仪器迁至 F 点，依上法可定出 D 点及 B 点。至此 A、B、C、D 四点均已定出，既此建筑的主轴线定出。最后，还应对此加以校核。用钢尺实量 AB 与 CD 的距离是否相等。对角线 AD 和 BC 是否相等。若距离相对误差小于 1/2 000，则可根据现场情况予以调查。若误差超过上述规定，则应返工重测。

二、用“建筑红线”测设建筑主轴线

在施工现场如果有规划管理部门设定的“建筑红线”，则可依据此“红线”与建筑主轴线的位置关系进行测设。

如图 10-3 所示，AB 直线为“建筑红线”。测设开始时，依据规划设计平面图所给定的关系，先在“建筑红线”的桩点 A 安置经纬仪，照准 B 点，在该方向上依平面图上尺寸，用钢尺量距定 P_1 和 Q_1 两点，然后将经纬仪分别安置于 P_1 和 Q_1 两点，以 AB 方向为起始方向精确测设 90°角，得出 P_1M 和 Q_1N 两方向，并在此两方向上按图给定尺寸量得 P、Q、M、N 各点。然后安置经纬仪于 P 点和 Q 点；检查 $\angle MPQ$ 和 $\angle NQP$ 是否为 90°，并用钢尺检验 PQ 与 MN 的距离是否相等。若角度误差在 1′以内，距离误差小于 1/2 000，则可根据现场情况加以调整，若误差超过上述规定，则应重新进行测设。主轴线测设完成后，还应将建筑轴线的各交点位置依图上尺寸量出。最后用白灰撒出建筑的平面轮廓线。

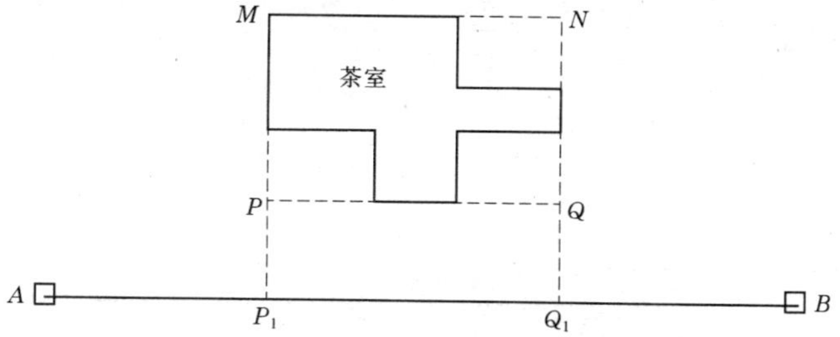

图 10-3　用“建筑红线”测设主轴线示意图

三、根据原有建筑或道路测设建筑主轴线

在规划设计过程中，如规划范围内保留有原有建筑或道路，一般应在规划设计图上予以反映，并给出其与拟建新建筑物的位置关系。所以，测设这些新建筑的主轴线可依此关系进行，具体方法有如下几种，如图 10-4 所示。

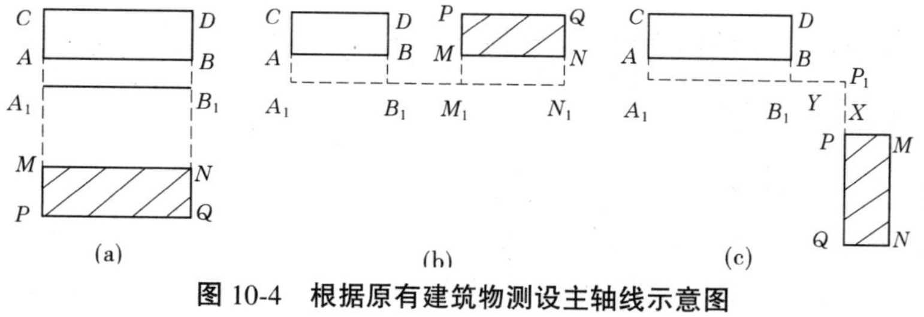

图 10-4　根据原有建筑物测设主轴线示意图

(一)平行线法

此法适用于新旧建筑物长边平行的情况。如图10-4(a)所示,等距离延长山墙 *CA* 和 *DB* 两直线定出 *AB* 的平行线 A_1B_1,在 A_1 和 B_1 两点分别安置经纬仪,以 A_1B_1、、B_1A_1 为起始方向,测设出90°角,并按此设计给定尺寸在 AA_1 方向上测设出 *M*、*P* 两点,在 BB_1 方向上定出 *N*、*Q*,从而得到了新建筑的主轴线。

(二)延长直线法

此法适用于新旧建筑物短边平行的情况。如图10-4(b)所示,等距离延长山墙 *CA* 和 *DB* 两直线,定出 *AB* 的平行线 A_1B_1。再做 A_1B_1 延长线,在此线上依设计给定距离关系测设出 M_1N_1,然后在 M_1 和 N_1 点上分别安置经纬仪,分别以 M_1N_1、N_1M_1 为零方向,测设90°角定出两条垂线,并依设计给定尺寸测设出 *MP* 和 *NQ*,从而得到了新建筑的主轴线 *MN* 和 *PQ*。

(三)直角坐标法

此法适用于新旧建筑的长边与短边相互平行的情况。如图10-4(c)所示,先等距离延长山墙 *CA* 和 *DB*,作出平行于 *AB* 的直线 A_1B_1。在安置经纬仪于 A_1 点,作 A_1B_1 的延长线,丈量出 *Y* 值,定出 P_1 点,然后在 P_1 点上安置经纬仪,以 A_1 为零方向测设出90°角的方向,并丈量 P_1P 等于 *X* 值,测设出 *P* 点及 *Q* 点。然后于 *P* 点和 *Q* 点分别安置经纬仪,测设出 *M* 点和 *N* 点,从而得到主轴线 *PQ* 和 *MN*。

(四)根据原有道路测设

一般拟建筑道路与原有道路中线平行时多采用此法。如图10-5所示。*AB* 为道路中心线。在道路中线上安置经纬仪,根据图上给定的各项尺寸关系,测设出平行于路中线的建筑主轴线 PQ_1 和 M_1N。其具体操作与前述基本相同。

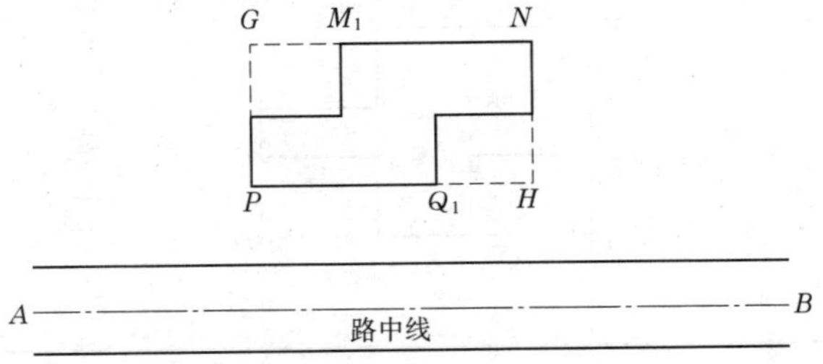

图10-5　根据原有道路测设主轴线图

上述四种方法在测设完成后均应做出校核。其校核方法主要是用钢尺实量新建建筑物的各边长及各对角线长度是否对应相符。其精度要求与前述相同。建筑主轴线定出后均应以坚固的木桩或石桩标定,木桩上应钉小钉,石桩上应镶刻十字标志,以准确标明点位,这类桩称为主轴线定位桩。

【任务实施】

方格网主轴线及各方格交点测设步骤如下所述。

一、测设东西向主轴线 *AF*

具体做法是:由公路交叉点 *X* 沿公路边向东量 *XM*,在 *M* 点测设直角,量 *MA* 定出主轴线的 *A* 点。从 *M* 点沿公路边大约800 m处(例如,设计东西方向5个大方格,方格边长150 m,共750 m)定一点为 *N* 点,在 *N* 点仪器测设直角量 *NP* 定出 *P* 点。仪器安置 *A* 点瞄准 *P*

点，沿视线方向一边定线，一边用钢尺丈量，在累计量得 150 m 处打下木桩，在桩顶画十字表示初定 B 点点位。重复再从 A 量 150 m，在桩顶又定 B 另一点位，取平均位置后，点位钉一小钉表示。

由 B 点继续边定线边丈量，用同样方法钉 C 点以及 D、E、F 等点。

二、测设南北方向主轴线 AT

如图 10-6 所示，仪器安置在 A 点，盘左测设 90°定出 t_1，盘右测设 90°定出 t_2，取 t_1t_2 的中点 T，则 AT 垂直于 AF，用上述相同方法丈量定出南北主轴线的 1、2、3、4 等点。

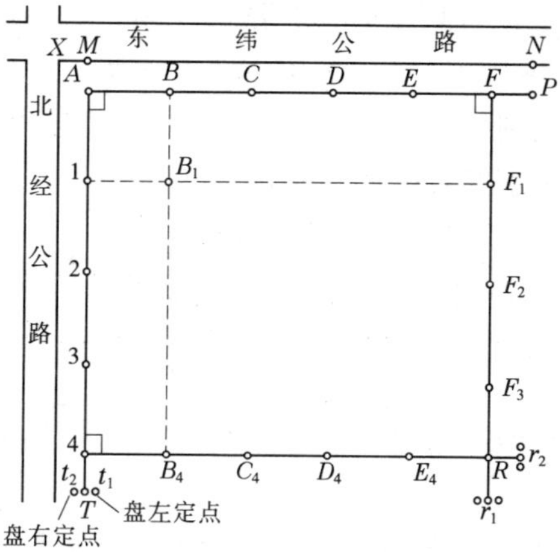

图 10-6　测设东西向主轴线 AF

三、测设方格网东南角的 R 点

在 F 点安置仪器正倒镜设直角定出 Fr_1 方向，然后在 4 点安置仪器也用正倒镜测设直角定出 $4r_2$ 方向，两方向相交点即为 R 点，注意应按图 10-6 测设南北主轴线及各方格点照角度前方交会法定点方法来测设。

四、测设方格网四周方格点

各交点编号以行号与列号组成，例如第 4 行各方格点编号为 4、B_4、C_4、D_4、E_4 等。首先，在 4 点安仪器以 A 点瞄准 R 点，定出 $4R$ 线，沿 $4R$ 线用钢尺丈量定出 B_4、C_4、D_4、E_4 等点，各方格交点应打木桩，并在桩顶上钉小钉表示点位。然后，在 F 点安置仪器，瞄准 R 点，定出 FR 线，按上述相同方法定出 F_1、F_2、F_3 各点，按上述方法完成方格网四周的各方格点的测定。

五、测设方格网内部各交点

方格网内部各交点可按方向线交会确定，因该法比用直接丈量法更为精确、施测方便。例如 B_1 点，由方向线 $B—B_4$ 与方向线 $1—F_1$ 相交确定，此时，最好用 2 台经纬仪同时作业，以提高效率。先用标杆初定，打下木桩，再用测钎精确标定。

六、将大方格按不同测设要求进行不同细化

上述各步骤完成后,地面上有150 m大方格15个,为了标定建筑物,还要把大方格细分为4~6个小方格,例如,图西北角的大方格分成4个小方格就可满足测设办公楼、温室、存车库、传达室等建筑物外轮廓轴线的交点(角点)的需求。西南角大方格也同样细分为4个小方格就可满足测设餐厅和雕塑位置的需要。

测设人工湖边的精度要求不高,如果逐点用仪器测设,则工作量太大,此时可把大方格分成9个小方格,实地也打9个小方格,这样就可在小方格中用目估并配合皮尺丈量定位人工湖边界点,树木栽植点定位也可采用同样方法。但是,对于湖中小桥定位精度应同上述楼、馆等建筑物,精确定位桥两端点并精确丈量桥长,一般由大方格用直角坐标法定位。总之,局部地方,该严则严,该松则松,一般土建类要严,非土建类可松。对建筑物定位强调它们的相对位置要准确,不必苛求绝对位置的准确。

【考核评价】

学生姓名:　　　　　　　　日期:　　　　　　　　总分:

序号	考核项目	考核要求	分值	评分标准	得分
1	测设方格网角点	测设出方格网角点	30分	缺一个扣10分,扣完为止	
2	测设方格网内部各交点	测设内部交点	30分	数量过少酌情扣分	
3	是否细化	是否按要求细化	40分	未按要求细化,酌情扣分	

任务二　园林建筑物及基础放样

【工作任务】

如图10-7所示,Ⅰ、Ⅱ、Ⅲ、Ⅳ为建筑施工场地的建筑方格网点,a、b、c、d为欲测设建筑物的4个轴线交点,根据设计图上各点坐标值实施放样。

任务分析:主要使用全站仪进行坐标放样,需要注意的是要定向以及仪器参数的设置。

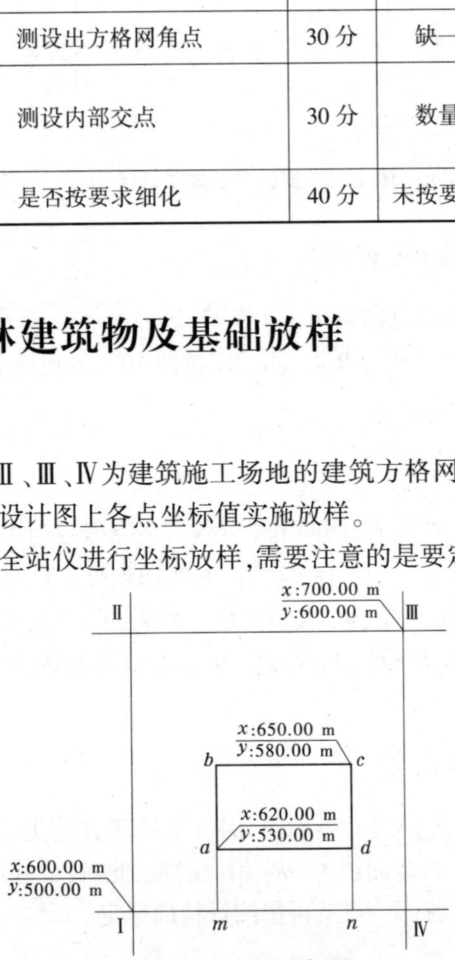

图10-7　测设坐标图

【知识准备】

一、测设的基本内容

(一)水平角测设

水平角测设就是根据给定角的顶点和起始方向,将设计的水平角的另一方向标定出来。根据精度要求的不同,水平角测设有两种方法。

1. 水平角测设的一般方法

当水平角测设精度要求不高时,其测设步骤如下:

(1)如右图 10-8(a)所示,O 为给定的角顶,OA 为已知方向,将经纬仪安置于 O 点,用盘左后视 A 点,并使水平度盘读数为 0°00′00″。

(2)顺时针转动照准部,使水平度盘读数准确定在要测设的水平角值 β,在望远镜视准轴方向上标定一点 B_1。

(3)松开照准部制动螺旋,倒镜,用盘右后视 A 点,读取水平度盘读数为 α,顺时针转动照准部,使水平度盘读数为($\alpha+\beta$),同法在地面上定出 B_2 点,并使 $OB_2=OB_1$。

(4)若 B_1 与 B_2 重合,则 $\angle AOB'$ 即为欲测设的 β 角;若 B_1 与 B_2 不重合,取 B_1B_2 连线的中点 B,则 $\angle AOB$ 为欲测设的 β 角。

2. 水平角测设的精密方法

该方法用于测设精度要求较高时,其测设步骤如下:

(1)先用一般方法测设出欲测设的 β 角,如图 10-8(a)所示。

(2)用测回法测出 $\angle AOB'$ 的角值为 β'。

(3)过 B' 作 OB' 的垂线,在垂线方向精确量取 $BB'=OB'\tan(\beta-\beta')$,则 $\angle AOB$ 为欲测设的 β 角;若 $(\beta-\beta')<0$,则 B 点的位置与图 10-8(b)相反。

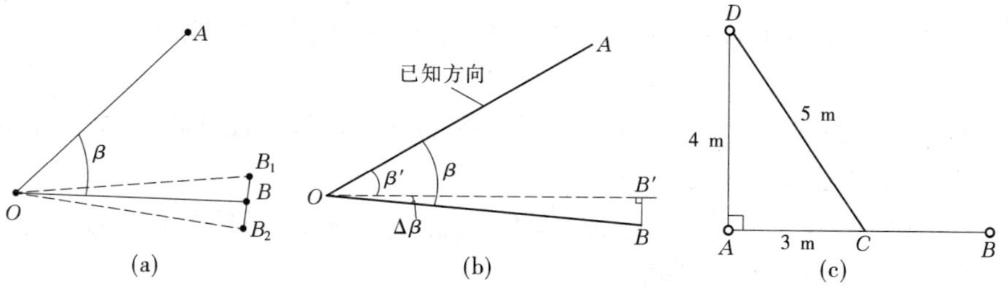

图 10-8　水平角测设

另外,当我们要测设的角度为 90°时,且测设的精度要求较低,也可根据勾股定理进行测设。测设方法如下:

如图 10-8(c)所示,欲在 AB 边上的 A 点定出垂直于 AB 的直角 AD 方向。先从 A 点沿 AB 方向量 3 m 得 C 点,把一把卷尺的 5 m 处置于 C 点,另一把卷尺的 4 m 处置于 A 点,然后拉平拉紧两卷尺,两卷尺在零点的交叉处即为欲测设的 D 点,此时 $AD\perp AB$。

(二)水平距离测设

测设水平距离就是根据给定直线的起点和方向,将设计的长度(直线的终点)标定出来,其方法如下:

在一般情况下,可根据现场已定的起点 A 和方向线,如图 10-9 所示,将需要测设的直线长度 d'用钢尺量出,定出直线端点 B'。如测设的长度超过一个尺段长,仍应分段丈量。返测 $B'A$ 的距离,若较差(或相对误差)在容许范围内,测设取往返丈量结果的平均值作为 AB'的距离,并调整端点位置 B'至 B,并使 $BB' = d'-d'_{AB'}$,当 $B'B>0$ 时,B'往前移动;反之,往后移。

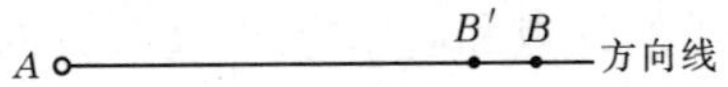

图 10-9　水平距离

当精度要求较高时,必须用经纬仪进行直线定线,并对距离进行尺长、温度和倾斜改正。

(三)高程测设

根据某水准点(或已知高程的点)测设一个点,使其高程为已知值。其方法如下:

(1)如图 10-10 所示,A 为水准点(或已知高程的点),需在 B 点处测设一点,使其高程 h_B 为设计高程。安置水准仪于 A、B 的等距离处,整平仪器后,后视 A 点上的水准尺,得水准尺读数为 a。

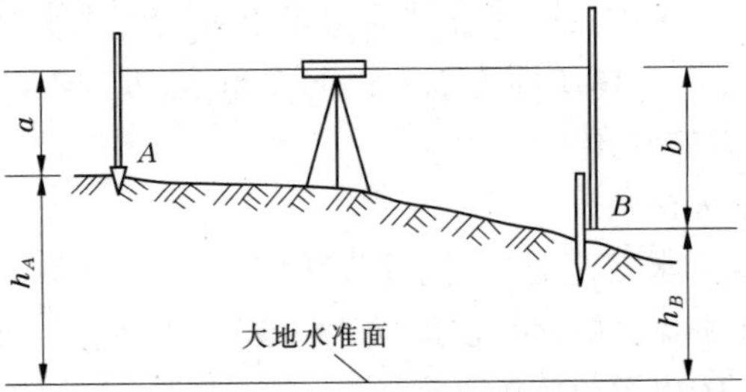

图 10-10　高程测设

(2)在 B 点处钉一大木桩(或利用 B 点处牢靠物体),转动水准仪的望远镜,前视 B 点上的水准尺,使尺缓缓上下移动,当尺读数恰为 $b=h_A+a-h_B$ 时,尺底的高程即为设计高程 h_B,用笔沿尺底画线标出。

(3)施测时,若前视读数大于 b,说明尺底高程低于欲测设的设计高程,应将水准尺慢慢提高至符合要求;反之应降低尺底。

如果不用移动水准尺的方法,也可将水准尺直接立于桩顶,读出桩顶读数 $b_{读}$,进而求出桩顶高程改正数 $h_{改}$,并标于木桩侧面。即

$$h_{改} = b_{读} - b$$

若 $h_{改}>0$,则说明应自桩顶上返 $h_{改}$才为设计标高;若 $h_{改}<0$,则应自桩顶下返 $h_{改}$ 即为设计标高。

【例 10-1】　设计给定±0 标高为 12. 518 m,即 $h_B = 12.518$ m。水准点 A 的高程为 12. 106 m,即 $h_A = 12.106$ m。水准仪置于二者之间,在 A 点尺上的读数为 1. 402 m,则

$$b = h_A + a - h_B = 12.106 + 1.402 - 12.518 = 0.990(\text{m})$$

若在 B 点桩顶立尺,设读数为 0. 962 m,则

$$h_{改} = b_{读} - b = 0.962 - 0.990 = -0.028(\text{m})$$

说明应从桩顶下返 0. 028 m 即为设计标高。

在施工过程中,常需要同时测设多个同一高程的点(抄平工作),为提高工作效率,应将

水准仪精密整平,然后逐点测设。

现场施工测量人员多习惯用小木杆代替水准尺进行抄平工作,此时需由观测者指挥 A 点上的后尺手,用铅笔尖在木杆面上移动,当铅笔尖恰在视线上时(水准仪同样需要精平),观测者喊"好",后尺手就据此在杆面上用铅笔画一横线,此横线距杆底的距离即为后视读数 α,则仪器视线高为:

$$h = h_A + a$$

由杆底端向上量出应读的前视读数:

$$b = h - h_B = h_A - h_B + a$$

据 b 值在杆上画出第二根铅笔线。此后再由观测者指挥立杆人员在 B 点外上下移动小木杆,当水准仪十字丝恰好对准小木杆上第二道铅笔线时,观测者喊"好",此时前尺的助手在小木杆底端平齐处划线标记,此线即为欲设计高程 h_B。

用小木杆代替水准尺进行抄平,工具简单、方便易行,但须注意小木杆上下头需有明显标记,避免倒立;在进行下一次测量之前,必须清除小木杆上的标记,以免用错。

二、点位测设的基本方法

根据测设的已知条件和现场情况不同,点位的测设可用极坐标法、角度交会法、支距法和距离交会法等不同方法。

(一)极坐标法

极坐标法适用于待测设点距已知控制点较近并便于量距的地方。在图 10-11 中,P 点为待测设点,先根据 P 点的设计坐标和控制点 A、B 的坐标,计算方位角 α_{AB}、α_{AP} 和距离 L,计算角 $\beta=\alpha_{AP}-\alpha_{AB}$;然后在 A 点安置经纬仪,以 B 点为后视方向测设角 β,并在这个方向上同时测设距离 l,即得 P 点。

(二)角度交会法

角度交会法中最常用的是前方交会法,适用于不便量距或待测设点距控制点较远的地方。如图 10-12 所示,先根据待测设点 P 的设计坐标和控制点 A、B 的坐标计算 AB、BA、AP 和 BP 各边方位角,然后计算夹角 α、β。测设时在 A、B 两点上安置仪器分别测设 α 角和 β 角的方向线,两方向线交点即为 P 点。

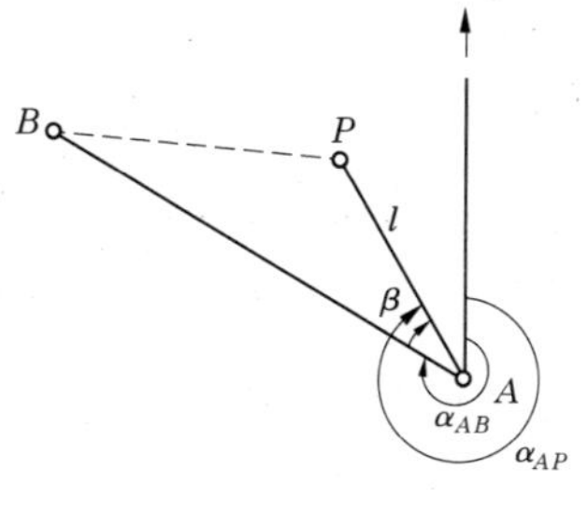

图 10-11 极坐标法示意图

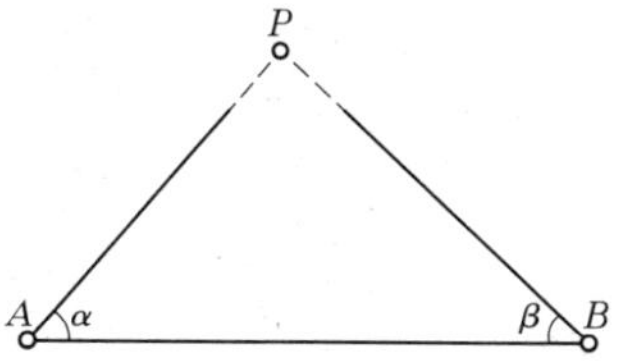

图 10-12 角度交会法示意图

(三)支距法

与极坐标法一样,适用于待测设点距已知控制点较近,并便于量距的地方。在图 10-13 中,为待测设点,先根据 P 点的设计坐标和控制点 A、B 的坐标,按垂距计算式(10-1),计算

l_1,l_3,计算 BA 长度,然后计算出 l_2。测设时自 B 点沿 BA 方向量 l_3 定垂足 Q 点,并校量 $QA=L_2$ 无误后,在 Q 点上安置经纬仪后视 A 点(或 B 点)测设直角方向,并沿该方向量 l_1 即得 P 点。

$$\left.\begin{aligned} l_1 &= (x_P - x_B)\sin\alpha - (y_P - y_B)\cos\alpha \\ l_3 &= (x_P - x_B)\cos\alpha + (y_P - y_B)\sin\alpha \end{aligned}\right\} \tag{10-1}$$

式中　α——BA 直线的坐标方位角。

(四)距离交会法

距离交会法适用于待测点至两控制点的距离不超过测尺的长度并便于量距的地方。在图 10-14 中,P 点为待测点,先根据 P 点设计坐标和控制点 A、B 坐标计算 S_A、S_B 两距离。测设时分别以 A 和 B 为中心,S_A 和 S_B 为半径在现场作弧线,两弧线交点即为 P 点。

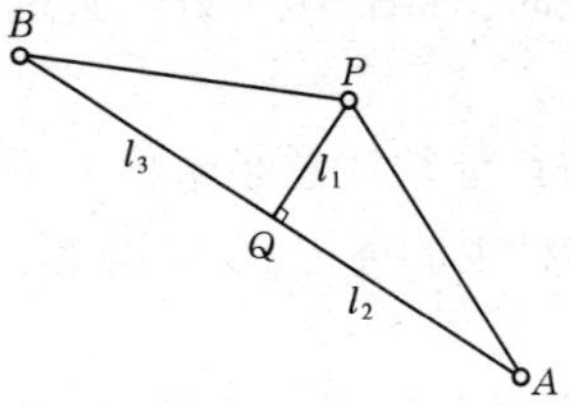

图 10-13　支距法示意图

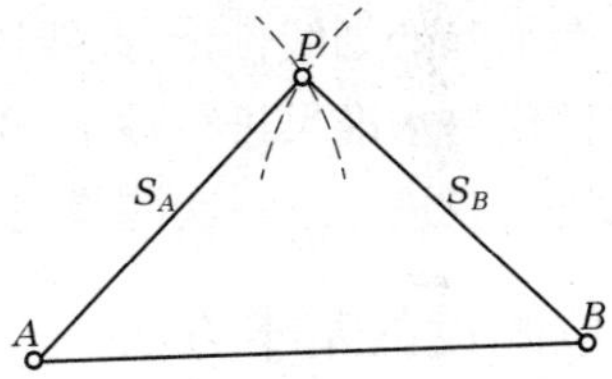

图 10-14　距离交会法示意图

三、园林建筑的基础放样

挖地基标明设计标高时更应注意,切忌挖掘过深,破坏了原本坚实的底质。此时应在基槽侧壁上测设距槽底设计高为某一整数的水平桩,也称平桩,如图 10-15 所示,以此桩来控制挖深。根据前述方法定出了基槽开挖边线后,用水准仪随时控制开挖深度,尤其是当挖土接近槽底时。

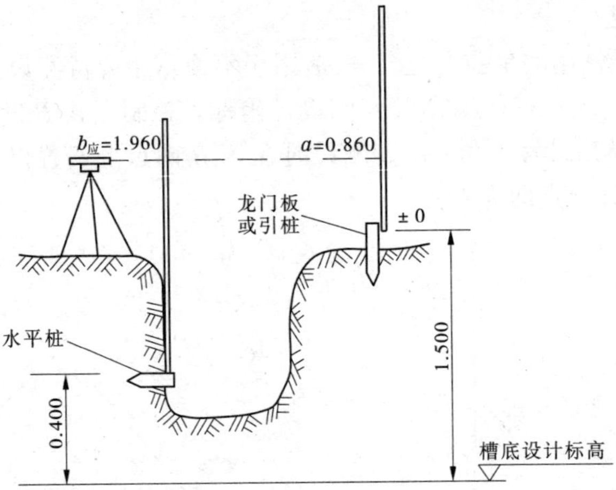

图 10-15　园林建筑基础放样示意图

基槽内水平桩的测设方法应利用龙门板或引桩上标定的±0 位置。如图 10-15 所示,设槽底设计标高为-1.500 m(槽底比±0 低 1.500 m),现拟测设出一比槽底高出 0.4 m 的水平桩。在±0 位置竖立水准尺,用水准仪测出其读数 $a=0.860$ m,据此计算出水平桩上皮的应读前读数 $b_{应}=(1.500-0.400)+0.860=1.960$ m。在基槽内竖水准尺上下移动,当水准仪得到读数为1.960 m时，沿水准尺底部钉出一水平桩。则槽底在此水平桩下0.400 m处。为了施工的方便，一般应在基槽内每隔5 m左右和转角处设定水平桩。必要时还可在槽壁上弹出水平桩上皮高度的墨线，以利于更好地控制槽底标高。

【任务实施】

(1)选取Ⅰ、Ⅱ两个已知点，Ⅰ作为测站点，Ⅱ为后视点，并明确标注。

(2)取出全站仪，已知点将仪器架于测站点，进行对中整平后量取仪器高。

(3)将棱镜置于后视点，转动全站仪，使全站仪十字丝中心对准棱镜中心。

(4)开启全站仪，选择“程序”进入程序界面，进入坐标放样界面，在常规测量界面，按M键进入主菜单。然后进入设置放样点界面，首先输入仪器高，点确定，接着输入放样点点名，确定后输入放样点坐标。

(5)设置后视点，瞄准后视点，测量，核对无误后确认，完成定向。

(6)按F3【放样】。输入放样点坐标。

按F3【开始】，进入放样程序。按左右导航键，选择要放样的点号数据，或者按F3【坐标】输入待放样点的点号和坐标。F1【镜高】：输入棱镜高度。

F2【查找】：查找已保存的点数据。

F3【坐标】：输入待放样点的点号和坐标。

按F4【开始】屏幕会显示此点的坐标值。查看dHD水平距离偏差：如果放样点比测量点远，则显示正值，根据dHD调整棱镜位置。

(7)按F4确定开始放样。注：放样界面按F4“平距”就是照准棱镜“测量”的意思，其他方法相同。

(8)退出程序后关机，收好仪器，装箱，放样工作结束。

【注意事项】

注意设置定向，以及相关仪器参数的设置。

【考核评价】

学生姓名： 日期： 总分：

序号	考核项目	考核要求	分值	评分标准	得分
1	全站仪的架设	对中整平	20分	没按要求设置扣20分	
2	仪器常数的设置	仪高，棱镜高，棱镜常数，大气压，温度，单位	20分	少一个扣4分，扣完为止	
3	定向	设置定向	20分	未设置扣20分	
4	放样	按规定放样	40分	坚持放样数据的精度，酌情扣分	

【知识拓展】

在施工过程中，由于设计时没有考虑到的原因可能使设计的位置发生变更，而使得工程竣工的位置与设计位置不能完全一致。为给工程交付使用后进行检修、改建或扩建等提供实际资料，应进行竣工测量，并编绘竣工总平面图。

建(构)筑物竣工验收时进行的测量工作,称为竣工测量。对于主要建(构)筑物的墙角、地下管线的转向点、井中心、道路交叉点等重要地物碎部点,可用解析法测算其坐标;对于主要建(构)筑物的室内地坪、上水道管顶、下水道管底、道路变坡点等,可用水准仪测量其高程。一般,地貌、地物按地形测图要求测绘。竣工测量成果主要包括竣工总平面图、分类图、断面图,以及碎部点坐标、高程明细表。它们是改建、扩建和管理维护所必需的资料。

竣工总平面图是综合反映工程建筑地区竣工后主体工程及其附属设备(包括地下和架空设施)的平面图,按竣工测量资料编绘。一般要采用独立坐标系统,并尽可能绘制在一张图纸上,重要碎部点按坐标展绘并编号,以便与碎部点坐标、高程明细表对照。地面起伏一般用高程注记方法表示。如竣工内容太多,则可另绘分类图,如电力系统图、给水排水系统图等。

【巩固训练】

1. 简述点位测设的基本方法有哪几种?各适合什么场合?有哪些测设数据?如何计算?

2. 什么是测设?它与测定有什么区别?测设的实质和基本工作是什么?

项目十一　园林道路测量

园林道路测量

项目情景

在山区或丘陵地段，完成500 m左右的园路中线测量和纵横断面测量。要求线路中有1~2个圆曲线路段，坡度不大于5%，并绘制出园路中线平面草图和纵横断面图。

学习目标

知识目标：

1. 熟悉园路的种类及功能，掌握园路选线的原则和步骤。
2. 了解转角的概念，掌握测算转角和确定分角线的方法。
3. 掌握圆曲线测设和里程桩号的计算方法。
4. 掌握园路纵横断面的测量方法及土石方量的计算方法。

技能目标：

1. 能熟练操作仪器进行中线测量。
2. 能熟练测量纵横断面并绘制成图。
3. 能熟练计算土石方量。

思政目标：

树立知行合一、安全意识、法治意识。

园林道路是贯穿全园的交通网络，是联系园内各功能区、若干个景区和景点的纽带，是组成园林风景的要素，组织交通和导游，并为游人提供活动和休息的场所。园路的走向对园林的通信、光照、环境保护也有一定的影响。所以，园林道路在园林工程设计中占有重要地位。

本项目需要熟悉园路的种类、园路的选线知识，掌握园路中线测量和横纵断面测量及设计两个任务，拓展园路路基设计图的绘制及土石方计算知识。

任务一　园路中线测量

【工作任务】

园路中线测量是指根据园林总体规划设计中的路线走向，结合路线所处的地形、地质条件和园路的造景功能，在实地定出园路中心线的起点、终点、交点和转点的位置，并用一系列木桩在实地标定出来。进行园路中心线测量，首先进行踏勘选线、钉设交点桩；然后进行转角测量,标定出分角线方向;最后对圆曲线元素进行计算,进行圆曲线三主点测设和详细测设。

【知识准备】

一、园路的种类

无论从实用功能上,还是从美观方面,对园路的设计都有一定的要求。园路按其重要性和级别可分为以下几类:

(1)主园路(主干道):联系公园出入口、园内各功能分区(景区)主要建筑物和主要广场,成为全园道路系统的骨架,是游览的主要路线。

(2)次园路(次干道):为主干道的分支,是贯通各功能区、联系各景点和活动场所的道路。

(3)小径(游步道):景区内连接各个景点的浏览小道。

(4)专用道:用于防火、园务等。

园路按其主要用途可分为:

(1)园景路:是指依山傍水的或有着优美植物景观的游览性园林道路。这种园路的交通性不突出,适宜游人漫步游览和赏景,如风景林中的林道、滨水的林荫道、花径、竹径等都属于园景路。

(2)园路公路:是指以交通功能为主的通车园路,一般采用公路形式,如大型公园中的环湖公路、山地公园中的盘山公路等。

(3)绿化街道:是指分布在城市街区的绿化道路。

二、踏勘选线

勘查选线阶段是园路工程的开始阶段,一般内容包括图上选线、实地勘查和方案论证。

园路属于线状建筑物,从起点到终点,由于地形、地质等自然条件和行车安全要求的限制,在平面上会有弯曲,纵断面上有起伏,横向有一定的宽度。选线就是将路线中心线的位置落实到实地上。

路线方案确定后,要根据园路的实际情况,合理利用地形,综合考虑园路的平、纵、横三方面,选定具体的线路位置。

选线工作是整个园路设计的关键,路线选得合理与否,对于园路的质量和造价以及养护等都有很大的影响。因此,在选线时,必须综合考虑,因地制宜地选出合理的线路。

选线的任务是根据技术标准和路线方案,结合景区规划和地形地质条件,具体确定出路线中线位置,即定出路线的起、讫点,路线上的交点(转折点),直线上的转点和平曲线的半径等。

在一定等级的线路工程中,其中线的确定,是先在大比例尺规划地形图上设计中线的具体位置和走向,确定主点(路线起点和终点、折点和交点)坐标、切线(直线)方位角,以及设计半径等,并据此计算线路中线任意里程处的点位坐标,再根据线路沿线布设的测量控制点,利用极坐标放样等方法直接在实地标定中线的位置;对于小型线路工程,确定中线的方法一般是先在地形图上初步选线,然后赴现场直接定线。

(一)图上选线

选线前应先做好踏勘工作,并在踏查前广泛收集与路线有关方面的资料,如各种比例尺的地形图、地质资料、园区总体规划方案等。对上述资料进行分析研究后,在图上选线,然后赴现场踏查,并根据实际情况作必要的修改。

(二)现场直接定线

对路线进行踏勘后,可进行现场定线,即在实地通过反复调整路线,直接确定交点、转点的方法。现场定线比图上选线更切合实际,更为合适,故图上选线是现场定线的辅助措施和参考依据。由于现场定线是采用直观、具体的手段选出合理的线路,且方法简单、操作方便,故一次勘测定线的方法在低等级路线工程中被普遍采用。当两相邻点间距较长或受地形阻碍不能通视时,应在线路上的适当位置打入转点桩,以 ZD_1、ZD_2、ZD_3、…编号。交点和转点桩一般用 5 cm×5 cm×30 cm 的木桩,桩顶钉入铁钉,侧面编号,字面朝向路线起点。

各级交通道路的纵坡都有一定的标准,以保证行车安全。当两相邻线路的控制点(线路必须经过的地点)已定,但其高差较大时,若以直线连接必然超过线路最大纵坡的限值,为减缓坡度必须使线路拉长(通称展线)。由一个线路控制点到另一相邻控制点,按线路设计的平均纵坡,并考虑地形、地质及水文等因素,在确保路基稳定的情况下,实地测量出线路的中心位置,称为放坡。放坡宜从高往低放,这样站得高、看得远,能掌握整个地形态势。放坡时,要注意小半径曲线上的纵坡折减,尽量不用极限坡值。

实地放坡应由有经验的人员担任,一般由甲、乙两人组成,各持标杆和测坡器。在标杆上可系红布条,其高度等于对方眼高;在测坡器上对好拟放纵坡数所对应的倾角度数(见图 11-1),相当于 5%的倾角为 2°52′(见表 11-1)。放坡时,从顶点开始,甲立于起点,待乙行至下坡方向的适当位置时,甲指挥乙上下移动,当甲看在标杆上的眼高处时,乙以同样的坡度向上看甲,复核无误后,乙在站立点插上标志。然后两人同时前进,甲行至乙所插标志处时,同法继续放坡定点。

表 11-1 坡度与倾角对照

坡度/%	倾角(° ′)	坡度/%	倾角(° ′)	坡度/%	倾角(° ′)	坡度/%	倾角(° ′)	坡度/%	倾角(° ′)
0.5	0 17	2.5	1 26	4.5	2 35	6.5	3 43	8.5	4 51
1.0	0 34	3.0	1 43	5.0	2 52	7.0	4 00	9.0	5 09
1.5	0 51	3.5	2 00	5.5	3 09	7.5	4 17	9.5	5 26
2.0	1 09	4.0	2 17	6.0	3 26	8.0	4 34	10.0	5 43

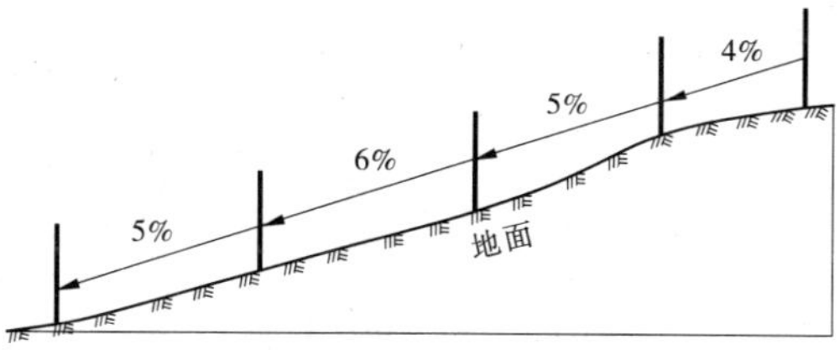

图 11-1 实地放坡

三、园路转角的测定

相邻两导线的后一导线边的延长线与前一导线边的水平夹角,称为转角,用 α 表示。它有左转角和右转角之分,前一导线在后一导线的延长线左侧的,为左转角;在延长线右侧的,为右转角。如图 11-2 所示,可得转角的计算规律:

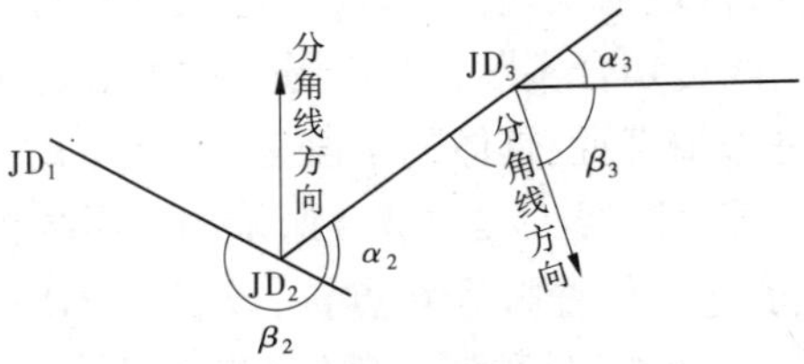

图 11-2　转角测量

当右角 β<180°时,为右转角

$$\alpha_{右} = 180° - \beta \tag{11-1}$$

当右角 β>180°时,为左转角

$$\alpha_{左} = \beta - 180° \tag{11-2}$$

在实际工作中,在测量完水平角并计算出转角后,及时进行圆曲线半径的设计和圆曲线的测设工作,以便使里程延续。

四、里程桩的设置

为测定路线的长度和路线纵横断面设计的需要,必须从起点起,沿线路的中线测出整个路线的长度。距离测量的精度一般应达到 1/200 以上。在量距时,应钉里程桩,每 100 m 钉百米桩,每 20 m 设置整桩[见图 11-3(a)],坡度变化处、路桥(涵或隧)相接处、地质变化处等均应设置加桩[见图 11-3(c)]。遇曲线时,设置主点桩[见图 11-3(b)]和细部桩。各桩按里程注明桩号,书写面朝起始方向,背面以 1~10 序号循环书写[见图 11-3(d)],以便后续测量时找桩。桩号以"km+m"的形式表示,如线起点桩号为 0+000,以后各桩依次为 0+020,0+040,0+045.5,0+060,…,5+420,5+433.6,5+440 等。上列桩号中,0+045.5、5+433.6 分别为 0+040、0+060 和 5+420、5+440 之间的加桩。在曲线主点桩上,还应在桩号前加注 ZY、QZ 和 YZ 的字样。

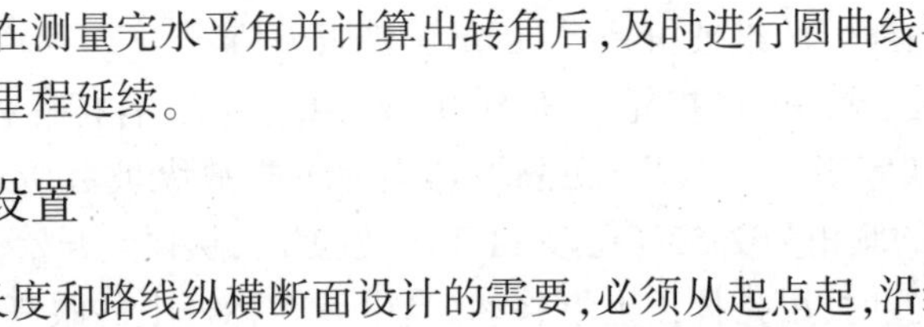

图 11-3　里程桩的设置

在距离测量中,如线路改线或测错,都会使里程桩号与实际距离不相符,此种里程不连

续的情况称为“断链”。当出现断链时,应进行断链处理,也即为避免影响全局,允许中间出现断链,桩号不连续,仅在改动部分用新桩号,其他部分不变,仍用老桩号,并就近选取一老桩号作为断链桩,分别标明新老里程。凡新桩号比老桩号短的称为短链,新桩号比老桩号长的称为长链,如图 11-4 所示。

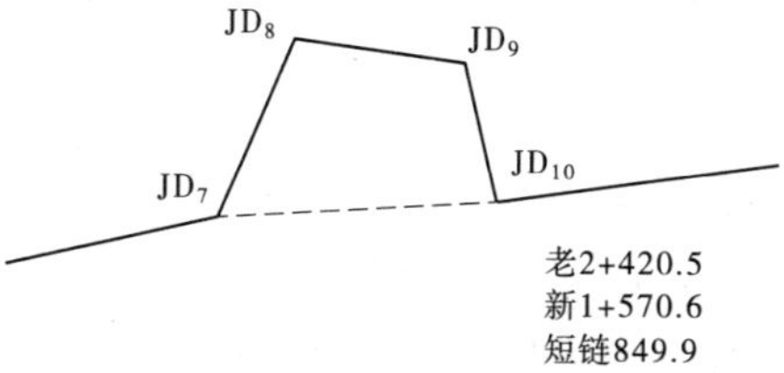

图 11-4　设置断链桩

在断链桩上应注明新老桩号的关系及长短链长度,如“1+570.6 =2+420.5(短链 849.9 m)”。习惯的写法是等号前面的桩号为来向里程(新桩号),等号后面的桩号为去向里程(老桩号)。手簿中应记清断链情况。由于断链的出现,线路的总长度应按下式计算:

$$路线的总长度 = 末桩里程 + 长链总和 - 短链总和 \tag{11-3}$$

五、圆曲线的测设

(一)平曲线类型

由于受地形地质及社会经济发展条件的限制,园路总是不断地从一个方向转向另一个方向。为保证行车安全,必须用曲线连接起来。这种在平面内连接两个不同方向线路的曲线,称之为平曲线。平曲线有以下几种主要类型:

(1)单圆曲线:具有单一半径的曲线,简称圆曲线,如图 11-5 所示。

(2)复曲线:由两个或两个以上的圆曲线连接而成的曲线,如图 11-6 所示。

(3)反向曲线:由两个方向不同的曲线连接而成的曲线,如图 11-7 所示。

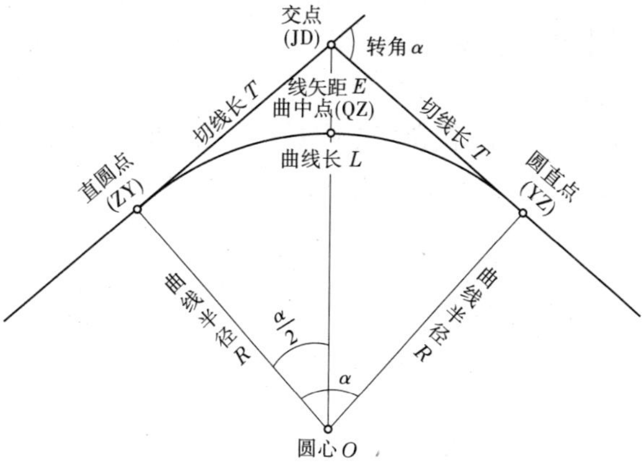

图 11-5　圆曲线

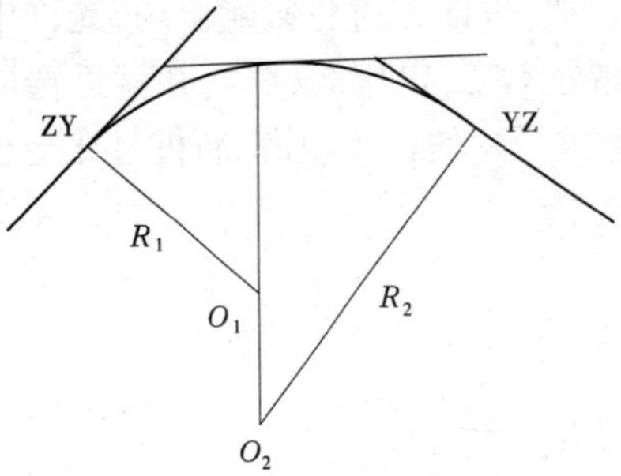

图 11-6　复曲线

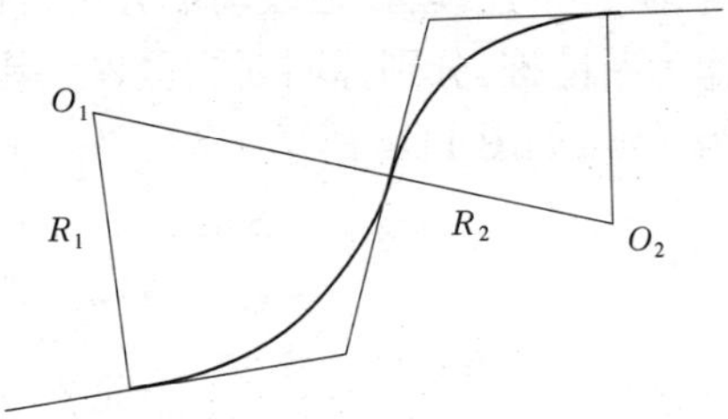

图 11-7　反向曲线

(4)回头曲线:由于山区线路工程展线的需要,其转向角接近或超过 180°的曲线,如图 11-8 所示。

(5)缓和曲线:在直线和圆曲线间插入的一条半径由∞过渡到 R 的曲线,如图 11-8 所示。

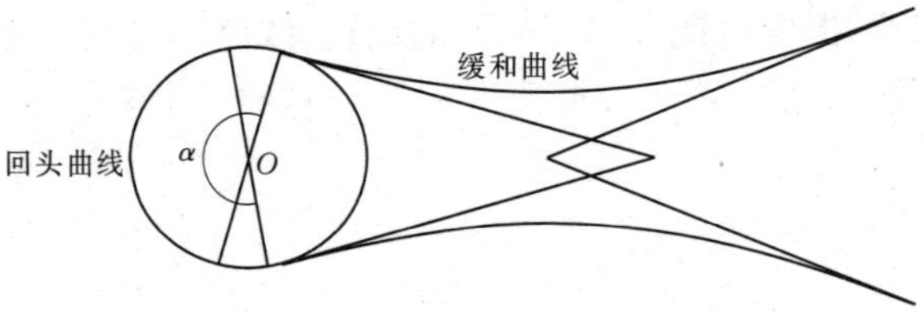

图 11-8　回头曲线和反向曲线

园路工程中,以单圆曲线为主。

曲线的测设方法有很多,传统的有偏角法、切线支距法,现在由于全站仪的广泛使用,极坐标放样法已成为主要方法。

(二)圆曲线主点的测设

圆曲线测设的步骤是:先测设曲线的主要点,再按曲线上规定的桩间距进行加密。如图 11-5 所示,曲线的三个主要点分别是直圆点(ZY)、曲中点(QZ)和圆直点(YZ)。在实地测设之前,要先进行曲线元素和各点里程的计算。

1. 圆曲线元素及其计算

如图 11-5 所示,圆曲线半径 R、偏角(路线转向角)α、切线长 T、曲线长 L、外矢距 E 及切曲差 D,称为曲线元素。R 为设计值,α 为观测值,其余元素可按下列关系式计算:

$$\left.\begin{aligned} T &= R\tan\frac{\alpha}{2} \\ L &= \frac{\pi}{180}\alpha R \\ E &= R\left(\sec\frac{\alpha}{2} - 1\right) \\ D &= 2T - L \end{aligned}\right\} \tag{11-4}$$

在实际工作中,上述元素的值可用计算器计算,也可从公路曲线计算表中查阅。

【例 11-1】　已测得某线路的转角 $\alpha_{右} = 30°45'$,设计半径 $R = 300$ m,求圆曲线元素。

解:据式(11-4),可计算得

$T = 82.49\ m, L = 161.01\ m, E = 11.14\ m, D = 3.97\ m$

2. 圆曲线主点里程计算

为了测设圆曲线，必须计算主点里程。例 11-1 中，如果圆曲线交点 JD_3 的里程为 2+344.56，根据算得的曲线元素值，则圆曲线主点的里程为

JD_3	2 + 34.56
−) T	82.49
直圆点 ZY =	2 + 262.07
+) L	161.01
圆直点 YZ =	2 + 423.08
−) $L/2$	80.50
曲中点 QZ =	2 + 342.58
+) $D/2$	1.98
JD_3	2 + 344.56

最后一步为校核计算。

3. 圆曲线主点的测设

如图 11-9 所示，将经纬仪置于交点 JD_i 上，以线路方向定向。自交点起沿两切线方向分别量出切线长度 T，即得直圆点 ZY 和圆直点 YZ。在交点 JD_i 上后视 ZY，拨角 $\frac{180°-\alpha}{2}$，得分角线方向，沿此方向自 JD_i 量出外矢距 E，即得曲中点 QZ。

圆曲线主点对整条曲线起控制作用，其测设的正确与否，直接影响曲线的详细测设。在主点测设完毕后，可以用偏角法进行检查。如图 11-9 所示，曲线的一端对另一端的偏角应是转向角 α 的一半；曲线一端对曲线中点的偏角应是转向角 α 的四分之一。

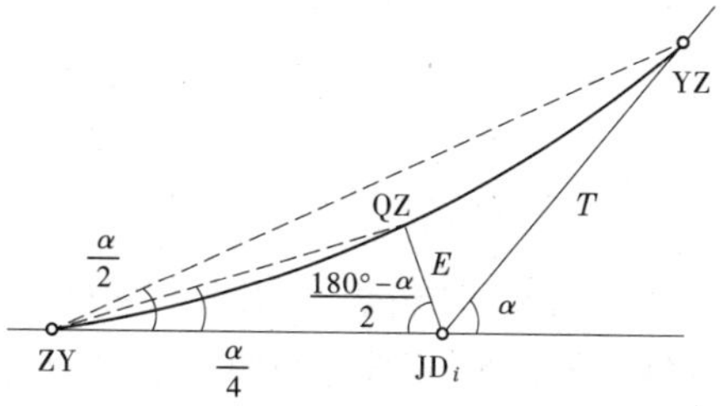

图 11-9　圆曲线主点的测设

4. 圆曲线的详细测设

如圆曲线的长度较长，仅 3 个主点尚不能较好地确定它的形状并指导施工，就必须进行圆曲线的详细测设，也即测设圆曲线主点外的一定间隔的加桩、百米桩等。

1) 偏角法

所谓偏角法，是根据曲线点 i 的切线偏角 δ_i 为方向及其间距 c 为定长交会，获得放样点位。如图 11-10 所示，在 ZY 点上安置仪器，后视 JD 方向，拨出偏角 δ_1，再以定长 c 自 ZY 点与拨出的视线方向交会，便得 1 点。拨角 δ_2 得第二点的弦线方向，再以定长 c 自 1 点与拨出的视线方向交会，便得 2 点。余同法测设。

偏角值的计算。偏角 δ_i 在几何学上称为弦切角,其值等于对应弧长所对圆心角的一半,即

$$\delta = \frac{\varphi}{2} = \frac{l}{2R} \cdot \frac{180^\circ}{\pi}$$

式中　l——弧长;

φ——弧长 l 所对应的圆心角;

R——圆弧的半径。

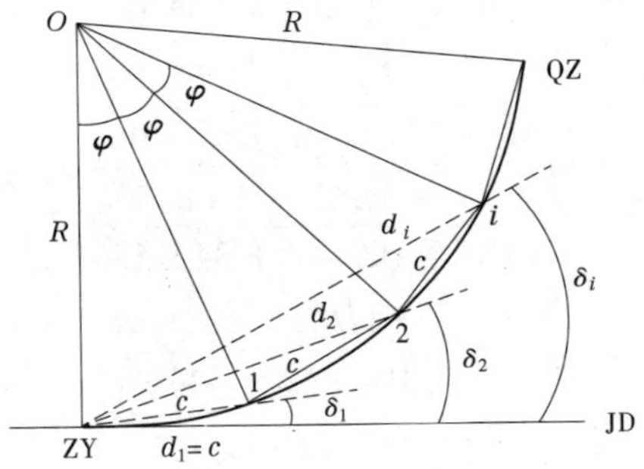

图 11-10　偏角法放样圆曲线

当圆曲线上各点是等距时,曲线上各点的偏角为第一点偏角的整倍数。

$$\left.\begin{aligned}
\delta_1 &= \frac{\varphi}{2} = \frac{l}{2R} \cdot \frac{180^\circ}{\pi} = \delta \\
\delta_2 &= 2 \cdot \frac{\varphi}{2} = 2\delta \\
\delta_3 &= 3 \cdot \frac{\varphi}{2} = 3\delta \\
&\vdots \\
\delta_n &= n \cdot \frac{\varphi}{2} = n\delta
\end{aligned}\right\} \tag{11-5}$$

如果圆曲线的半径较大,细部的圆弧长 l 较短,用弦长代替弧长的误差很小,可忽略不计,放样时可用弦长代替弧长;如圆曲线半径较小,细部点间的弧长 l 较长,则应用实际弦长 c 放样。

$$c = 2R\sin\delta \tag{11-6}$$

在实际工作中,为了测量和施工的方便,一般将曲线上细部点的里程换成 10 或 20 的整倍数。但曲线起点 ZY 点的里程往往不是 10 m 或 20 m 的整倍数,所以在弧的两端会出现两段非 10 m 或 20 m 整倍数的弧,习惯上把这两段不足 10 m 或 20 m 的弧所对应的弦叫分弦。

计算各细部点的偏角,应按曲线起点、终点的里程先计算两分弧的长度,然后计算两分弧所对应的偏角,结合等弧所对应的弦切角,即可求得。在例 11-1 中,ZY 点的里程为 2+262. 07,如详细测设以 20 m 为一个整弧段,则第一个曲线里程桩为 2+280,其分弦所对的弧长为 17. 93 m。

若圆曲线首尾两分弧的长分别为 l_1 和 l_2,其所对应的圆心角为 φ_1 和 φ_2,等分弧所对应的圆心角为 φ,弦切角为 δ,则圆曲线上各细部点偏角值的计算见式(11-7)。

在实际工作中,圆曲线的整弦及分弦的偏角计算一般用计算器,也可以转角 α 和半径 R 为引数,从公路曲线计算表中查取。

$$\left.\begin{aligned}
\delta_1 &= \frac{\varphi_1}{2} = \frac{180}{2\pi R}\cdot l_1 \\
\delta_2 &= \delta_1 + \frac{\varphi}{2} = \delta_1 + \delta \\
\delta_3 &= \delta_1 + 2\cdot\frac{\varphi}{2} = \delta_1 + 2\delta \\
&\vdots \\
\delta_n &= \delta_1 + (n-2)\delta \\
\delta_{YZ} &= \delta_1 + (n-2)\delta + \frac{\varphi_2}{2}
\end{aligned}\right\} \qquad (11\text{-}7)$$

【例 11-2】 在例 11-1 中,转角 $\alpha_{右}=30°45'$,设计半径 $R=300$ m,若曲线上每 20 m 定一个细部桩,求曲线上各细部点的偏角。

解:先据已知的 α 和 R 查表或用计算器计算出圆曲线元素 T、L、E、D,并计算出 3 个主点和各细部点的桩号,以及各段圆弧所对应的弦切角。

在实际工作中,偏角法测设圆曲线一般分两段放样,即分别以 ZY 点和 YZ 点作测站,各施测至 QZ 点的半个圆曲线,各点偏角值见表 11-2。详细测设步骤(参见图 11-11)如下:

(1)ZY 点设站,照准切线方向并使度盘归零;

(2)拨角 1°42′43″,自 ZY 点起量取 $C_1=17.93$ m,即得曲线上的 1 点;

(3)拨角 3°37′18″, 自 1 点起量取 $C_2=20$ m,即得曲线上的 2 点;

(4)同法测得 3、4 及 QZ 点,并检查与测设主点时的 QZ 点是否一致。

(5)将仪器迁至 YZ 点设站,以切线方向归零,测设另半条曲线,方法同前,但要注意拨角方向相反。

表 11-2　各点的偏角计算值

点名	里程	曲线点间距	偏角(° ′ ″)	说明	示意图
ZY	2+262.07		0 00 00	顺拨	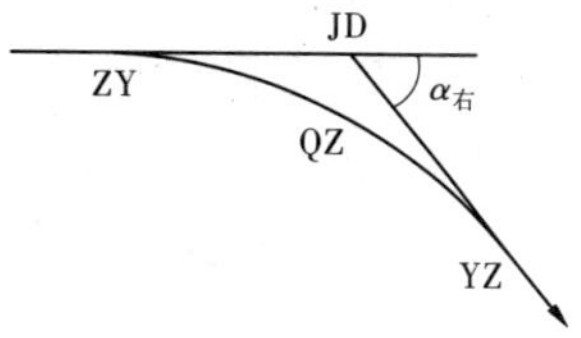
1	+280	17.93	1 42 43		
2	+300	20	3 37 18		
3	+320	20	5 31 54		
4	+340	20	7 26 29		
QZ	2+342.58	2.58	7 41 15		
QZ	2+342.58	17.42	352 18 45	反拨	
5	+360	20	353 58 35		
6	+380	20	355 53 10		
7	+400	20	357 47 46		
8	+420	3.08	359 42 22		
YZ	2+423.08		0 00 00		

偏角法放样圆曲线细部,计算和操作方法都比较简单,并可自行闭合进行检查,在比较平坦的施工区域应用比较广泛。但该法是逐点测设,误差积累,因此在测设中要特别注意角度配置,精确测定距离。

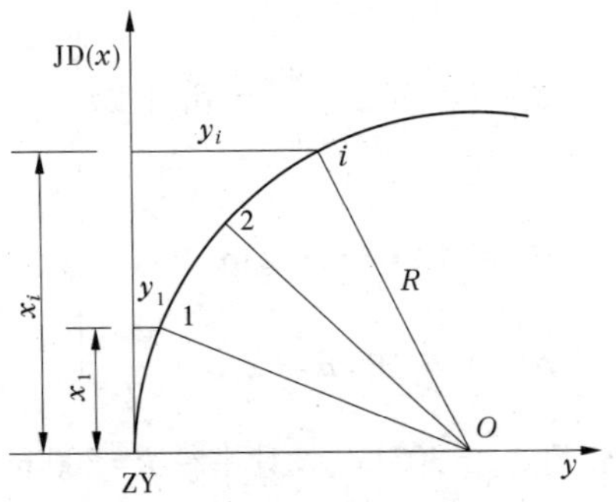

图 11-11　切线支距法测设圆曲线

2)切线支距法

切线支距法也称直角坐标法。它是以直圆点 ZY 或圆直点 YZ 为原点,切线为 x 轴、通过 ZY(或 YZ)的半径为 y 轴的直角坐标系。利用曲线上各点在此坐标系中的坐标,便可用直角坐标法测设圆曲线上的各点。

从图 11-11 可知,曲线上任一点的坐标计算式为

$$x_i = R\sin a_i$$
$$y_i = R(1 - \cos a_i)$$

α_i 为相应弧长所对应的圆心角,将 $\alpha_i = \frac{l_i}{R}$ 代入上式并用级数展开,得曲线上各细部点的坐标公式为:

$$\left.\begin{aligned} x_i &= l_i - \frac{l^3_i}{6R^2} + \frac{l^5_i}{120R^4} \\ y_i &= \frac{l^2_i}{2R} - \frac{l^4_i}{24R^3} + \frac{l^6}{720R^5} \end{aligned}\right\} \tag{11-8}$$

l_i 为细部点 i 至 ZY 点的弧长,R 为曲线半径。据式(11-8),只需代入各细部点至 ZY 点的间的弧长即可求得各点的坐标。

如图 11-11 所示,切线支距法测设圆曲线的步骤如下:

(1)自 ZY 点起沿切线方向,按 l_i 量出各点的里程,直到 QZ 点,并用临时标志标定;

(2)从上述各点退回 l_i-x_i,得曲线上各点至切线的垂足;

(3)在各点垂足测设直角(过垂足作切线的垂线),在垂线的方向上量出相应的 y_i 值,即得曲线上各点;

(4)一般从 ZY 点和 YZ 点各向 QZ 方向测一半的曲线。

用此法测设各点相互间是独立的,不存在误差的积累和传递问题,但此法在起伏大的地区作业困难不少。

3)全站仪极坐标法

由于全站仪的普及,在生产中该法已成为曲线放样的主要方法。该法具有速度快、精度高、

设站自由等优点。极坐标法放样曲线上各点,关键是计算各放样点的坐标或放样数据。常用的方法有:

(1)利用式(11-5)和式(11-6)直接计算 ZY(YZ)到各点的偏角和弦长,以 ZY 或 YZ 点为测站直接拨角放样;

(2)计算各放样点的坐标,用全站仪的放样程序进行放样。各点的坐标值,可用切线支距法中提供的方法计算,但用偏角和弦长直接计算更简单方便。

如图 11-12 所示,假定以 ZY 点为坐标起算点,以切线方向为 x 轴,过 ZY(B)的半径方向为 y 轴的局部坐标系中,δ 为弧长 BK 的偏角,S 为弦长,l 为弧长,K 在坐标系中的坐标为:

$$x_K = x_B + S\cos\delta$$
$$y_K = y_B + S\sin\delta \tag{11-9}$$

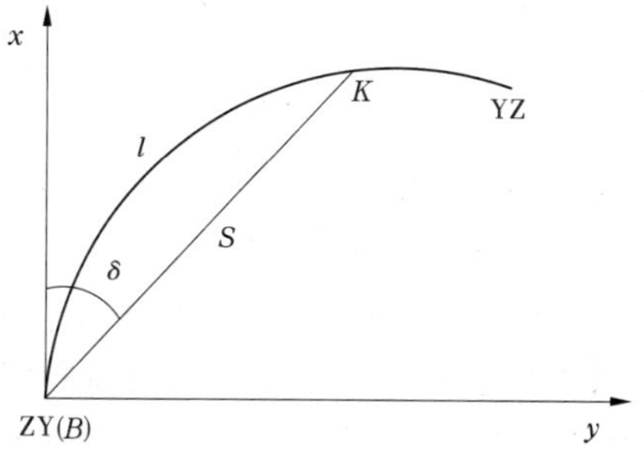

图 11-12　极坐标测设圆曲线

如是在统一坐标系中测设,可对局部坐标系中的测站点坐标和切线方位角进行换算,后再对各细部点求坐标,或再计算放样数据。

【任务实施】

一、准备工作

建立学生实训小组,5~6 人为一组,做好人员分工,明确职责和任务。

每组准备完成任务需准备的测量仪器:全站仪 1 台,50 m 卷尺或皮尺 1 把,斧头 1 把,大比例地形图(或者航空照片)1 幅,计算器 1 台,测伞 2 把,另需表格、绘图纸、标杆、木桩等若干。

二、实施步骤

在指定的区域(丘陵区域,最大高差 10 m 以上),由实训指导教师确定起点 A、止点 B 和 2~3 个必须经过的 C、D 等点。

(一)图上选线

在实训指导教师指定的 A、C、D、…、B 间,选择几条拟定路线Ⅰ、Ⅱ、Ⅲ等。

(二)踏勘

深入到测区,了解工作区域范围大小、地形概况、地物特征、收集道路沿线有关材料(水文、地质、经济等方面)。

(三)实地选线

1. 确定线路

根据园路路线选线原则,结合踏勘所得到的资料,比较几条拟定路线Ⅰ、Ⅱ、Ⅲ后,确定一条路线方案。并在A、C、D、…、B等点打入木桩标定之。

2. 钉交点桩

线路确定之后,还要在各个路线转折之处钉交点桩,并使用钢尺往返丈量各个相邻桩点之间的水平距离,也可用全站仪测定。

(四)设置里程桩

1. 量距

从起点A开始,使用钢尺量距,按照20 m桩距设置各个中桩。

2. 测角

使用全站仪,测量路线的各转折角(统一测量右角)。

3. 确定圆曲线半径

根据转折角提出该处所设置的圆曲线的半径大小。

4. 放坡与钉桩

展线放坡、钉里程桩,各个里程桩应统一编号,直至终点B。

(1)展线放坡。在某两个路线控制点M、N之间,如果坡度较大(大于本次实训中最大限制坡度2°52′),此时M、N之间就需要进行展线布置,通过展线使路线延长,以使高差减小,以较大的路线长度换取较为合理的坡度。其中M点位于坡上,N点处于坡下,这时要求选线人员在两控制点之间(M、N),使用全站仪以限制坡度(2°52′,即5%),并指挥持标杆人员上下移动,充分利用有利地形,并注意避让不良地质地段,自上而下按坡定线,其目的就是使坡度达到最大限制坡度为2°52′以内。一直放坡到坡下终点N点,高程和平面位置都接近N点为止。M、N之间的走法通常不是唯一的,而是有多种形式可供选择的,具体选用哪一种可自行确定,随后在确定的各个转折点处打桩标记。

(2)量距、打桩、编号。从起点A开始,按照每20 m钉一里程桩,并在线路有明显起伏处,线路与重要地物交叉处打加桩。不论起点桩、终点桩、交点桩、曲线桩、加桩等各里程桩,均应统一编号,如0+000,0+020,0+040等,桩号一律朝向起点A,并在桩顶画"十"字表示点位。

(五)圆曲线测设

1. 圆曲线要素计算与主点测设

根据各交点处的转折角α、曲线半径R,按照式(11-4)计算圆曲线的要素,即可得到ZY点、QZ点、YZ点等圆曲线主点位置。

2. 测设圆曲线细部点

圆曲线上统一按照整桩距法,采用偏角法分别计算偏角及弦长即可确定各个细部点。

(六)绘制园路中线平面草图

园路中线的中心桩设置完成后,应使用全站仪按照导线测量的方法,由各直线段长度、转折角、各曲线要素将路线中心桩的平面位置,绘制在绘图纸上,即形成园路中线平面草图,以备复查。

【注意事项】

(1)选线时,各交点桩之间应通视,且相邻两交点间要大致等距;还应尽量照顾到线路的左转和右转,路线尽可能短且直。

(2)在测量转角时,每个交点桩的观测数据应分别记录;在实际中线测量工作中,转角测量结束后,立即进行圆曲线三主点、加密点的测设和里程桩、加桩的设置,待以上工作完成后,仪器方可迁站。

(3)角分线方向始终在前、后视导线所夹小于180°的水平角之间。

(4)圆曲线的测设必须沿路线前进方向依次进行。

【考核评价】

学生姓名：　　　　　　　日期：　　　　　　　总分：

序号	考核项目	考核要求	分值	评分标准	得分
1	选线定线	合理选择和确定道路中线	15分	在图纸上选择路线不合理扣5分，在现场设置交点桩、转点桩位置不准确扣5分，钉立不便保存或标注不准确扣5分	
2	测量转角	正确测量转角	20分	转角测算错误扣10分，分角线方向确定错误扣10分	
3	设置里程桩	正确设置里程桩	15分	里程桩位置设置不合理扣5分；里程桩号计算错误扣10分	
4	测设圆曲线三主点	正确测设圆曲线三主点	20分	圆曲线半径选择不合理扣5分；三主点测设元素计算错误、里程计算错误、地面测设位置超出允许范围各扣5分	
5	测设圆曲线详细点	正确测设圆曲线的详细点	20分	圆曲线详细点测设元素计算错误、里程计算错误、地面测设位置超出允许范围各扣5分	
6	操作仪器工具	熟练操作仪器工具	10分	仪器操作不规范、测量结果超出误差允许范围均全扣	

【知识拓展】

任意设站法

当曲线弯度较大，通视条件差时，测设时曲线上需多次安置仪器。这样误差积累大，此时可选择在曲线以外的较高点安置仪器，采用任意设站法测设曲线。

测设时以ZY为原点，ZY—JD方向为x轴，ZY—O方向为y轴，建立直角坐标系。由设计半径R、转角α计算曲线上各里程桩的坐标。选择适当的点安置仪器，用后方交会测得测站点的坐标。根据测站点和曲线上各点的坐标，以极坐标法放样点位。

【巩固训练】

已知圆曲线交点JD里程桩号为K2+362.96，右偏角$\alpha_{右}=28°28'00''$，欲设置半径为300 m的圆曲线，试计算圆曲线元素和主点里程，并简述圆曲线主点测设步骤。

任务二　园路纵断面测量

【工作任务】

路线纵断面测绘又称路线水准测量,其任务是根据水准点高程,测量路线中线上各里程桩的地面高程,并按一定比例绘制路线的纵断面图。为了提高测量精度和检验成果,根据"从整体到局部、先控制后碎部"的测量原则,路线分基平测量、中平测量两部分进行。测量完成后进行道路纵断面图绘制。

【知识准备】

测量路线中线各里程桩地面高程的工作称为纵断面测量。由于它是用水准测量的方法进行的,故也称线路水准测量。路线平面位置测设后,应进行纵断面高程测量,以便绘制纵断面图,进行路线纵向坡度、桥、涵和隧洞纵向位置的设计,计算各桩的工程量。路线纵断面测量分基平测量、中平测量两步进行。

基平测量的精度要高于中平测量,一般按四等水准测量的精度;中平测量只作单程观测,按普通水准测量的精度。

一、基平测量

基平测量也称路线高程控制测量,即先沿线路方向设置若干水准点,然后测出其高程,建立高程控制。

(一)选择水准点位置

测量水准点的高程,有条件时可从国家水准点引测,也可以采用假定高程系统。水准点的密度应按照地形和工程的要求来确定,一般两相邻水准点的间距为 0.5~1 km,在桥涵、高填深挖及工程集中的地段应增设水准点。水准点应选在稳固、安全、明显及引测方便的地方,要避免离线路太远或太近,一般要求远离中线 20~30 m。水准点要按要求做好标志,并用红色油漆进行编号,如 BM_1、BM_2,同时要做好点之记。

(二)基平测量的方法

水准点高程的测量通常采用水准测量或三角高程测量的方法进行。在施测时,一般用水准仪往、返各测一次,将两次所测得的高差进行比较,若误差不超过 $\pm 12\sqrt{n}$ mm 或不超过 $\pm 40\sqrt{L}$ mm,取两次高差的平均值作为两个水准点间的高差,计算水准点高程。

二、中平测量

根据基平测量提供的水准点高程,分段进行中桩的高程测量,测定各中桩的地面高程,当分段高差闭合差 $f_x \leqslant \pm 50\sqrt{L}$ mm 时,可不平差,式中 L 以 km 为单位。

(一)施测方法

传统的方法是用水准测量法。中桩测量时,应根据中线测量所提供的桩号依次逐点进行。由于中桩数量多,间距较短,为在保证精度的前提下提高观测速度,在一个测站上,除观测前、后视外,还观测若干中间视,并求得其高程。中间视一般读至厘米即可满足工程的需要,而转点因起高程的传递作用,必须读至 mm。观测方法和过程如下:

（1）安置水准仪置于适当位置，如图 11-13 所示中的 1 点处，后视高程已知点 BM_1，前视 0+080，并作为转点，将读数记入表格表 11-3 的相应位置中；再依次观测前、后视间的中间点 0+000、0+020、…、0+060 桩，读取中视读数并记入表格的相应位置。

（2）安置仪器于 2 点处，后视 0+080，前视 0+180，同前法读取前后视间的中间视并记入表格。

（3）按上述方法逐站观测，直至附合到下一个高程控制点。这样就完成了一个测段的观测。

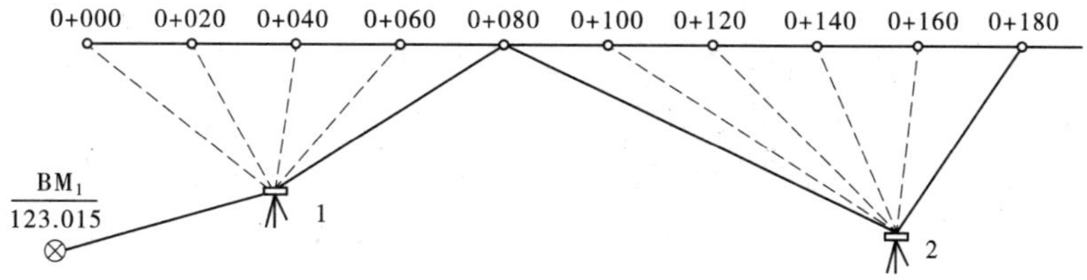

图 11-13　路线中平测量

表 11-3　中平测量记录

测站	测点	水准尺读数			视线高程	高程	距离
		后视	中间视	前视			
1	BM_1	2.025			125.040	123.015	53.3
	0+000		1.06			123.98	
	0+020		1.99			123.05	
	0+040		2.36			122.68	
	0+060		2.65			122.39	
	0+080			1.688		123.352	55.6
2	0+080	2.352			125.704	123.352	75.6
	0+100		1.02			124.68	
	0+120		1.65			124.05	
	0+140		1.00			124.70	
	0+160		0.85			124.85	
	0+180			0.652		125.052	78.0
⋮	⋮	⋮	⋮	⋮	⋮	⋮	⋮

（二）计算中桩高程

中桩的高程按以下公式计算：

$$\left.\begin{aligned}\text{视线高程}&=\text{后视点高程}+\text{后视读数}\\ \text{转点高程}&=\text{视线高程}-\text{前视读数}\\ \text{中桩高程}&=\text{视线高程}-\text{中视读数}\end{aligned}\right\}\qquad(11\text{-}10)$$

进行中桩水准测量应注意下列几个问题：因线路上中桩多，应防止重测和漏测，特别要依里程桩背面的 1～10 的循环编号，以便立尺时对号施测；转点传递高程时，前后视的视距应尽可能相近。

(三)园路纵断面的绘制

园路纵面图是根据中线测量和中平测量成果,以平距(里程)为横坐标,高程为纵坐标,根据工程需要的比例尺,在毫米方格纸上绘制的。一般水平比例尺比高程比例尺小10倍,如平距比例尺为1∶1 000,则高程比例尺为1∶100。绘制的方法和格式参照如下:

(1)如图11-14所示,在线路平面栏内,按桩号标明线路的直线和曲线部分,该栏表示的是线路的中心线,用折线表示线路的转向,向上折表示线路向右转,向下折表示线路向左转。

(2)里程栏从左向右按比例尺绘出各里程桩的位置并注明桩号。

(3)地面标高栏内填写各桩的地面实测高程,位置应与里程桩号对齐。

(4)在以里程为横坐标,高程为纵坐标的坐标系中,绘出各桩的相应位置,将这些点用折线连接起来就是地面纵断面图。线路较长可分幅绘制。

(5)根据各点的高程和线路实际控制点的位置,绘出设计坡度线。

(6)根据里程和设计坡度,计算各桩点的设计高程,并填入相应的位置。各桩的设计高$H_设$等于该坡起点的高程$H_起$加上设计坡度与该点到该坡起点间的水平距离D的乘积,即$H_设=H_起+D\times i$。

(7)绘制坡度、坡长栏。用斜线表示两点间的设计坡度,用"/"表示上坡,用"\"表示下坡,用"—"表示平坡。在斜线或水平线的上方注明用百分数表示的坡度,在斜线或水平线的下方注明两点间的水平距离。

(8)计算各桩点的挖深或填高,分别填入填、挖栏内。

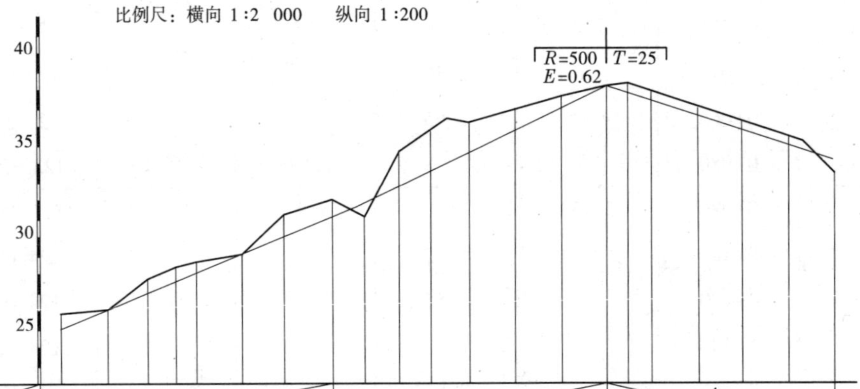

坡度/%	坡长
5	120
6	120
4	100

里程	地面高程	设计标高	填高	挖深
0+000.0	25.85	25.00		0.85
0+020.0	26.13	26.00		0.13
0+037.9	27.70	26.90		0.80
0+051.0	28.34	27.55		0.79
0+060.0	28.57	28.00		0.57
0+080.0	29.08	29.00		0.08
0+099.1	31.19	29.95		1.24
0+120.0	31.96	31.00		0.96
ZY 0+134.4	31.09	31.87	0.78	
QZ 0+148.93	34.60	32.78		1.82
YZ 0+163.45	35.53	33.61		1.92
0+180.0	36.19	34.60		1.59
0+199.5	36.92	35.77		1.15
0+220.0	37.65	37.00		0.65
0+240.0	38.14	38.20	0.06	
0+249.3	38.34	37.83		0.51
0+260.0	37.89	37.40		0.49
0+280.0	37.05	36.60		0.45
0+300.0	36.35	35.80		0.55
0+320.0	35.42	35.00		0.42
0+340.0	33.45	34.20	0.75	

线路平面:JD_1 $\alpha=41°37'$(右) $R=40$ $T=15.20$ $L=29.05$ $E=2.79$

图11-14 路线纵断面 (单位:m)

【任务实施】

一、任务准备

建立学生实训小组,5~6 人为一组,做好人员分工,明确职责和任务。

每组准备:水准仪 1 台,水准尺 2 把,尺垫 2 个,木桩若干,斧头 1 把,记录表 1 块(含记录表格),毛笔 1 支,红油漆 1 小桶,毫米方格纸 1 张,丁字尺 1 把,三棱比例尺 1 把,分规 1 个,铅笔、橡皮、计算器等。

二、实施步骤

(一)基平测量

(1)沿线路方向且在离中线 20 m 外的两侧,每隔大约 300 m 选一稳固的点作为临时水准点,分别以 BM_1、BM_2、进行编号,然后钉设木桩并用红油漆标记。

(2)用水准测量的方法往、返测量相邻两水准点之间的高差,若往、返测的高差之差不超过 $\pm12\sqrt{n}$ mm 或 $\pm40\sqrt{L}$ mm,则取平均值作为最后结果。

(3)假定起始点高程为 100.00 m,推算出其他水准点的高程。

(二)中平测量

以相邻两水准点为一测段,用附合水准测量的方法测定各中桩的地面高程。

(1)如图 11-13 所示,将水准仪置于测站 1,以水准点 BM_1 为后视点,前视中桩 0+080,并作为转点 TP_1,将观测结果分别记入表 11-3 中;然后依次观测 BM_1 和 TP_1 间的中间点 0+000、0+020、…、0+060,将其读数分别记入"中视"栏内。

(2)将仪器迁移至测站 2,以 TP_1 为后视转点,前视中桩 0+180,并作为转点 TP_2:然后依次观测两转点间的各中间点,并将读数记入表格相应的位置。

(3)按上述方法逐站观测,直至附合到下一高程控制点 BM_2,完成一测段的观测工作。

(4)根据式(11-10)计算水准仪的视线高程和各中桩地面高程。

(5)检验精度。若该测段的高差闭合差不超过 $\pm12\sqrt{n}$ mm 或 $\pm40\sqrt{L}$ mm,即符合精度要求,中桩高程无需平差;然后可进行下一测段的观测工作,否则应返工重测。

(三)纵断面图的绘制

下面以图 11-14 所示的道路纵断面图为例介绍绘制方法和步骤。

1. 绘制平面直角坐标系

以线路里程为横坐标、高程为纵坐标,根据工程需要的比例尺,在毫米方格纸上绘制平面直角坐标系。高程在纵坐标中按比例尺标记,最低、最高数字区间应稍大于园路中桩高程的波动范围,以便使绘出的地面线处在图上适当位置。在具体绘制平面坐标时,应将整个图纸分为上、下两部分,上半部分用于绘制路线纵断面,下半部分用于绘制有关表格,以便填写主要项目的数据。

2. 填写里程桩号

在桩号栏从左向右按规定的比例尺绘出各里程桩的位置并注明桩号,如 3+000、3+040、3+080 等。

3. 绘制线路直线与曲线平面示意图

在直线与曲线一栏内,按桩号标明线路的直线和曲线部分的示意图,即线路的中心线。

其中,曲线部分用直角折线表示,上凸表示线路右转弯,下凹表示线路左转弯,并在上凸或下凹处注明交点编号、转角大小、圆曲线半径及其他有关曲线测设元素。

4. 填写地面高程

在地面高程栏内,按中平测量结果,分别填写相应各里程桩的地面高程,所填数据与里程桩桩号对齐。

5. 绘制线路纵断面图

在以里程为横坐标、高程为纵坐标的坐标系中,点出各桩对应的位置,并将其连接起来就得到线路的纵断面图。当线路较长时可分段绘制。

6. 绘制纵坡设计线

根据各点高程和线路实际控制点的位置,进行纵坡设计,并绘制设计坡度线。设计时,应考虑使施工时土石方工程量最小,填、挖方尽量平衡及小于限制坡度等道路有关技术规定。

7. 绘制坡度与距离栏

在坡度与距离一栏内用斜线表示两点间的坡度,包括上坡和下坡,用水平线表示平坡,线上方用百分数注明坡度,线下方注明两点间的水平距离。不同的坡段用竖线分开。

8. 填写设计高程

设计高程是根据里程和设计坡度计算得出的,设计线路起点的高程是确定的,其他各点设计高程的计算公式为

某点的设计高程=起点设计高程±(设计坡度×起点至某点的平距)

式中:上坡取“+”号,下坡取“-”号。

9. 填写挖深或填高栏

同一桩号的设计高程与地面高程之差即为该点的填挖高度,“+”号为填土高度,“-”号为挖土深度。地面线与设计线的交点为不填不挖的“零点”,并将计算数值分别填入填、挖高度栏内。

【注意事项】

强调完成任务时需注意的操作事项等,如:

(1)为了加快完成任务实施进度,也可直接进行中平测量,基平测量数据可由实训指导老师提前给出。

(2)各转点的读数取至mm,且视线长不得超过100 m,中间点的视线长可适当放宽。读数取至cm,以简化计算。

(3)水准尺应立在中桩附近高程有代表性的地方,如桩位恰在孤石上或小坑中,尺子应立在桩位附近的一般地面上,这样才能真实反映该处的地面高程。

(4)绘制纵断面图时,其纵轴高程数字常常不必从零开始,而是从比各里程桩高程数字最小值,略小一些的某一高程数字开始。

【考核评价】

学生姓名： 日期： 总分：

序号	考核项目	考核要求	分值	评分标准	得分
1	绘制平面直角坐标系	正确绘制平面直角坐标系	20分	比例尺选择不合适扣10分,图纸布局不恰当扣10分	
2	填写桩号和地面高程	正确填写桩号和地面高程	20分	高程、桩号填写错误扣10分,高程与相应桩号末对齐扣10分	
3	绘制路线平面示意图和纵断面图	正确绘制路线平面示意图和纵断面图	20分	曲线段示意图的上凸、下凹方向及有关标注错误扣10分,纵断面方向的地面线绘制错误扣10分	
4	设计纵坡	合理进行纵坡设计	30分	纵坡设计的坡度、长度不合适扣15分,设计标高计算错误扣15分	
5	计算挖深、填高	正确计算挖深、填高	30分	各桩点的挖深、填高计算错误扣10分	

【知识拓展】

园路纵断面的设计

纵向设计是路线设计的重要环节。一条好的设计线,应在保证行车安全、舒适和迅速的前提下,使之既符合技术标准又造价适宜。纵向设计的主要内容是根据技术标准、沿线自然地形地质条件和拟定建筑物的标高要求等,确定线路的标高、坡长、坡度以及在变坡处设计竖曲线,力求纵坡均匀平顺。

纵坡设计应遵循符合技术标准、具有一定的平顺性和尽量减少工程量的原则。

纵坡设计的一般方法是:

(1)标出控制点。所谓控制点,是直接影响设计纵坡高程的点。应根据选线记录和其他有关资料,在纵断面图上标出沿线各控制点的高程,如线路起点、终点、线路交叉点、桥涵限制等线路必须通过的高程控制点等,都应作为高程控制的依据。另外,还要考虑影响路基填挖平衡关系的高程点,也称"经济点",线路通过经济点有利于减少工程量。

(2)试定纵坡线。在标出控制点和经济点的纵断面图上,根据技术指标,在既要以控制点为依据,又要充分考虑经济点的前提下,作全面考虑。最后定出既能满足技术和控制点的要求,又能使填挖工程量比较平衡的纵坡线。

(3)调整试坡线。检查试定纵坡线是否与现场选线时所考虑的放坡意图相一致,若有较大出入,应全面分析,并及时调整。

纵坡经调整核对无误后,即可定坡。所谓定坡,就是逐段将坡度数、变坡点桩号和设计高程定下来。变坡点一般设在里程为10 m倍数的整桩号上。

【巩固训练】

1. 简述进行园路纵断面测量的中平测量方法和步骤。
2. 简述园路纵断面图的绘制方法和步骤。

任务三　园路横断面测量

【工作任务】

垂直于园路中线方向的断面称为横断面。横断面测量就是测定过中桩横断面方向一定宽度范围内地面变坡点之间的水平距离和高差，然后绘制横断面图。横断面图是设计路基、计算土石方量和施工放样的依据。横断面宽度根据实际工程要求和地形情况而确定，一般在中线两侧各15~50 m，距离和高差分别准确到0.1 m和0.05 m即可满足要求。因此，横断面测量多采用简易的测量工具和方法，以提高工效。

【知识准备】

一、横断面方向的测定

(一)在直线段上横断面方向的测定

在直线段上横断面方向常用十字架法进行测定(见图11-15)。将十字架置于0+120的桩号上，以其中一组方向钉瞄准线路某一中线桩，另一组方向钉则指向横断面方向。当地面起伏较大、宽度较宽时，常用经纬仪拨角法测定，作业时，在中桩上置仪器，以该直线上其他任一中桩为定向方向，拨角±90°，即分别为左、右横断面方向。

(二)圆曲线上横断面方向的测定

圆曲线上的横断面方向通过圆心，但实地未定出圆心，断面方向无从确定。根据弦切角原理，常采用在十字架上安装一个能转动的偏角定向指示标(见图11-16中的*EF*)，用来测定横断面方向。如图11-17所示，欲施测1点，在*ZY*点上置求心十字架，*AB*方向瞄准切线方向，此时，*CD*则通过圆心，将偏角定向指示标*EF*瞄准曲线上的1点，并固定之，则*EF*与*AB*间的夹角为1点的偏角。将求心十字架移至1点，并使*CD*方向瞄准*ZY*点，则指示标*EF*指向圆心方向，在该方向上作标志。

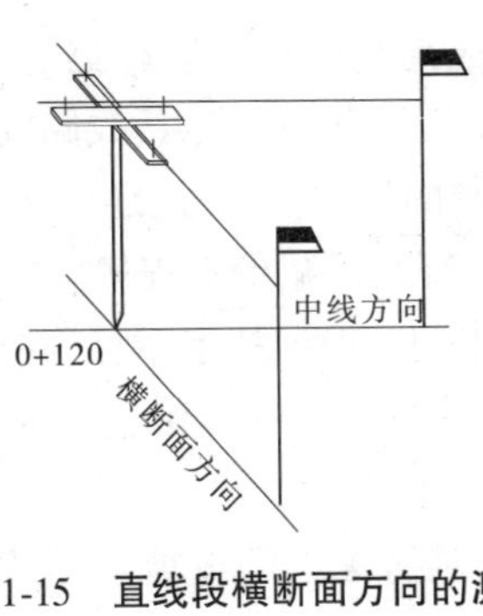

图11-15　直线段横断面方向的测定

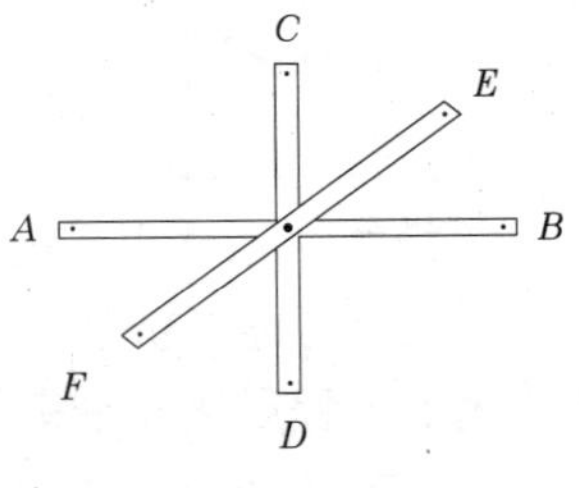

图11-16　求心十字架

上述的方法适用于曲线起点(或终点)的横断面方向的测设，同理可根据曲线上已标定横断面方向的点来测定其他点的横断面方向。如在已标定横断面方向的2点上，用*CD*瞄准圆心方向的标志，转动*EF*瞄准3点并固定之，移求心十字架置于3点，用*CD*瞄准2点，此时*EF*方向即为3点的横断面方向(圆心方向)。

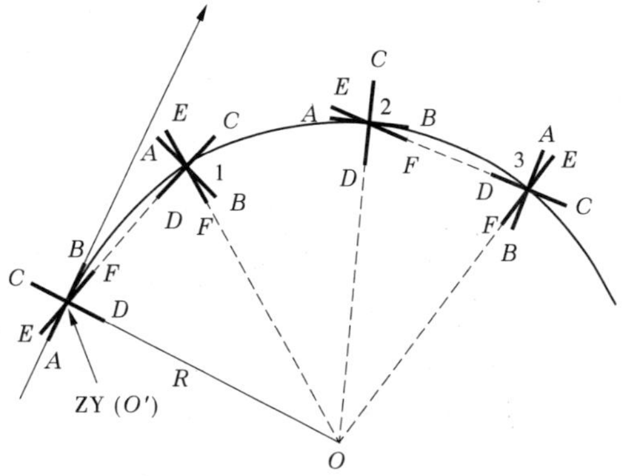

图 11-17　用求心十字架测定圆曲线横断面方向

二、横断面的测量方法

(一)水平尺法

如图 11-18 所示,施测时,将标尺立于地面坡度变化点 1 上,皮尺靠近中桩的地面,拉平并量出至 1 点的平距为 6.8 m,皮尺截于标尺上的高度 1.7 m 为两点间高差。同法测出其各相邻两点的平距和高差。此法操作简单,但精度低。记录格式见表 11-4,表中分左右两侧,用分数表示,分子表示高差,分母表示平距,高差注意符号。

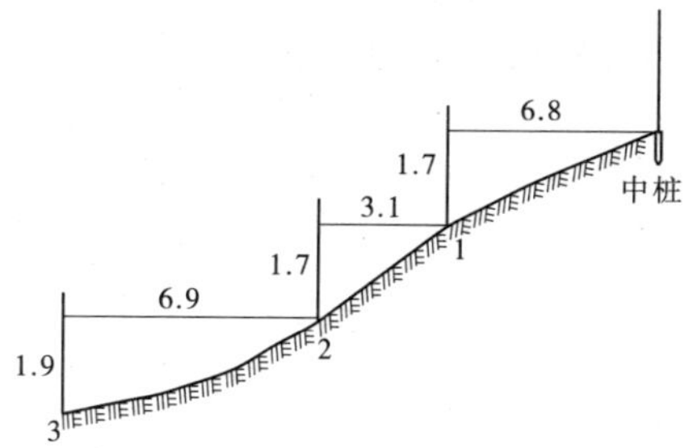

图 11-18　水平尺法测量横断面　(单位:m)

表 11-4　路线横断面测量记录

$\frac{高差}{平距}$(左侧)	桩号	$\frac{高差}{距离}$(右侧)
$\frac{-1.5}{5.3}$　$\frac{-1.2}{3.5}$　$\frac{-1.9}{6.9}$　$\frac{-1.7}{3.1}$　$\frac{-1.7}{6.8}$	2+240	$\frac{1.6}{5.6}$　$\frac{2.2}{6.5}$　$\frac{1.8}{5.1}$　$\frac{1.2}{0.2}$　$\frac{0.2}{1.8}$　$\frac{2.1}{7.2}$

与此法类似的是抬杆法,即用两根标杆分别代替标尺和皮尺来测量平距和高差。

当横断面测量精度要求较高时,在坡度平缓地区可用水准仪观测高差,用皮尺量平距;在山地可用经纬仪视距法测平距和高差。

(二)全站仪对边测量法

这种方法是用全站仪的对边测量功能测定横断面相邻两点间的平距和高差。该法方便快捷,且精度高。

如图 11-19 所示,线路横断面测量时,将全站仪安置在与待测横断面间通视良好的任意位置,立尺人员只需在横断面方向(可据前所述进行横断面方向的确定)的变坡点处打点,根据观测数据,全站仪将自动计算出横断面上任两点间的平距及测站到立尺点间的高差,据此可计算出横断面上两相邻点间的高差。

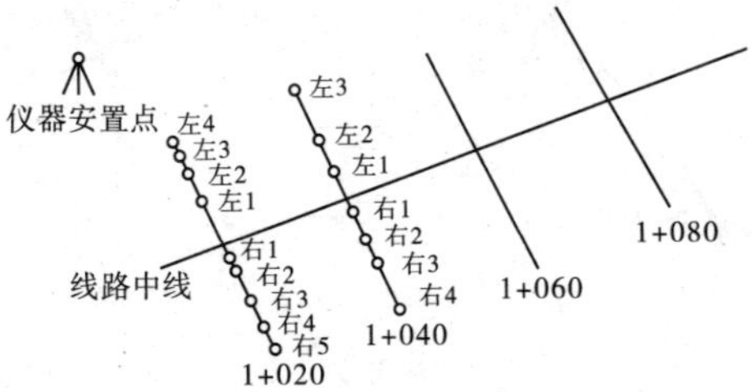

图 11-19　全站仪测量横断面

三、园路横断面图的绘制与设计

横断面图的绘制以中桩为原点,平距和高差分别为横、纵坐标,根据工程需要选用适当的比例尺。在平坦地区,为使断面显示更清楚,常采用不同的比例尺,即垂直比例尺要大于水平比例尺,如横向 1∶100,垂直向 1∶200。对于这种断面图,在设计路基和计算横断面面积时,也要注意纵横向比例尺的不同。现用软件设计线路横断面时,则纵横向的比例尺一般都相同。

在绘制横断面图时,先将横断面测量所获得的地面特征点位置展绘在毫米方格纸上,以供断面设计和计算土石方工程量。绘图时,先在图纸上定好中桩位置,然后分别向左右两侧按所测的平距和高差逐点绘制,并用折线连接,即得横断面图,如图 11-20 所示。

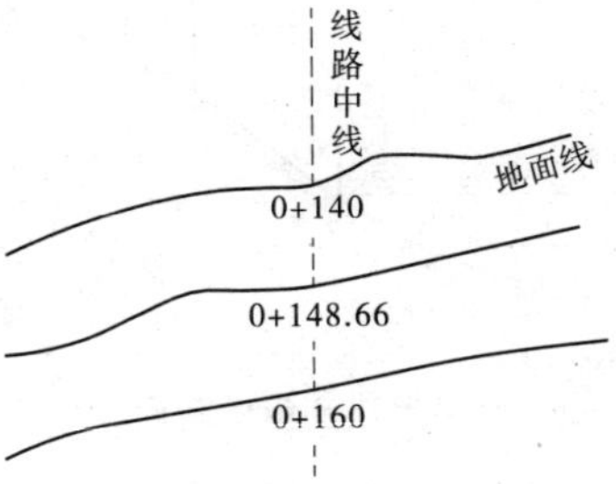

图 11-20　横断面图的绘制

【任务实施】

一、准备工作

建立学生实训小组,5~6 人为一组,做好人员分工,明确职责和任务。

每组准备完成任务需准备的测量仪器、工具有:十字方向架 1 个,求心方向架 1 个,罗盘仪 1 台,标杆 5 根,20 m 皮尺 1 把,计算器 1 台,另备铅笔、橡皮、小刀、记录表板、记录表格等。

二、实施步骤

(一)横断面方向的确定

由实训指导教师为每一个实训小组指定 500 m 左右长的横断面测量路段,并打入 30~

50 个中桩，其中至少包括一个圆曲线段，其余为直线段。

1. 中桩在直线段上时横断面方向的确定

将十字方向架置于路线中桩上 *A* 点上，使十字方向架中的一个方向如 *AB*，瞄准路线中线上前方或者后方的相邻桩点，也可瞄准 ZY 点或者 JD 点，则十字方向架的另一个方向 *CD* 所对准的方向即为该桩点处的横断面方向。此时在 *CD* 所对准方向的适当位置处做出标记即可，如图 11-15 所示。依照此法，可确定出直线段上其余各个桩点处的横断面方向。

2. 中桩在圆曲线上时横断面方向的确定

为了确定圆曲线上 1 点处横断面的方向，在 ZY 点（YZ 点）处的横断面方向确定之后，立即转动求心方向架的定向杆 *EF*（*CD* 已经对准 ZY 点处的横断面方向），使 *EF* 对准 1 点并旋紧紧固螺旋，使 *EF* 固定；然后将求心方向架移至 1 点，用 *CD* 对准 ZY 点，则定向杆 *EF* 的方向即为 1 点处横断面的方向，此时在 *EF* 所对准方向的适当位置处做出横断面方向标记即可，如图 11-17 所示。

为了继续确定圆曲线上下一点 2 处横断面的方向，可在 1 处的横断面方向确定以后，立即转动求心方向架，将 *CD* 对准 1 点处的横断面方向，然后转动定向杆 *EF*，使 *EF* 对准下一点 2，并旋紧紧固螺旋，使 *EF* 固定，然后将求心方向架移至 2 点处，用 *CD* 对准上一点 1，则定向杆 *EF* 的方向即为 2 点处横断面的方向。此时在 *EF* 所对准方向的适当位置处做出横断面方向标记即可。

用同样的方法可测定出圆曲线上其余各点 3、4、5…处的横断面方向。

（二）横断面的测量方法

采用标杆皮尺法，将标杆依次竖立于横断面方向上各变坡点处，再用皮尺自中桩处开始，依次量取各变坡点的标杆，得每段的水平距离，并根据皮尺截于标杆的高度算得两点间的高差。横断面测量记录表见表 11-5，表中按路线前进的方向分左侧和右侧，以分数的形式表示，其中分数的分母表示两点间水平距离，分子表示两点间的高差。以中桩为参照，高差为正号表示升坡，负号表示降坡。

表 11-5　横断面测量记录表

$\frac{\text{高差}}{\text{距离}}$（左侧）	桩号	$\frac{\text{高差}}{\text{距离}}$（右侧）
	0+000	
	0+020	
	0+040	
	0+060	

（三）园路横断面图的绘制

根据横断面测量成果，将距离和高程统一采用 1∶200 的比例尺，在毫米方格纸上绘制即得横断面图。要求在野外边测边绘，便于及时对横断面图进行检核，也可按表 11-5 的形式在野外记录、室内绘制。绘图时，在图纸上先定好中桩位置，再由中桩开始，分左、右两侧，统一按照平距为横轴，高差为纵轴，展出各个变坡点。逐一按各测点间的距离和高程点绘于方格纸上，并用直线连接相邻的各地面点即得横断面图。

【注意事项】

(1)横断面图要求在野外边测边绘制草图,便于及时对横断面图进行检核,然后按记录表内的数据,结合草图在室内进行精确绘制。

(2)绘图时,在图纸上应先定好中桩位置,再由中桩开始,分左、右两侧,统一按照平距为横轴、高差为纵轴,展出各个变坡点。逐一按各测点间的距离和高程点绘于方格纸上,并用直线连接相邻的各地面点即得横断面图。

(3)为了便于使用,绘制横断面图时,应将各个中心桩对齐,按照桩号顺序,自下而上,从左到右,将各个中桩处的横断面图绘制在一幅方格纸上。

【考核评价】

学生姓名: 日期: 总分:

序号	考核项目	考核要求	分值	评分标准	得分
1	确定横断面方向	正确确定横断面方向	30分	园路横断面方向不正确扣20分	
2	测量两点距离	正确测量园路横断面上的距离	20分	园路横断面上的距离测量,要求相对误差 $K \leqslant 1/1\ 000$,超过此限扣20分	
3	测量高差	完成园路横断面的高程测量	30分	园路横断面的高程测量,要求每个测站高差测量误差不超过±10 cm,每站超限扣10分	
4	平距测量	正确测量园路横断面的平距测量宽度,按照左、右两侧各20 m执行	20分	平距宽度相差超限,扣20分	

【知识拓展】

路基设计

根据路基的填高、挖深的工程量,路基的宽度、边坡的坡度、边沟的大小,在横断面图上绘出路基横断面,称为路基设计。路基形式有三种,即路堤、半填半挖路基和路堑,如图11-21所示。

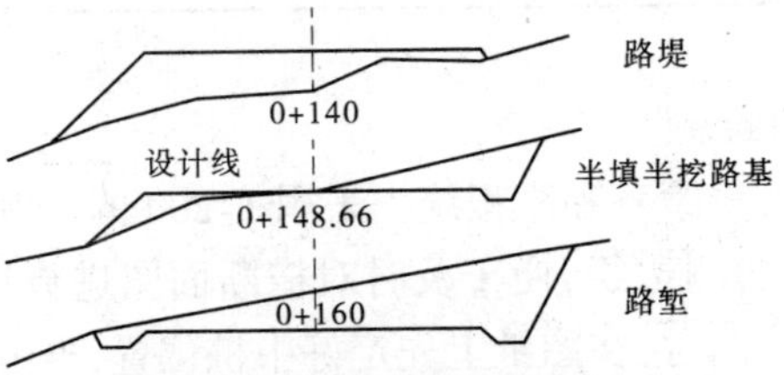

图11-21 设置路基横断面

一、绘制路基表面线

路基宽度为路面宽度及两侧路肩宽度的和。根据纵断面图上相应桩号的填高或挖深尺寸，确定路基设计标高的位置，并把路基表面线绘于横断面图上。绘图时应将路基中心置于中线上，如图 11-22 所示。路基边坡是指斜坡的高差与其水平距离的比，即$\frac{h}{d}=1:m$，m 为边坡系数。路基边坡系数的大小、边坡限高与道路横断面所处的地质状况等因素有关。

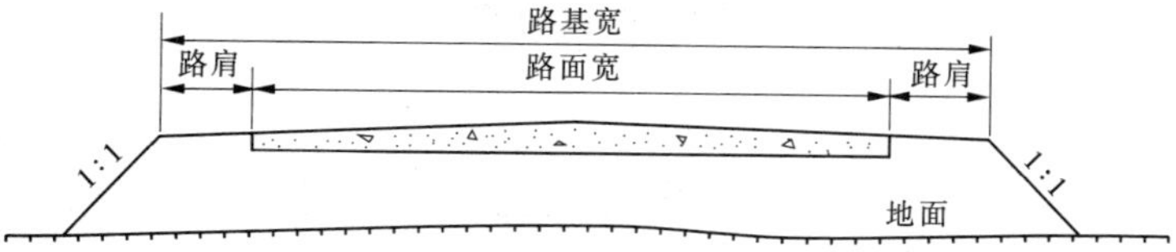

图 11-22 路基宽

二、绘制排水沟和边坡线

除高填方的路堤外，其他路基都需设置排水沟。排水沟位于路肩的外侧，其横断面一般为矩形或梯形，深度为 0.4~0.5 m。路堤砌石边坡的坡度与石块的大小有关，而路堑和半开挖式的路边坡与地质条件有关。

路面、排水沟和边坡都是路基的组成部分，设计时总是一起综合考虑。目前，生产上都用专业软件进行道路纵向设计和路基设计，如图 11-23 所示是用某软件设计路基横断面的一个界面。

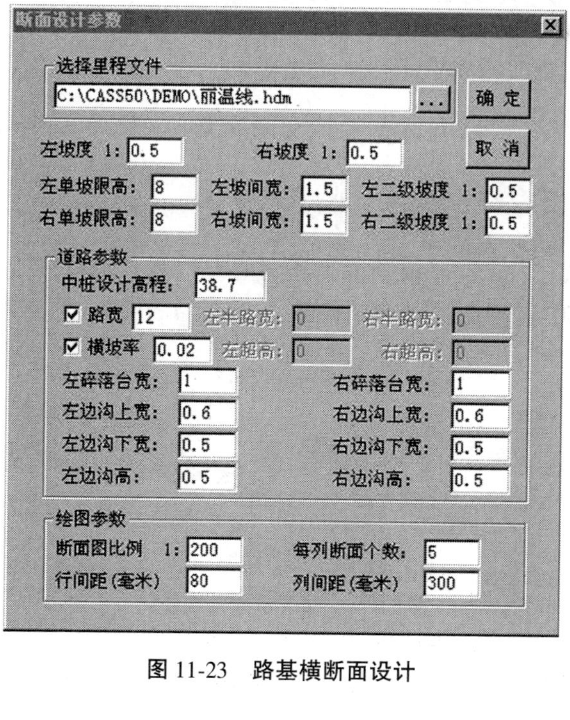

图 11-23 路基横断面设计

土石方量计算

一、横断面面积计算

由于路基横断面的设计是在毫米方格纸上进行的,因而可以直接在设计图上计算横断面的面积。面积的计算方法有多种,传统的有数方格法、求积仪计算法等。如图 11-24 所示,曲线为地面线,折线为路基断面设计线,该断面为填方。用数方格法求面积时,先数出填方图形内的整格子数,再加上边界上非整格数的一半为总格子数,该断面的总面积为

$$A = n \cdot A_0 (\mathrm{m}^2) \tag{11-11}$$

式中 n——总格子数;

A_0——格子所代表的实地面积,mm^2,$A_0 = \frac{M^2}{10^6}$,它与横断面图的比例尺有关,M 为绘图比例尺分母。

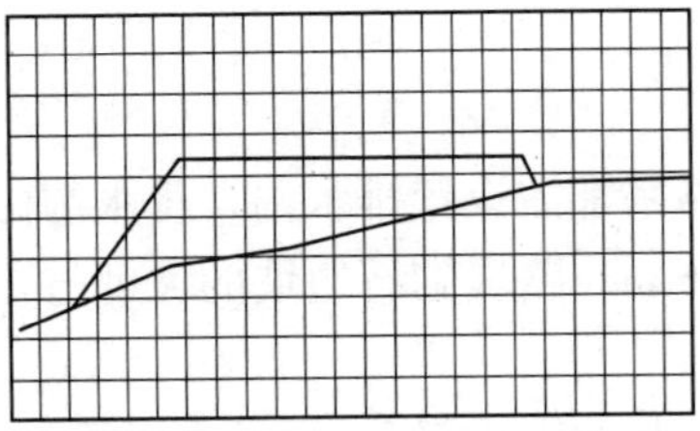

图 11-24 方格法求算面积

【例 11-3】 某园路路基横断面绘制比例尺为 1:200,其 0+120 处为填方,图上整毫米方格数为 200,边线上为 80 格,求该断面的填方面积。

解:每 1 mm^2 所代表的实地面积

$$A_0 = \frac{M^2}{10^6} = \frac{200^2}{10^6} = 0.04(\mathrm{m}^2)$$

$$A = 200 + \frac{80}{2} \times 0.04 = 9.6(\mathrm{m}^2)$$

为便于施工,一般在各个路基横断面上注写必要的数据,如图 11-25 所示。图中+0.15 为左侧超高数,e=0.50,右侧加宽,W 为中桩的工程量,T_A 和 W_A 分别为填、挖的断面面积。

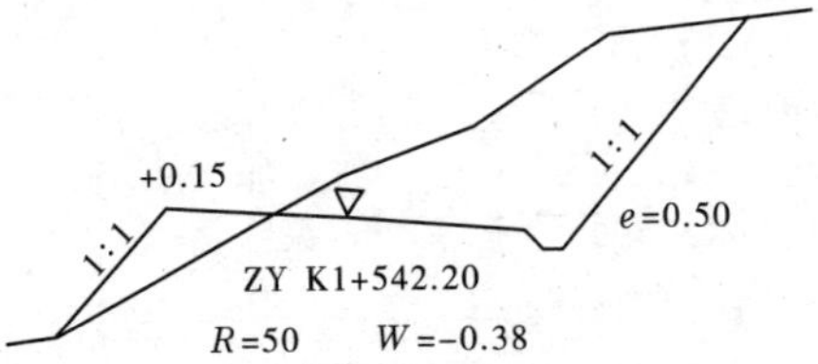

图 11-25 路基断面数据注记

二、土石方量计算

在公路土石方计算中,常用平均断面法近似计算,计算式为

$$V = \frac{1}{2} \times (A_i + A_{i+1})L \tag{11-12}$$

式中　A_i、A_{i+1}——两相邻断面的填或挖的断面面积；

L——间距。

计算时，应将填方、挖方分别计算。在半填半挖路基中，要注意两相邻断面间填挖的对应并取平均数。

【巩固训练】

1. 横断面方向如何确定？
2. 简述横断面测量距离和高差的方法。
3. 简述横断面图绘制的方法、步骤。

参考文献

[1] 宁津生,等. 测绘学概论[M]. 3 版. 武汉:武汉大学出版社,2016.
[2] 郑金兴. 园林测量[M]. 2 版. 北京:高等教育出版社,2014.
[3] 陈涛,李桂云. 园林测量[M]. 郑州:黄河水利出版社,2010.
[4] 许加东. 控制测量[M]. 北京:中国电力出版社,2012.
[5] 黄文彬. GPS 测量技术[M]. 北京:测绘出版社,2011.
[6] 谷达华. 测量学[M]. 4 版. 北京:中国林业出版社,2018.
[7] 胡伍生,潘庆林,黄腾. 土木工程施工测量手册[M]. 2 版. 北京:人民交通出版社,2011.
[8] 胡伍生,朱小华. 测量实习指导书[M]. 2 版. 南京:东南大学出版社,2021.
[9] 覃辉,马超,朱茂栋. 土木工程测量[M]. 5 版. 上海:同济大学出版社,2019.
[10] 陈学平. 实用工程测量[M]. 北京:中国建材工业出版社,2007.
[11] 王红. 园林工程测量[M]. 北京:机械工业出版社,2011.
[12] 王金玲. 土木工程测量[M]. 武汉:武汉大学出版社,2008.
[13] 李秀江. 测量学[M]. 北京:中国林业出版社,2007.
[14] 王正荣,邹时林. 数字测图[M]. 2 版. 郑州:黄河水利出版社,2023.
[15] 谷达华. 园林工程测量[M]. 2 版. 重庆:重庆大学出版社,2015.
[16] 中华人民共和国国家质量监督检验检疫总局,国家标准化管理委员会. 国家基本比例尺地图图式 第 1 部分:1∶500 1∶1 000 1∶2 000 地形图图式:GB/T 20257. 1—2017[S]. 北京:中国标准出版社,2017.
[17] 国家技术监督局. 国家基本比例尺地形图分幅和编号:GB/T 13989—2012[S]. 北京:中国标准出版社,2012.